성서의 식물

최영전 엮음

아카데미서적

"책머리에"

나는 어머니의 태중에서부터 기독교인이 되었으며, 70을 훌쩍 넘긴 현재까지 오로지 식물과 씨름하며 이 분야에서 오늘에 이르렀다.

성서를 읽다보면 식물명이나 식물학적으로 난해한 곳을 만나게 되어 자연히 참고문헌을 찾게 된다. 이러한 의혹들이 생기게 되는 것은 비단 필자만의 경험은 아닐 것이다.

그러나 선교 2세기를 바라보는 시점에서 많은 종교서적이 발간되었으면서도, 성서식물 분야에 관한 전문서적이 드물기에, 외국의 성서식물에 관한 연구서적을 참고하게 된다.

성서 속에 나오는 식물들은 성지에서 자라던 것이 다루어졌다는 것을 감안할 때, 이러한 의혹들이 생기게 되는 것은 당연하다고도 할 수 있겠다. 그러나 우리말 성경의 경우 식물에 관한 부분에 적지 않은 오역을 발견하게 됨으로써 이의 올바른 시정이 없음을 안타깝게 여겨 왔다.

성경은 히브리어와 아랍어로 쓰여진 것을 그리스어로 번역하였다. 그것을 다시 라틴어로 번역하였는데, 다시 기독교가 들어간 나라마다 자기 나라 말로 번역하여 널리 보급되어, 전세계적인 베스트셀러의 자리를 지키고 있다.

그런데 그때마다 자기 나라에 있는 비슷한 식물명으로 번역하게 되었다. 그래서 엉뚱한 식물로 바뀌어서 틀려버린 것을 발견하게 된다.

우리말 성경은 중국어 성경(한자성경)을 토대로 하여 번역되었으므로, 중국어 성경의 오역된 것을 그대로 우리말로 번역하다보니 오류가 생긴 것이다.

기독교가 들어와서 100년이 넘는 동안에 우리말로 번역된 성경은 크게 볼 때 개역 성경, 공동번역 성경, 표준새번역 성경으로 개정이 거듭되었다. 하지만 성서학자들은 식물학자가 아니었으므로, 성서식물 분야에 있어서는 식물학적 전문성이 결여되어, 오역된 부분이 바로잡혀진 곳이 많지 않았다. 그대로 쓰이고 있는 것은 안타까운 일이 아닐 수 없다.

신앙적인 교류가 있는 분들로부터 성서식물에 대한 질문을 받고 설명해 주면서, 항상 느낀 것은 성서의 식물이 다음 개정판에서는 올바로 번역되었으면 하는 소망이었다.

성서에 나오는 식물의 성서적인 해석은, 성직자나 성서학자의 몫이므로 여기에서는 피한다. 다만 성서식물을 깊이 연구하고 다룬 외국의 학자들의 이론을 참고하여, 성서에 나오는 식물들의 식물학적인 실체와 기능들을 과학적인 해설을 곁들여 살펴봄으로써 오류를 지적하고 아울러 그 식물에 얽힌 전설이나 미속, 어원해설, 용도 등 이면사를 알기 쉽고 재미있게 다루어서 성서식물을 이해하고 오역을 바로잡는 데 기여할 수 있다면 하는 것이 바람이다.

성서에 나오는 식물은 100~125종으로 알려져 있으며, 그 중에 명확한 종류가 약 50%, 대체적으로 틀림이 없을 것이라고 추정되는 것이 약 40%, 무슨 식물을 지칭한 것인지 분간할 수 없는 것도 10%나 된다.

그러므로 여기에서는 많이 인용된 것이나, 중요한 것(만나 같은)을 다루어 이해의 폭을 넓혀 가고자 한다.

이 원고들은 내가 섬기는 종교교회에서 월간으로 간행되는 "베데스다"

지에 6년여에 걸쳐 연재로 기고했던 것을 한데 묶은 것임을 밝혀 둔다.

아울러 우리말 식물명이 없는 것은 일반적인 통용명이나 원명을 사용했으며 성경상의 식물명을 제목으로 삼아서 찾아보기 쉽게 했으며, 학술적인 식물명을 함께 제목에 적어서 성서식물의 오역을 바로잡는데 도움이 되고자 했다.

이 책이 성경을 사랑하는 많은 사람들과 신학도, 식물학도, 예술가 등 식물, 특히 성서식물을 깊이 이해하려고 하는 이들에게 조금이나마 도움이 되기를 기원한다.

출판계의 어려움을 무릅쓰고 졸서의 출판을 쾌히 응락해 주신 아카데미서적의 주성필 사장님께 감사드리며, 편집에 노고를 아끼지 않은 관계자 여러분께도 사의를 표한다.

1996년 6월 단오절에

저자 : 최영전

목 차

〈과수류〉

〈농작물〉

〈수목류〉

감람나무 (올리브)

성서식물의 오역(誤譯) 중의 하나에 감람나무도 포함된다. 한문 성경이 올리브를 감람(橄欖)으로 오역한 것이 국역(國譯)될 때, 그대로 감람나무로 번역된 오류라 할 수 있다. 그러나 현재 공동번역 성경에는 올리브로 올바로 쓰여 있다.

국역성경에 나오는 감람나무는, 실제로는 올리브(olive)를 지칭하는 것으로서, 올리브와 감람나무는 전혀 다른 식물이다.

올리브는 히브리어 Zayit로 학명을 Olea europaea L. 이라 하며, 목서과(木犀科)에 속한 상록 과수(常綠果樹)로 지중해 연안이 원산지이다. 그리고 감람나무는 학명을 Canarium Album Raeusch라 하며, 감람과(橄欖科)에 속한 상록 교목(常綠喬木)으로, 중국 남부와 베트남이 원산지이다. 혼돈된 원인을 찾자면, 감람나무를 chinese olive라고도 한다는 것과, 둘 다 열매를 식용한다는 데 있다.

그러나 올리브는 열매가 익으면 흑자색이 되지만, 감람나무는 열매가 익어도 녹색 그대로 있어서 일명 '청과'(靑果)라는 별명을 얻고 있다. 열

매의 색깔이 다른 점 외에도, 올리브는 열매가 완전히 익기 전에 녹색일 때에 '픽클'을 만들어 먹으므로, 감람과 혼돈이 된 것이라 할 수 있다. (감람도 염장 가공함)

감람(橄欖)이란 어원은 베트남어의 ca-na에서 비롯된 것이라 한다. 중국에 성경이 전해질 때 올리브를 중국에 있는 감람으로 착각하여 잘못 번역한 것이라 하니, 우리는 감람나무라고 기록한 대목을 올리브로 고치는 것이 옳다.

여기에서는 종래의 성경에 나오는 감람나무(올리브)에 대하여 살펴보고자 한다.

창세기 8장 '노아의 홍수' 끝머리에 '40주야 내리던 비가 멎고 물이 줄자, 노아는 방주에서 비둘기를 날려보냈다. 그런데 저녁 때에 감람나무(올리브)의 새잎을 물고 돌아왔다. 그러므로 노아는 하나님의 진노가 풀리고 물이 줄어서 다시 사람이 살 수 있는 평화로운 땅으로 되돌아왔다는 것을 알게 되었다.'는 데에서 비둘기와 올리브는 평화와 희망의 상징으로 쓰이게 되었다.

올리브는 B.C. 3700년 경의 청동기층에서도 출토된 것으로 미루어서, 팔레스틴 지역에서는 옛날부터 재배되었던 것이 확실하다고 생각된다. 근래에 어느 미국 학자의 화분(花粉) 분석결과에 의해, 10,000년 전에도 이 나무가 지구에 살고 있었음이 입증되었다 한다. 이처럼 올리브는 역사가 오랜 식물이다.

올리브는 성서의 중요식물 중의 하나이다. 사사기 9:8~9에 아비멜렉을 왕으로 삼자, 요담이 세겜 사람들에게 비유로 말한 대목에서 '하루는 나무들이 나가서 기름을 부어 왕을 삼으려 하여 감람나무(올리브)에게 이르되 너는 우리의 왕이 되라 하매, 감람나무가 그들에게 이르되 나의 기름은 하나님과 사람을 영화롭게 하나니 내가 어찌 그것을 버리고 가서 나무들 위에 요동(지배)하리요 한지라.'라는 구절이 있다.

여기에서 보듯이, 올리브 익은 열매의 씨(核)를 제거한 과육에서 짠 기름을 올리브유라 한다. 첫번째 짠 1번유를 버진 오일(virgin oil)이라 하여, 깨끗하게 하는 기름으로서 종교의식에 긴히 쓰였다. 모세가 아론에게

기름을 부어 성결하게 한 후에 사제로 삼은 것이나(출애굽기 40 : 13~15), 제단에 번제물을 드린 것(출애굽기 29 : 38~40) 등이 모두 이 버진 오일이다.

제단에 불을 밝힐 때에도 버진 오일을 사용했는데(출애굽기 27 : 20, 레위기 24 : 2), 이스람교도가 지중해 연안으로 진출하면서 기독교권으로의 올리브유 반출을 막자, 기독교는 올리브유 대신에 양초를 사용하여 제단에 불을 밝히게 되었다.

올리브는 생장이 느린 상록수로서 심은 지 10~15년 뒤라야 꽃이 피고 열매를 맺지만, 일단 열매가 달리기 시작하면 나무의 수명이 길기 때문에 수백년씩 수확할 수 있는 경제성이 높은 나무이다. 수익성이 좋은 수입재원이었음을 사무엘상8 : 14과 열왕기하 5 : 26에서 엿볼 수 있다. 중요농산물인 동시에 교역품이기도 했다. 모세는 올리브 재배자에게는 병역(군대)의 의무를 면제해 주었고, 솔로몬왕은 예루살렘 성전을 지을 건축재를 구할 때에 올리브유로서 그 대가를 지불했다. (열왕기상 5 : 23~25)

　이집트에서는 올리브 재배자에게 수확기까지는 땅세를 아주 적게 받던가 모두 면제하는 우대조치를 취했다. 그리고 일단 수확이 시작되면 지주가 토지를 환수할 수 없도록, 소유권에 가까운 권리를 보증해주는 반면에, 중도에서 재배를 포기하거나 게을리할 수 없도록 의무를 부여했다. 그래서 올리브 재배를 기화로 국왕 소유였던 전국의 땅에 사유지가 생겨났고 대지주가 생겼다고 한다.

　올리브나무는 방치해 두면 10~15m 높이까지 자란다. 잎은 긴 타원형으로 가죽질이다. 두텁고 표면은 녹색. 뒷면은 은백색으로 광택이 있다. 꽃은 엽액(葉腋)에 잘다란 흰 꽃이 핀다. 7~8월 경에 1~1.5cm 크기의 열매가, 처음에는 녹색이지만 9~10월 경이 되면 흑자색으로 익는다. 익은 과육에는 15~30%의 기름기가 함유되어 있어서, 올리브유를 생산하게 된다. 씨(核)에서도 올리브핵유를 만든다.

　올리브는, 덜 익은 열매(녹색)를 소금에 절여 먹을 뿐 아니라, 올리브유는 의식용 외에 손님 접대용과 나쁜 냄새를 없애는 향료로도 쓰였다. 올리브유는 향기가 있다. 이밖에 식용, 등유, 의료용, 화장품, 공업용 등으로 용도가 다양하며, 깻묵은 가축의 사료로 쓰인다.

　성지에 올리브가 얼마나 많았던가 하는 것을 단적으로 말해 주는 것이 ‘겟세마네 동산’이란 지명이다. 이것은 히브리어의 기름틀이라는 말에서 비롯된 것이며, 올리브를 짜는 기름틀이 많았기 때문에 붙여졌다는 것이다.

　생장이 느린 나무는, 목재의 성질이 굳어서 건축재보다 장식용 조각재로 많이 쓰인다. 올리브용재는 무늬도 곱고 향기가 있어서 솔로몬이 성전 건축시에 지성소의 입구 문짝과 문설주, 그리고 언약궤를 지키는 그룹(천사)을 조각했다고 적고 있는 귀중한 나무이다(열왕기상 6 : 23~33).

　올리브를 수확할 때는, 막대기로 나무를 두들겨서, 떨어진 열매를 줍는다. 신명기 24 : 20에는 “올리브를 수확할 때에 한번 지나간 가지는 되돌아 샅샅이 뒤지지 말라.”라고 하고, ‘남은 것은 나그네와 고아와 과부의 몫’이라고 했다. 룻기에서, 이삭을 나그네를 위해 남기는 것과 마찬가지로, 아름다운 수확의 미풍양속을 보게 된다. 우리나라에서 감을 수확할 때, 까치 몫으로 맨꼭대기에 달린 몇 개의 감을 남겨 놓는 것과 같다.

올리브 재배는 북부의 추운 곳에서는 발육이 나쁘며, 반대로 남쪽의 더운 곳에서는 발육은 좋으나 결실이 안 된다. 따라서 1년 중에 추운 시기와 더운 시기가 있으면서 개화기에 강우량이 적은 것이 중요하다. 우리나라 제주도에서도 시험재배를 하고 있다.

올리브에서 가장 난해한 것이 있다. 그것은 로마서11 : 17~24에 나오는 참감람나무에 돌감람나무를 접붙이면 참감람나무가 된다는 구절이다. 과수재배에 있어서 대목(臺木)의 유전형질이 접붙인 접수(椄穗)에 나타나는 일은 없다. 가령 고염나무를 대목으로 하여 단감을 접붙이면 그 가지에는 단감이 열리게 된다. 그러나 바울이 말하고자 한 것은, 유태인이 볼 때에 이방인은 돌감람나무이고 자기들은 선택을 받아서 성지에 자라는 참감람나무(올리브)로, 이방인(접수)이 유태인(대목) 위에 접붙임되어서 대목의 좋은 성질이 접수의 성질을 바꾸듯 이방인도 구원받게 된다는 신앙적인 해석이 가능하다. 확대 해석하면, 인간이라는 돌감람나무가 신의 대목에 접붙임이 될 때에 비로소 구원받을 수 있다는 성령의 역사로 해석하는 것이, 식물학적인 해석의 오해를 풀 수 있을 것 같다.

고대 그리스에서는 올림픽 경기의 우승자에게 올리브 가지를 엮어서 관을 만들어서 씌어 줌으로써 영예를 상징했다. 이에 관한, 그리스 신화에 나오는 이야기가 있다.

어느 도시의 권리를 얻기 위해, 바다의 신 '포세이돈'과 여신 '아테네'가 싸웠다. 하늘의 신들은, "사람들에게 가장 도움이 되는 것을 만드는 쪽에게 도시의 권리를 주자."고 했다. 이에 '포세이돈'은 평화와 다산의 상징인 군마를 만들었고, '아테네'는 힘과 용기를 상징하는 올리브를 만들었다. 마침내 제우스는 여신 '아테네'에게 승리를 선언하였다. 그래서 그 도시의 이름도 아테네(Athene)라 부르게 되었다고 한다. 그와 함께 승리, 자유, 질서, 희망의 상징으로 삼게 되었다고도 한다.

또 아테네의 경제력은 올리브 재배에 의한 것이 크므로, 외적이 쳐들어오면 우선 올리브 농원부터 짓밟았다고 한다. 이것도 올리브가 평화와 결부되어 있는 원인이라 하겠다.

평화의 여신상은 한쪽 손에 풍요의 불, 다른 손에 올리브의 가지를 들고 있다.

지금도 이태리에서는 문에 올리브 나뭇가지를 걸어놓는 민속이 있다. 그렇게 하면 악마나 악령이 침범하지 않는다고 믿고 있기 때문이라 하니, 평화를 바라는 간절함이 느껴진다.

포도

포도는 성경에 포도, 포도나무, 포도원, 포도주, 건포도, 포도즙 등 다양한 표현으로 수없이 많이(155회) 등장하는 귀중한 식물이다. 평화와 축복, 풍요 다산의 상징으로 쓰였을 뿐더러 기독교의 문장처럼 쓰여지고 있다.

누가복음 20 : 9~16, 요한복음 15 : 1~5에 하나님은 '포도원의 주인'이라 하고, 예수님은 '포도원의 참포도나무'라고 표현하고 있다. 기독교도로서는 첫 로마황제인 콘스탄틴 대제(A.D 280~337)가 '포도는 구세주를 상징하는 것'이라 하여, 신앙에 있어 포도를 극상의 표시로 삼았던 것이다. 그것이 효시가 되어 오늘날 기독교의 문장처럼 되었다.

에스겔 15장에는 패역하여 화를 당하는 이스라엘 백성의 비유에도 포도나무가 쓰여서, 포도는 기독교의 식물임을 누구도 부인하지 못한다. 더욱이 우리 죄를 속죄하시려고 예수님이 흘리신 피가 포도주로 상징되어 있다.

마태복음 26 : 27~28, 마가복음 14 : 24, 누가복음 22 : 17~18, 고린도전서 11 : 25의 '최후의 만찬'에서 언약의 피로 상징되는 포도주다. 창세기 14 : 18에 살렘왕(예루살렘), 멜기세댁(하나님의 제사장)이 떡과 포도주를 가지고 와서 아브라함에게 축복했다는 귀한 음식 포도주는, 사사기 9 : 13에 아비멜렉을 왕으로 삼는 것을 비유한 말 중에도 나와 있다. 포도나무는 하나님과 사람을 기쁘게 하는 새술 포도주를 만드는 임무를 버리고 어찌 나무의 왕이 되겠느냐고 거절하여, 가시나무가 왕이 되는 대목에서도 귀한 음식임을 말해주고 있다.

포도재배와 포도주의 기원을 살펴보면, 창세기 9 : 20~25에 노아가 대홍수가 끝나고 방주에서 나와 농업을 시작하여 포도나무를 심었다고 한 것이, 포도재배의 처음이라고 할 수 있다.

역사적으로 입증된 것은, 그리스의 북방에서 B.C. 4500년 경의 것으로 추정되는 포도씨가 발견되었으며, B.C. 2500~2350년대의 고대 이집트의 제5~6왕조의 벽화에 포도주의 제조기록이 있어, 인류가 포도를 재배 이

용한 것은 퍽 오래임을 알 수 있다. 청동기 시대의 호서민의 유적에서도 포도씨가 나왔고, 동방으로는 중앙 아시아, 페루샤(이란), 파키스탄, 아프카니스탄으로 전파되었다. 또 중국에는 한무제 때에 장건이 서역에서 B.C. 110년 경에 가져갔다고 하고, 우리나라에는 조선조 초기에 비로소 재배가 시작되었다.

포도는 세계에서 가장 생산량이 많은 과실이다. 유럽이 주산지이지만 원산지는 아시아 서부, 카스피해 지역, 코카사스 등지로 알려져 있다. 학명은 Vitis Vinifera L.이고, 영명은 Grape Vine이며, 히브리명 Gephen 이다. 중국명은 고대 페루샤어(이란) budow를 음역하여 葡萄라 붙였다. 우리도 중국명을 그대로 따서 포도라 부르고 있다.

포도는 '약속의 땅(가나안)'의 상징이기도 하다. 신명기 8:7~8에, 하나님이 이스라엘 백성에게 주시기로 약속한 젖과 꿀이 흐르는 축복의 땅, 가나안 축복의 7가지 식물(밀, 보리, 무화과, 포도, 석류, 올리브, 대추야자(꿀)) 중의 하나이다. 민수기 13:23에서 보는 바와 같이, 모세가 가나안 땅에 정탐꾼들을 보냈을 때, 그들이 에스겔 골짜기에서 포도 한 송이 달린 가지를 막대 사이에 꿰어서 두 사람이 어깨에 메고 돌아왔다고 한, 거짓말 같은 큰 포도송이가 열리는 기름진 그 땅이었다.

그 당시의 포도나무는 때로는 지름이 40cm나 되는 수목성을 나타내어, 그 큰 가지에서 무게 5~6kg의 포도송이가 드리워졌다고 하며, 포도 한 알의 크기가 양자두만 했다고도 한다. 어떤 것은 한송이가 12kg씩 나가는 것도 있었다고 하니, 민수기의 포도는 거짓이 아님을 알 수 있다. 지금도 팔레스틴의 포도는 큰 송이로 열리므로, 결코 황당무계한 이야기는 아니다.

프랑스 교회당의 스테인드글라스에는 포도를 운반하는 두 남자의 그림이 즐겨 이용된다. 그리고 이스라엘에서는, 민수기에 근거한 포도송이를 막대에 꿰어서 두 남자가 메고 가는 도안의 우표까지 만들어지고 있다.

포도는 하나님의 자비의 상징이기도 하다. 레위기 19:10에는 포도를 딸 때는 모조리 따서는 안 되며, 포도밭에 떨어진 포도도 주워서는 안 된다. 그것은 가난한 사람들과 나그네인 외국인이 줍게 남겨두라고 명하신 때문이다. 그러나 계시록 16:9에는, 하나님의 진노를 나타내는 독한 포도주로도 비유하여 표현되고 있다.

포도주를 살펴보면, 노아가 추수한 포도로 빚은 술을 마시고 크게 취하여 장막 안에서 벌거벗은 채로 잠든 것을 함이 보고 형들에게 고하자, 형들은 옷을 메고 뒤걸음질로 들어가서 아비의 하체를 가려주었다. 노아의 실수를 보지 않고 감싼 형들의 효행과, 함이 아비의 추태를 떠버리다가 종이 되는 저주를 받는 대목이 있다.

창세기 19：30~38에, 소돔과 고모라의 죄가 관영하여 하나님의 징벌로 불바다가 되는데, 이 때 천사를 숨겨준 롯의 식구만 살아남았다. 하지만 그의 아내는 명을 어기고 뒤돌아보아서 소금기둥이 되어 버린다. 결국 두 딸과 롯만 남게 되자, 두 딸은 우리 외에는 사람이 없으니 아버지와 상관하여 후손을 남기자고 의논하였다. 그 후에 두 딸은 아버지에게 술을 먹이고 그가 취해서 잠들자, 교대로 하룻밤씩 동침하여 모압족속과 암몬족속의 조상이 되는 아들들을 낳는, 근친상간의 죄를 범하게 한 술도 포도주다.

성경에서는 술 취한 것을 비난하고 있다(사무엘상 1：14, 25：36, 아모스 6：6, 이사야 5：11, 27：1). 레위기 10：9에는 '제사장은 집무 중에는 금주하라.'는 대대로 지킬 규례로까지 정해져 있다. 그런가 하면, 민수기 6：3~4에 나실인의 서원을 한 자는, 포도나무의 소산이라면 껍질이라도 먹지 말라고 엄히 경계했다. 하나님께 드린 거룩한 자는 포도주, 독주, 포도초, 건포도, 포도즙, 생포도 등을 못 먹게 한 것을 볼 수 있다. 잠언 20：1, 23：29~35, 31：4에서도 음주를 엄하게 경계하고 있다.

그러나 포도주는 구약에서만 141회나 인용되는, 이스라엘의 극히 일반적인 음료였다. 연회에서는 어느 정도의 알콜은 비난을 받지 않았으며(창세기 43：34), 오히려 우울한 자에게 권하여 기분전환을 유도하고 있다(잠언 31：6, 15：15, 시편 104：15). 또 디모데전서 5：23에는 약으로서 포도주 소량을 마실 것을 권하고 있다. 그러나 탈무드는 술취한 자는 기도하는 것을 금하고 있다.

포도주는 일반적으로 물로 희석해서 마셨는데, 탈무드에 의하면 포도주 1에 물 3의 비율로 희석했다고 하며, 신약시대에는 샤론의 가벼운 포도주는 물 2배의 비율로 희석했다고 한다.

또 시어진 포도주에 물을 타서 노동자의 음료수를 만들었다. 십자가 위의 예수님께 로마병사가 드린 신포도주도 이것으로, 그들은 음료수로 사용하고 있었다.

포도주는 잘 익은 포도를 통에 넣고 맨발로 밟아서 즙을 짜서 발효시킨 것인데, 기계로 하면 씨가 부서져서 맛 없는 술이 되기 때문에 오래도록 쓰인 방법이다.

포도는 이스라엘에서 올리브와 함께 중요한 과수로서, 경제적으로는 곡물 다음가는 중요성을 지녔다. 재배에 있어서 손길이 많이 가므로 기성 포도원의 중요성은 대단했으며, 유업으로 물려주는 소유권의 집착도 강했다. 열왕기상 21장에서 나봇의 포도원을 아합과 이세벨이 뺏는 야비한 이야기에서 한 예를 보게 되는데, 결국은 이세벨도 나봇을 죽인 것처럼 저도 비참한 최후를 맞는 것을 알 수 있다.

성서시대의 이스라엘에서 포도재배의 중요성은, 포도 수확기에 행해지는, 즐거움과 기쁨의 축제에서도 밝혀진다. 젊은이들이 포도밭에 있으면 처녀들이 전통의식에 따라 신랑을 고르고, 노래와 춤으로 축하하였다.

창세기 49 : 11~12에, 유다를 축복하여 그의 나귀를 포도나무에 매고 그 암나귀 새끼를 아름다운 포도나무에 맬 것이며, 그 옷을 포도주에 빨고 그 복장을 포도즙에 빨리라고 했다. 그런데 하나님을 거역하자 이사야의 예언대로 이사야 16 : 10에 그 축복이 황폐와 국가적 처벌의 길로 역행되었다. 즐거움과 기쁨이 기름진 밭에서 떠났고, 포도원에는 노래와 즐거운 소리가 없어지겠고, 들에는 포도를 밟는 사람이 없으리니 이는 내가 포도 수확의 소리를 그치게 하였음이라고, 축복과 아울러 분노의 도구로도 쓰였음을 알 수 있다.

포도는 낙엽 덩굴성 목본으로서 봄에 싹튼 후에 잘다란 녹백색 꽃이 핀다. 가을에 익는 열매는 장과이다. 가지 일부가 덩굴손으로 변하여, 이것으로 지주를 감아서 자신을 지탱한다. 잎은 손바닥처럼 잎가장자리가 깊이 패어 든다. 성화에 대개 아담은 무화과잎으로, 하와는 포도잎으로 치부를 가리고 있어서 흥미롭다(다산을 의미한 듯).

　포도재배의 적지는 남북양반구(南北兩半球) 모두, 위도의 36°~48° 사이가 알맞다. 그 곳을 벗어나서 너무 덥든가 춥든가 하면, 재배는 성공할 수 없다. 성숙기에 비가 많으면 당도가 낮은 포도가 된다. 포도 열매에는 단맛과 신맛이 있다. 열매의 표면을 덮은 흰가루는 일종의 곰팡이로서, 이것이 포도주를 만들 때에 효모가 된다. 열매를 짜면 다량의 즙이 나온다.

　포도의 영양성분은 단백질과 지방이 적고, 탄수화물이 압도적으로 많다. 당도는 12~15%가 보통인데, 품종에 따라서는 20%를 훨씬 넘는 것도 있다. 성숙기의 당 농도는 공중습도에 관계가 깊다. 팔레스틴은 포도의 수확기가 7~9월의 건조기여서, 포도의 눌러 짠 즙은 높은 당도를 나타내므로, 발효가 잘 되어 품질이 좋은 포도주가 얻어진다. 포도의 당분은 포도당과 과당인데, 대개 동량으로 구성되어 있다. 덜 익은 열매는 포도당이 많고 과당이 적다.

　포도에는 탄수화물로서 펙친, 고무질, 이노싯드, 탄닌 등이 함유되어 있다. 잘 익은 열매의 유리산(遊離酸)은 1% 내외이며, 그 중에는 주석산과 능금산 이외에 미량의 구연산, 호박산, 유산이 포함되어 있다. 포도의 열매껍질에는 흑, 갈, 백의 3색이 있다.

　포도향기의 성분은 특유한 것으로 '안스라닐'산 '에스텔'이다.

　포도는 생식하는 외에 건조시켜 건포도를 만들어서 저장식으로 이용했는데, 아비가일이 다윗에게 선물로 보낸 포도주 2가죽부대와 건포도 100송이라는 데서도 잘 알 수 있다. 또 포도즙을 짜고 졸여서 시럽을 만들어, 모든 계급의 사람들이 식품의 조미료로 많이 이용했으며, 발표시켜 포도주와 포도식초로도 만들었다.

　세계에는 약 70종의 포도가 있는데, 현재 재배되고 있는 것은 유럽종과 북미원산 포도종의 교배개량된 포도들이다.

　특히 포도가 양조원료로서의 의의는 매우 크며, 세계적으로 볼 때에 총생산량의 80%가 포도주 및 건포도의 원료로 쓰인다. 미국에서는 90%가 캘리포니아에서 생산된다. 그 중 67%가 건포도, 17%가 양조용이며 16%가 생식용인데 비해, 유럽에서는 90%가 양조원료로 공급된다.

　우리나라에서는 거의가 생식용이며, 쥬스나 포도주용으로는 생산량의

1.3%에 불과하다. 지금은 세계적으로 가공의 폭도 넓어져서 양조용과 건 포도 외에 쥬스, 쨈, 제리 등으로 가공된다.

　포도는 고대에서 의약용으로도 귀히 여겼다. 잎을 말려서 가루로 만들 어 지혈제로 썼다. 익은 열매의 즙은 must라 부르는데 이뇨, 피로회복, 천 연두, 불면증 등에 잘 듣는다고 했다. 중국의 신농본초경에도 포도는 귀한 약이라 했다. 근골을 튼튼하게 하고, 자양강장의 효과가 있으며, 허기나 감기를 견디게 하는 힘이 있다고 했다. 또한 장복하면 몸이 가벼워지고 늙 지 않으며 장수한다고 했다. 포도주는 이뇨작용이 있어서 부종, 식은땀, 기침, 류마티스 등에 좋다. 하지만 과용은 삼가하라고 경고하고 있다.

무화과

무화과는 아담과 하와가 금단의 열매를 따먹고 눈이 밝아져서, 자기들의 몸이 벗은 줄 알고 무화과나무 잎을 엮어서 치부를 가렸다는 (창세기 3：6~7) 이야기에서, 처음으로 그 이름이 성서에 기록되었다.

무화과는 성서 중의 중요한 식물의 하나로 57회나 등장한다.

그런데 마가복음 11：13~21, 마태복음 21：18~20에, 예수께서 베다니에서 나왔을 때에 시장기를 느끼시고는 잎사귀가 무성한 무화과나무에서 먹을 것을 구하려고 하였으나, 때가 아니여서 아무것도 없자, 저주를 내리시어 무화과나무가 말라죽었다는 대목이 있다. 그리고 누가복음 13：6~9에, 3년씩 결실하지 않는 무화과나무는 찍어 버리라고, 과수원지기에게 일렀다는 비유의 대목도 있다. 예수님은 죽은 자도 살리시고 간음한 여인도 용서하시는 자비로우신 분이신데, 무화과나무에게 하신 것은 어쩌면 무자비하고 냉정하게까지 느껴질 수도 있을 성싶다.

무화과나무의 특성을 살펴보고자 한다.

무화과나무(Ficus carical)는 서남아시아 또는 시리아 지중해 연안이 원산지로 알려져 있다. 옛날부터 지금까지도 이집트, 팔레스틴, 시리아 등지에서 널리 재배되고 있다. 신석기시대(B.C. 5000년)의 말린 무화과(乾無花果)가, 유다 야산 서쪽에 위치했던 옛날의 대도시 Gezer에서 출토되고 있다.(유적발굴에 의해), 따라서 그 지방 사람들의 중요한 양식의 하나였음을 입증하고 있다. 그러므로 일반 가정에서는 대개가 한두 그루 이상의 무화과나무를 심어서, 가난한 사람들은 식량으로 이용했으며, 큰 과수원도 있었음을 이해하게 된다.

무화과나무는 원산지에서 5~10m씩 자라는 낙엽수이다. 잎도 커서 큰 그늘을 만들어 주는 녹음수였다. 자기 무화과나무 아래에서 자기 무화과를 먹는다는 구절이 많이 나오는데, 이것은 집집에서 재배했음을 말해 주며, 또 평안과 번영을 상징하는 말도 된다.

잎은 손바닥 모양을 한 장상잎(掌狀葉)으로, 털이 많으며 엽액(葉腋 : 잎자루가 붙는 곳)에 열매가 달린다.

무화과는 은화과(隱花果)로서, 흔히 열매라고 보는 것은 실은 비대하여 다육질(多肉質)로 된 화탁(花托)이다. 원형~타원형으로 밑쪽은 좁아져서 엽액에 붙고, 윗쪽은 넓으며 끝에 작은 구멍이 뚫려 있는데, 그 속의 빈 곳 안쪽에 잘다란 꽃이 많이 붙는다. 따라서 꽃이 화탁 안에 숨어 있어서 볼 수 없으므로 은화과라 하며, 얼핏 보아서 꽃이 없는 것처럼 보이므로 무화과(無花果)라고도 부른다. 무화과를 먹어 보면 모래알 같이 씹히는 것이 있는데, 이것이 진짜 열매이며 씨인 것이다.

무화과는 달걀 모양의 꽃주머니 속에 수꽃과 암꽃이 있는 암수한그루 이다. 하지만, 야생종에는 수꽃(Caprificus)과 암꽃이 따로 있는 자웅일가 화(雌雄一家花)가 있다. 이들의 꽃가루받이를 작은 곤충인 등애 (Blastophaga)가 맺어 준다. 이 등애가 수꽃의 자방에 알을 낳으면 자방

(子房)은 벌레혹(galli 虫癭)으로 변한다. 그 후에 벌레주머니에서 자란 등애가 무화과의 윗쪽에 있는 작은 구멍을 통하여 밖으로 나온다. 이 때 반드시 수술을 통과하게 되므로 꽃가루를 뒤집어 쓰게 되고, 그래서 다시 암무화과의 작은 구멍으로 들어가면서 암꽃 주두(柱頭)에 꽃가루를 묻히게 된다. 그렇게 꽃가루받이를 하게 되어 씨를 맺는다.

그런데 보통 재배되는 무화과에서는, 등애의 산란관(産卵管)이 짧기 때문에, 씨방 안에 알을 낳을 수 없게 된다. 그러나 야생종의 자방은 산란관이 닫는 부위에 있으므로, 벌레혹을 만들어서 먹지 못하는 무화과가 생기게 된다. 이 먹지 못하는 무화과가 있으므로 해서 꽃가루받이가 이루어지는 것이다. 에레미야 24 : 2에, 좋은 무화과와 먹을 수 없는 악한 무화과가 나오는데, 벌레혹이 생긴 무화과가 먹을 수 없는 악한 무화과에 해당된다.

무화과는 봄에 새잎이 퍼지면, 잎자루의 엽액에 녹색의 작은 열매(화탁)가 생겨, 차차 커져서 8~9월에 익으면 연하고 껍질이 잘 벗겨지며 매우 맛이 단 과일이 된다. 그러나 늦가을까지도 가지끝에는 열매가 계속 달려서 덜 익은 상태에서 겨울을 나고, 다음해 봄에 다시 부풀어서 커지는 것도 있기에 먹을 만하다. 맛은 제철 것만 못하나, 식량이 부족한 성지에서는, 가난한 사람들의 양식이 될 만하다.

예수님이 때 아닌 때에 무화과나무에서 열매를 찾으신 것은, 이것을 찾으셨던 것이다.(월동한 하과 : 夏果)

무화과나무는 결실이 불량한 나무도 섞여서 나며, 때로는 전연 결실하지 않는 나무도 간혹 섞여 있다. 과수원지기에게 3년째 찾아봐도 결실하지 않는 나무는 불결실주이므로 찍어 버리고, 차라리 다른 것을 심는 것이 경제적이라는 것을 말씀하신 것이다.

그러나, 원예종은 꽃가루받이를 하지 않고 암꽃만 있어서 결실하는 품종이 있다. 우리나라에서 가꾸는 것은 이 종류(common figs 계통)이다.(1972년에 도입되어 충남이남에서 재배됨)

무화과는 날것으로 먹을 뿐만 아니라, 건조시켜서 보존식량으로 더 귀중하게 여겼다. 이 말린 것을 '과자'라고 한다. 사무엘상 25 : 18에, 나발의 아내 아비가일이, 다윗의 청을 거절한 나발에게 미칠 화를 막고자, 다

윗에게 보낸 선물 중에 무화과 말린 것이 200개라는 기록이 있어서 이 것을 말해 준다.

무화과에는 당류(糖類), 능금산, 구연산 등이 함유되어 있다. 건과 외에 케잌, 술(figwine), 시럽, 쨈 등을 만든다. 최근에는 혈압을 강하시키는 성분이 함유된 것이 알려져, 건강식품으로 시각을 달리하고 있다. 건과는 식량뿐만 아니라 약제로도 쓰인다. 열왕기하 20：7, 이사야38： 21에, 이사야가 마른 무화과 한 줌을 히스기야왕의 종기에 붙여서 고친 대목이 있다. 무화과는 완화제로서의 효험도 크다. 또, 단백질을 분해하는 효소가 있어서 육식을 한 후에 후식으로 먹으면 소화를 촉진하고 변비에는 특

효약이며, 복통을 멎게하고 아울러 생식하면 인후통(목 아픈 데)을 진정
시켜 주는 효과도 있고 치질에도 좋다.

잎이나 줄기 또는 과실을 딸 때에 그 상처에서 흰 젖같은 유액이 나
온다. 그런데 이 유액에는 고무질, 스테린류, 효소, 단백질 등이 함유되어
있어서 치질의 도포제로 약용한다. 유액을 어린이들의 사마귀나 티눈에
바르면 없어지며, 잎을 말렸다가 목욕재로 쓰면 신경통에 효험이 있고, 다
려서 먹으면 완화제로 된다. 그러나 대량일 때는 설사한다. 무화과나무 잎
의 효소 분해작용을 이용하여 변소에 넣으면 구더기가 생기지 않으며 악
취도 제거된다.

전설에는 헤롯왕의 추격을 피하여 아기 예수를 안고 성가족이 피난갈
때, 무화과나무가 가지를 펴서 성가족을 가려서 숨길 수 있었다고 한다.
또 예수를 배반한 가롯유다가 목매달아 죽은 나무가 유럽박태기(Cercis
Siliquastrum)나무라고 하지만, 일설에는 무화과나무라고도 전해진다. 아
담과 하와가 따먹은 금단의 열매가 사과가 아니고 무화과(열대과일이기
때문)라는 설과 같은 맥락이다.

학명의 유래를 살펴보면 Ficus는 뽕나무과임을 말해주고, Carica는 그
리스인이 소아시아의 Caria에서 옮겨왔으므로 Carica라 하게 되었다고
한다. 고대 그리스인은 중요식량의 하나로 귀중하게 생각했는데, 체력과
다리의 힘을 증가시켜준다고 하여, 운동경기를 하는 사람은 무화과 외에
는 다른 것을 먹지 않았다고 한다. 그리스에서 생산되는 양질의 무화과는,
국외에 수출하는 것을 법령으로 금했다. 그래도 밀수출하는 자가 끊이지
않자, 밀고자 제도를 두어서 단속을 했다고 한다. 이 밀고자를 Sukophan-
tai(discoverers of figs)라고 불렀다. 영어의 Sycophant(아첨꾼)는 여기에
서 유래했다. 무화과가 익는 시기가, 뻐꾹새가 날아오는 때와 같으므로,
GK. Kokkux에는 무화과와 뻐꾸기의 두 가지 뜻이 있다고 한다.

우리나라에서 사과나 배가 산업 과수이듯이, 유럽에서는 무화과가 산업
과수의 하나로 중요하게 생각된다.

무화과는 주로 꺾꽂이로 번식되며 쉽게 활착하나, 다만 추위에는 약한
것이 결점이다. 그 때문에 재배지가 한정된다.

종려나무 (대추야자)

종려나무는 성경에 많이 나오는 중요한 식물 중의 하나다.

그러나 성경에 종려나무로 지칭된 것은, 실은 대추야자를 가리킨 것이다. 그러므로 종려나무와 대추야자는 식물학적으로는 별개의 식물이다.

대추야자는 학명을 phoenix dactylifera L. 이라고 한다. 그리고 히브리명은 tamar, 그리스명은 phoinix, 영명은 date palm, 독일명은 Dattelpalme라 하는데, 대추 같은 열매가 달리는 야자나무이기 때문에 대추야자라 한다.

대추야자는 원산지가 북아프리카이다. 열매가 달고 맛있는 과수이며, 잎이 우상복엽(羽狀複葉)이다. 이에 비하여, 종려나무(棕櫚)는 학명을 Trach ycarpus excelsus WENDL라 하며, 중국과 일본이 원산지이다. 부챗살을 편 듯한 장상잎(掌狀葉)을 지닌다. 가을에 작고 단단한 핵과가 검게 익지만, 먹지는 못한다.

굳이 공통점을 찾자면, 야자과에 함께 속해 있다는 것, 외줄기로 곧게 자란다는 것, 줄기의 맨꼭대기에 잎이 뭉쳐서 핀다는 것, 상록수라는 것과 잎이 붙는 줄기 주위에 그물 같은 섬유질이 있다는 것 등이라고 할 수 있다. 한문 성경이 번역될 때, 종려나무로 못박은 것 같다.

여기에서는 식물학적인 종려나무가 아니라 성경에 나오는 종려나무, 즉 대추야자에 대하여 살펴보기로 한다.

야자라고 하면, 열대에서는 흔히 코코야자를 연상하게 되지만, 중동에서는 오아시스 주위에 우뚝 선 대추야자를 일컫는 말로 인식되고 있을 정도로, 옛부터 그 곳의 중요한 식량자원이었다.

재배된 가장 오랜 유물이, 근동지방의 열대에서 발견되고 있는데, B. C. 4000년~3700년 경의 청동기 지층이라고 한다.

세계에서 가장 오랜 도시로 알려져 있는 '여리고'를, 성경에서 종려나무 성읍이라고 지칭하고 있다(신명기 34 : 3, 열왕기 1 : 16, 3 : 13, 역대하 28 : 15). 얼마 전까지만 해도 그 위치가 확실하지 않았으나, 근래의 발굴

로써 대추야자의 화석들이 발견되면서 '여리고'의 위치를 찾게 되었다고 한다.

출애굽기 15：27에, 애굽을 탈출한 이스라엘 민족이 홍해를 건너서 물 없는 황야를 방황하다가 12개의 샘과 70주의 종려나무가 있는 엘림에 도착하여 물과 식량을 보급할 수 있었던 것과, 아가서 7：7에 "네 키는 종려나무 같고(수려하고 위엄있는) 네 유방은 그 열매송이 같구나." 한 것 등이 대추야자를 지칭한 것임을 알 수 있다.

대추야자는 오아시스에 무성하던 나무이다. 키는 20~30m로, 가지를 치지 않고 곧게 자라며, 줄기 끝에 2~3m길이의 긴 잎이 우상복엽으로 뭉쳐서 난다. 흔히 성경에 종려나무 가지로 표현되는 것은 이 1장의 잎을 말한다. 요한복음 12：13에 예수께서 예루살렘에 입성하실 때에 무리들이 종려나무 가지를 들고 호산나 찬미를 불렀던 것이 바로 이 잎인데, 여기에서 승리와 환희의 표상으로 삼게 된 것이라 한다. 그뿐만 아니라, 부활절 전의 주일을 종려주일(palm sunday)로 지키는 것도, 여기에서 비롯된 것으로, 모두가 대추야자를 일컫는 이름이다.

1장의 잎은 깃털처럼 두 줄로 마주난 잔 잎이, 20~40cm 길이로서 좁고 두터우며 광택이 있는 껍질에 덮여 있어서, 뜨거운 햇볕에서도 수분의 증발을 억제하고 있다. 겉으로 보기에 그 큰잎들은 위를 향하고 있으며 늘어지지 않는 것이 특징이다. 그래서 먼 곳에서도 이 나무는 눈에 뜨이게 되며, 대추야자 있는 곳에는 물(오아시스)이 있다는 것을 알 수 있어서 큰 기쁨이 되었다 한다.

대추야자는 암수 나무가 따로 있다. 암나무에 열매가 달린다. 봄에 잎 사이에서 긴 꽃송이가 목질불염포(木質佛焰苞)에 싸인 채로 늘어진다. 꽃 필 때에 이 포엽이 보트 모양으로 갈라져서 떨어지면, 수나무의 꽃송이에서 꽃가루가 날아와서 수정(受精)하여, 비로소 열매가 맺히게 된다. 바람에 의한 자연적인 정받이가 쉽지 않아서, 옛부터 인위적으로 수꽃을 꺾어서 암꽃에 묻혀 꽃가루받이를 시켰던 것을, 고대 이집트나 바벨론의 조각에서 발견하게 된다. 수나무의 꽃은 향기가 있다. 옛날 부족 간의 싸움에서 피정복자의 최대의 참화는, 대추야자의 수나무를 말려 죽여서 꽃가루받이를 못하게 하여 식량자원을 고갈당하는 일이었다고 한다.

대추야자가 덜 익은 열매일 때는 녹색으로 단단하나, 늦여름에 익으면 황갈색~적색으로 변한다. 열매의 살은 달고 연하며 마치 꿀같아서, 성경에 꿀로 표현되었다. 즉, 신명기 8 : 8이나 역대하 31 : 5에 나오는 바로 그 '꿀'이 대추야자를 지칭한 것이라고 한다.

1개의 열매는 크기가 길이 3~4cm정도의 장타원형으로 대추 모양을 닮았다. 이것이 이삭처럼 송이마다 수백개의 열매를 보이는데, 1송이의 무게가 무려 15~25kg나 된다. 이 열매는 날것으로 먹기도 하지만, 말렸다가 양식으로 이용했다. 건조한 것은, 설탕에 절임한 것으로 착각할 만큼 달콤하므로, 그대로 과자가 된다. 아라비아 사막의 유목민인 베드윈족은 말린 대추야자를 유일한 식량으로 삼고 있었으며, 지금도 대추야자를 '생명의 나무'라 하여 숭상하고 있다.

이 열매는 그대로 따서 먹거나 말려서 먹는다. 그 외에도 근래에는 쨈과 제리의 원료로 이용된다.

대추야자는 심은 지, 5년 후부터 열매가 맺힌다. 완전히 다 큰 나무가 되는 데는 30년이 걸리고, 그 후 100년간 꽃피고 열매를 맺다가 쇠약해져서 말라 죽는다. 번식은 씨로 하거나 포기나누기로 한다. 씨로 할 때에는, 절반 정도가 수나무이며 1그루의 수나무로서 25~50주의 암나무에 수정을 시킬 만큼의 꽃가루가 생산되므로, 많은 수나무는 필요하지 않다. 과수로 가꿀 때는 대개 암나무의 흡근(吸根)을 포기나누기를 실시하여 번식시킨다.

대추야자 열매의 씨(核)는 크다. 이것을 빻아서 가루로 만들어 며칠 동안 물에 우렸다가 소나 양, 낙타 등의 사료로 이용하는데 보리보다도 영양가가 높다고 한다.

줄기의 윗쪽을 자르면 시럽 같은 즙이 나온다. 이것으로 '아락주'(Arrak)라는 술을 빚는다. 사사기 13 : 4에 나오는 독주, 즉 strong drink가 이것이라 하며, 포도주와는 다른 증류

주(소주 같은)라 한다.

줄기는 목재로 쓴다. 잎으로는 지붕도 잇고 울타리도 만들며 깔개, 바구니, 그릇 등을 만들기도 한다. 또한 그물 같은 외피의 섬유로는 로프를 만든다. 따라서 대추야자는 쓰임새가 많았다. 가장 귀중한 식량일 뿐만 아니라, 술과 꿀도 함께 얻을 수 있는 중요한 자원인 재배과수였다. 때문에 무척 귀중하게 여겼다. 솔로몬왕 때에 건축한 성전의 벽화에도 종려나무 가지가 조각되었다 하며, A.D 3세기 경의 것으로 보이는 가버나움 집회당의 장식에도 종려나무가 조각된 것이 발견되기도 했다. 그것으로 미루어서 정직, 정의와 공정, 수려와 번영의 상징으로 삼았음을 알 수 있다(사사기 4 : 5, 시편 92 : 12~14).

대추야자의 전설을 간추려 보면, 하나님이 아담을 빚은 진흙의 남은 것에서 생겨난 것이 대추야자라 한다. 에덴동산에서 아담과 하와가 선악과를 따먹고 쫓겨났는데, 그 선악과가 사과나 무화과가 아니라 대추야자였을 것이라는 설도 있다.

카인이 동생 아벨을 죽인 후에 시체의 처리를 어찌할까 애태울 때, 1마리의 갈가마귀가 땅을 파고는 죽인 다른 갈가마귀를 묻는 것을 목격하게 되었다. 카인은 그것을 본따서 야자나무 밑에 아벨을 묻었다. 그러자, 그때까지 곧게 자라던 야자 가지가 슬픈 듯이 늘어졌다. 그 후부터 야자 가지는 늘어진 모습을 보이고 있는 것이라고 전한다. 카인의 짓거리를 지켜보고 있던 갈가마귀는 곧 아담에게 날아가서 카인의 죄상을 낱낱이 고하여 바쳤다. 그리하여 갈가마귀는 사람들에게 기피당하는 재수없는 흉조가 되었다고 한다.

또 아담이 낙원을 쫓겨날 때, 세상에서 가장 향기로운 도금량(myrtle), 식량으로 밀 이삭, 과실로서 대추야자, 세 가지를 가지고 가는 것을 허락받았다고도 한다.

성자 크리스토파는 어린이와 환자들을 데리고 물결 사나운 강을 야자나무 지팡이에 의지하여 건넜는데, 이 때 아기예수인 줄도 모르고 어깨에 무동을 태우고 건넜다. 건너간 후에 그가 "이렇게 무거운 아이를 업어본 적이 없다. 도대체 너는 어느 집 아이냐."라고 물었다. 그랬더니 "수상히 여기지 말라. 너는 이 세상뿐 아니라, 온 세상의 죄까지도 짊어져 주었다.
수고했다. 너는 그 지팡이를 땅에 꽂으라. 그리하면 잎이 나고 열매가 달
릴 것이다."라고 말하고는, 아이는 홀연히 사라져 버렸다. 크리스토파가
시키는 대로 했더니, 곧바로 지팡이에서 잎이 피고 대추야자가 열렸으므
로, 그는 참회하여 이름을 크리스토파(christopher)라 개명하고 기독교인
이 되었다는 것이다.

대추야자의 그리스명인 페닉스(phoenix)는 그리스 신화에 나오는 불사
조(不死鳥)와 같으며, 불사조는 열대에 살았다는 공상 속의 생물이다. 대
추야자의 꼭대기에 집을 짓고 500년 동안 살다가 자기 몸을 불살라 죽은
뒤에 재 속에서 다시 불사조가 생겨났다고 하는 전설 속의 새다. 이 불사
조는, 대추야자로 우거졌던 지중해 연안의 고대 페니키아(phoenicia)가
번성했던 것과, 관련이 지어져 있다.

페닉스의 어원은 그리스어의 적색(赤色)이란 뜻에서 비롯된 것이다.
바다에서 나는 연체동물에서 적자색(赤紫 : purple)의 염료를 만들어서 직
물을 염색했는데, 왕과 귀족들의 의복이 그것이었다. 그리스인은 이것을
가나안에서 수입했으므로, 가나안 사람을 페닉스(赤紫)의 사람이라 불렀
던 것이 지명으로 변했다. 그리고 같은 나라에 많이 나 있는, 두드러진 식
물도 페닉스라 불렀다. 이것이 대추야자의 학명이 되었으며, 그 곳에 집을
짓는다고 상상하여 불사조를 페닉스라 하였을 것이라고 생각한다.

사도행전 16 : 14의 자주장사(紫紬商) 루디아, 출애굽기 25 : 4, 26 : 1,
28 : 5, 6, 15의 자주실의 염료로 추정되는 것도, 모두 자주색이 귀인들의
표상이었기 때문이 아닌가 생각할 수 있다.

쥐엄나무

쥐엄나무는 지중해 연안에 자생하는 흔한 나무이다. 옛날부터 있었음에도 구약성서에는 기록이 없으며, 신약성서 누가복음 15 : 16에 "저가 돼지 먹는 쥐엄 열매로 배를 채우고자 하되, 주는 자가 없는지라."라고, 탕자의 비유에 단 한번 나오는 돼지먹이로 지칭되는 식물이다. 우리나라에 자생하는 주염나무(Gleditsia japonica)와는 콩꼬투리의 생김새가 비슷하여서, 흔히 쥐엄나무와 주염나무(주엽나무)를 동일하게 생각하기 쉬우나 사실은 전혀 다른 식물이다. 그러나 일반적으로는 주염나무로 통용되는 예가 흔하다.

쥐엄나무(Ceratonia Siliqua L)는 10m까지 자라는 상록수(주염나무는 낙엽수)이다. 줄기의 지름이 30cm나 되며, 수관은 둥근 모양이 된다.

잎은 호생(互生)한다. 짝수 우상복엽으로, 잔잎은 3~5쌍이며, 계란형의 혁질(革質)인데 광택이 있다. 지난해 자란 가지에, 붉은 색의(꽃술이 꽃으로 보이는) 꽃잎이 없는 잔꽃이, 이삭 모양으로 핀다. 한 나무에 암꽃과 수꽃이 따로 있는 양성화(兩性花)이다.

4~5월에 열매가 달린다. 콩꼬투리가 납작하고, 폭이 3~5cm에 길이는 15~25cm나 되며, 처음에는 녹색이다가 익으면 갈색으로 변한다. 콩꼬투리 속에, 동글 납작한 완두콩 같은 5~10개의 씨가, 단맛이 나는 과육(果肉)에 파묻혀 있다.

콩꼬투리는 펄프질이다. 과육이 녹색인 덜 익은 열매일 때는 맛이 쓰지만, 과육이 익어서 갈색이 되면 향기롭고 꿀같이 단 시럽이 되어서 꼬투리 속에 꽉 차게 된다. 날로 따 먹을 수도 있고, 즙을 눌러 짜내어 이용하기도 한다. 이 시럽에는 당분이 30~50% 들어 있어서, 옛날에는 가난한 사람들의 식량이 되었다. 오늘날에도 가난한 원주민의 식량이 되고 있다.

콩꼬투리는 익어도 벌어지지 않고, 마르면 그대로 떨어진다. 마른 것은 가루를 내어서 엿을 만들기도 하고 알콜의 원료로도 쓰인다. 지금도 아랍인들은 쥐엄열매를 각종 조미료로 요리하여 식용하고 있다고 한다.

콩꼬투리 속의 씨는 지름이 5mm 정도인데 갈색이며 광택이 있다. 그 엷은 껍질을 벗기면 하얗고 단단한 배유(胚乳)가 나온다. 이것을 가루로 만들어 물에 풀어 보면, 끈적이는 고무 같은 풀이 된다. 이 풀은 직물에 풀을 먹이는 데 쓰이며, 먹기도 하고 의약품으로서 환약을 만드는 데 사용한다. 또한 곤약가루와 섞어서 곤약을 만드는 데도 쓰인다.

쥐엄 열매 꼬투리는 소, 말, 돼지, 닭 등의 가축 사료로도 훌륭하다. 옛날에는 가축 사료로도 긴히 쓰였지만, 오늘날에는 경주용 말이나 군용 말 등의 사료로서 없어서는 안 될 식물로 생각되고 있다. 특히 중동의 말타섬에서는 대량 재배되고 있으며 말 사료로서 영국으로 수출되고 있는 식물이기도 하다.

쥐엄나무는 파종해서 결실하여 수확할 수 있을 때까지 20년 이상이 걸린다. 일단 다 자란 나무가 되면, 한 그루에서 200kg이상의 열매를 얻을 수 있다.

열매를 맺는 데에 긴 세월이 걸린다. 이에 얽힌 재미있는 이야기가 탈무드에 있다.

한 젊은 랍비가 지나가다가, 어떤 늙은이가 쥐엄나무 씨를 뿌리고 있는 것을 보게 되었다. 랍비는 노인에게 "30년이 걸려야 열매가 달리는데, 이제 씨를 뿌려서 무슨 소용이 되겠소? 열매가 열릴 때 쯤에는 당신은 죽고 없을 텐데요." 하며 비웃었다.

그러자 노인은 "나는 내 자신을 위하여 씨를 뿌리는 것이 아니요. 나는 남이 심은 쥐엄 열매를 먹어 왔으니, 나도 남을 위해 심는 것이란 말이요. 훗날 나의 자식 또 그 자식의 자식들이 이 나무 열매를 먹으면서 감사하게 생각하지 않겠소." 하고 대답했다.

그 젊은 랍비는 얼마 안 가서 지쳤다. 그는 숲속에 누워서 잠이 들었는데, 잠에서 깨어나 보니, 어느새 70년이나 세월이 흘렀더라는 것이다. 그때에는, 그 노인이 씨를 뿌린 쥐엄나무가 자라서 열매를 달았으며, 젊었던 랍비도 노인이 되어 있었다. 그리고 주위에는 전혀 모르는 사람들 뿐인 것을 깨닫게 되었다 한다. 남을 위해 봉사하는 것이, 은혜를 갚는 것이라는 교훈적인 이야기이다.

　쥐엄나무를 히브리어로 haruvim(carob)라 하고, 메뚜기를 hagavim
(locust)라 한다. 성경의 마태복음 3 : 4에 "세례요한이 약대 털옷을 입고
허리에 가죽띠를 띠고 음식은 메뚜기와 석청이였더라."라는 대목의 메뚜
기는, 성경을 옮겨 쓸 때 'r'자를 'g'자로 잘못 기록하여 성지(광야)에 흔
한 쥐엄나무 열매가 메뚜기로 잘못 기록되지 않았을까 라는 논란이 있다.
초기의 기독교인들이 쥐엄 열매를 '세례요한의 빵'이라고 이름붙였다는
전설이 전해져 온다. 지금도 뉴욕의 시장에서 쥐엄열매를 '세례요한의
빵'이라 하며 팔고 있다고 한다.
　영명은 locust tree(메뚜기 나무)라 하는데, 세례요한의 식량인 메뚜기

에서 비롯된 이름이다. 일본명 역시 메뚜기콩이라는 'イナゴマメ'라는 이름으로 불리우고 있는데, 우리는 중국 성경을 번역할 때 콩꼬투리가 비슷한 주엽나무를 연상하여 쥐엄나무 또는 주엽나무로 붙였다 한다.

쥐엄나무를 carob이라 하는 것은, 아랍어의 Kharrub에서 온 말로서 콩이라는 뜻이다.

쥐엄나무 열매의 씨는 무게가 균일한 것이 특징이다. 옛날에는 무게를 다는 저울추로 쓰여서 무게의 기준이 되기도 했다 하며 대개 0.2g가 된다.

보석의 중량단위를 '캐럿'carat이라 한다. 그리스어의 Keration으로서 쥐엄나무의 학명(屬名)인 Ceratonia와 어원이 같다. 앞에서 말한, 중량단위로 사용한 데서 비롯되었으며, 이에서 캐럿이란 말이 생겨났다고 한다. 1캐럿은 200mg이다.

쥐엄나무 열매는 소금물을 달게 하는 효험도 있다고 하는데, 실험해 보지는 못했다.

쥐엄나무는 열대식물이지만, 감귤이 월동할 수 있는 지방이면, 재배할 수 있다. 그리고 생육이 더딘 결점은 있어도 반면에 수명이 길므로 나중에는 거목이 된다. 제주도 등지에서 교회에 심어 보는 것도 뜻이 있을 성싶다.

석류

모세가 각 지파에서 한 사람씩을 뽑은 후에 가나안을 탐지하려고 보내었을 때, 에스겔 골짜기에서 포도 한 송이 달린 가지를 둘이서 막대기에 꿰어 메고 또 석류와 무화과를 취하여 가지고 돌아왔다. 하나님이 이스라엘 백성에게 주시마고 약속하신, 젖과 꿀이 흐르는 풍요로운 그 땅에 내려 주신, 축복한 7가지 식물 중의 하나가 석류이다. (민수기 13 : 23)

그러나 축복한 7가지 식물, 즉 1. 밀 2. 보리 3. 포도 4. 무화과 5. 석류 6. 올리브(감람나무) 7. 대추야자(종려나무 : 꿀)(신명기 8 : 8) 중에서 식품의 중요 품목에는 들지 않는 것이 석류다.

오히려 석류는 신성하게 생각한 상징적인 의미가 더 큰 몫을 차지하는 식물이라 할 수 있다. 출애굽기 28 : 33~35에는, 제사장 아론이 입고 성소에 들어가는 에봇 받침 겉옷에 청색 자색 홍색실로 옷자락에 석류를 수 놓고 금방울을 한 개씩 달되 석류 하나에 금방울 하나씩 교대로 하였다 라고 적고 있다. 그래서 아론이 그 옷을 입고 성소를 출입할 때, 금방울 소리가 나면 그가 죽지 아니하리라고 한 것을 미루어, 유태에서는 석류를 신목(神木)으로 삼고 있었음을 알 수 있다.

그런가 하면, 아름다움으로 비유되기도 하고(아가 4 : 3), 그 많은 씨는 풍요를 상징하며(아가 4 : 13), 그 새콤 달콤한 즙은 사랑의 꿀(아가 8 : 2)로 표현되기도 했다. 그러나 가장 많이 쓰인 곳이 건축의 장식이다. 솔로몬이 건축한 성전에는 역대하 4 : 13, 3 : 16, 열왕기하 25 : 17에 실려 있고, 솔로몬의 왕궁장식에 쓰인 것은 열왕기상 7 : 18, 20, 42에 기록되어 있다.

석류나무는 원산지가 이란북부, 인도북서부, 아프가니스탄, 히말라야, 발칸지방으로 생각되고 있는 온대성 식물이다.

석류의 속명(屬名)은 punica로서 이것은 근동지방에서 유럽으로 전해질 때 '카르타고'(고대시대에는 '카르타고'를 라틴어로 punicus라 함)에서 스페인 남부왕국 '그라나다'(Granada)에 전해졌으므로 '푸니카'(punica)

라 이름붙였다 한다. '카르타고'는 현재의 '튜니지아'(Tunisia)의 수도 '튜니스'(Tunis)를 말한다.

학명은 석류를 pomegranate라고 하는데, 이 말은 pome(＝apple)와 granata의 합성어로서 열매와 전파된 지역을 짝지은 것이다.

옛날에는 apple of granata라고도 하고 malum punicum이라고도 했다. 즉, apple of carthago라는 뜻인데 주목할 것은 하나같이 석류를 사과라고 표현한 점이다. 아마 신맛과 단맛 때문인 것으로 생각된다. 그래서일까, 아담이 하와에게 준 금단의 열매가 사과가 아니라, 석류라고 전해지는 설이 있는 것도, 이런 점에서 비롯된 가설이다. (석류가 그 곳에 흔하기 때문이다)

석류를 히브리어로 rimmon이라 하며 구약성경의 지명에 많이 등장한다 (민수기, 여호수아, 사사기 등). 이것은 그 지방에 석류가 많았던 것을 나타낸 것이다. (약 30회)

석류는 애급에서도 흔하고 귀한 과일이었다. 민수기 20：5 신광야에서 이스라엘 백성들이 모세를 원망하는 대목에, 파종할 곳이 없고 무화과도 포도도 석류도 물도 없는 이 곳에 죽이려고 인도하였느냐 라고 하는 대목에서 알 수 있다.

애급에서는 B.C. 2000년에 이미 재배하고 있었던 사실을, 발굴된 장식 조각에서 입증하고 있으며, 그들 역시 신성하게 생각했던 식물이었다. 이란(페르샤)에서도 임금의 홀(王笏) 머리 장식에 쓰였으며, 에게해의 로-도스섬에서는 왕실의 문장으로 사용하였다 한다. 지금은 스페인의 나라꽃이다.

석류는 보통 키가 작은 낙엽관목이지만 크게 자라면 7~10m(원산지)나 된다. 잎은 대생(對生)하며 잔가지가 가시로 된다. 꽃은 6월~8월에 핀다. 종 모양을 한 새빨간 얇은 꽃잎이 주름져 있다. 꽃받침조각은 살이 많은 깔대기 모양인데, 끝이 6갈래로 갈라지며 역시 붉은 빛이다. 열매가 굵어지면, 중간 사과의 크기만한 선홍색의 열매 끝에 꽃받침조각이 그대로 붙어 있어서, 흡사 관(冠) 모양을 보인다. 이 튀어나온 꽃받침조각에서 솔로몬왕이 힌트를 얻어, 왕관에 사용한 뒤부터 모든 왕관의 머리에 장식으로 쓰여지는 영광을 얻었다.

석류 열매 속에 새빨간 씨가, 달고 신 즙이 있는 투명한 껍질에 쌓여, 빽빽하게 박혀 있다. 이 씨는 솔로몬 시대부터 청량음료나 어름과자를 만드는 데 널리 쓰였으며, 그대로 먹어서 갈증을 해소시키기도 했다. 오늘날에도 과일즙으로는 술을 빚기도 하고, 씨는 말려서 과자를 만든다. 덜 익은 열매의 껍질은 수렴작용(收斂作用)이 있어서 빨간 색의 염료로 쓰이기도 하고, 가죽을 붉은 색으로 익이는 데(무두질)도 쓰였다. 꽃도 붉은 염료가 된다.

중국의 한(漢)나라 무제 때, 중랑장(中郞將)을 지낸 장건(張騫)이란 사람이 서역(西域)에 사신으로 갔다. 장건은 돌아오는 길에 안석국(安石國)에 들러, 포도와 함께 많은 진기한 식물을 가져왔다. 안석은 안식(安息), 즉 Arshak으로 parthiz(이란 지방)를 말한다. 중국명에 도림(塗林) 내림(柰林) 등으로 표시된 것을 볼 수 있는데, 이것은 석류의 범어(梵語) Darim, 정확하게는 Darima의 음역(音譯)이라는 것이다. 그래서 안석류(安石榴)는, 이란에서 온 혹같은 과실이라는 뜻이다. 우리는 중국 이름을 그대로 받아들여 석류라 불렀으며, 신라 때 이미 있었던 것으로 짐작된다.

(문헌에 의함)

석류는 기독교 미술에서 희망의 상징으로 되어 있다. 영원한 생명의 심벌이 되기도 했으나 터키, 중국, 그리스 등에서는 다산(多産)을 뜻하는 과일로서 자손번영을 의미한다. 그래서 결혼축하 선물로 보내어지는 풍습이 있다. 그리고 터키에서는 신부가 익은 석류를 땅에 던져서 쏟아지는 씨의 수가, 그녀가 장차 낳을 자식의 숫자를 나타낸다고 믿는 민속도 있다. 산아제한을 하는 20세기에는 난센스가 되겠지만, 옛날에는 석류가 그만큼 축복의 대상이었던 것을 알 수 있다.

인도나 중국의 전설에 영향을 받아서, 우리나라에서도 다산과 자손번영을 비는 뜻으로, 옛날부터 비녀머리를 석류 모양으로 새긴 석류잠(石榴簪)이 유행했다. 그리고 문갑이나 장농, 도자기에도 즐겨 새겼다. 사군자 다음으로 즐겨 그려지는 그림으로서, 벽장에는 반드시 붙여졌고 병풍에도 즐겨 쓰였다. 무자칠거지악(無子七去之惡)의 영향이 컸던 것 같다.

그뿐만 아니라, 꽃도 아름다워서 홑겹 외에 겹꽃을 옛날부터 즐겨 가꾸었다. 귤, 유자, 석류는 남쪽의 산물이다. 서울에서는 화분에 심어서 가꾸면 잘 자란다. 중부 이북에서는 온실이나 실내가 아니면 재배할 수 없다는 것을, 옛날에도 알고 있었다. 그러나 남쪽 지방에서는, 아이들을 보호한다는 인도 전설의 영향을 받아서 집집마다 꼭 심는 나무가 되기도 하였으나, 지금은 그 의미가 희석되어 관상용으로 심을 뿐이다.

우리나라에도 왜소한 애기석류가 있어서 이것을 해석류(海石榴)라 하였고, 중국에 건너가 당·송대의 시인들이 애완했었다.

뽕나무 (돌무화과)

　성경이 우리말로 번역될 때, 오역된 것 중에 뽕나무도 그 중의 하나다.

　뽕나무라 하면, 우리는 흔히 뽕잎으로 누에를 쳐서 명주실을 얻는 중국이나 우리나라 원산인 낙엽수인 뽕나무(Morus alba L)를 생각하게 되며, 누구나 달고 새까만 '오디'를 따먹던 추억을 간직하고 있는 낯익은 나무로 알고 있다.

　그러나 성경의 누가복음 19 : 4에 '키가 작은 삭개오는 예수께서 어떠한 사람인가 하여 보고자 앞으로 달려가 뽕나무에 올라갔다.'라고 한 그 뽕나무나, 아모스 7 : 14에 아모스가 예언자로 부름받기 이전의 자기 직업을 '나는 목자요 뽕나무를 배양하는 자'라고 한 그 뽕나무 등은, 앞에서 말한 누에치는 뽕나무와는 전혀 다른 별개의 식물인 것이다.

　여기서 말한 뽕나무는 팔레스틴과 수리아 등의 동부 아프리카에 자생하는 상록교목인 돌무화과(Ficus Sycomorus L)이다. 잎과 수피(樹皮)는 뽕나무를 닮았으나, 열매는 오히려 무화과를 닮았으므로 '돌'무화과라고 한다. 일반적으로는 영명을 '시카모레 피그'(Sycamore Fig) 또는 '물베리 피그'(Mulberry Fig), 즉 무화과뽕나무라고도 하는데, 여기에서 뽕나무로 잘못 번역된 듯하다.

　돌무화과는, 무화과나 뽕나무와 같은 과에 속해 있어서, 이와 같은 오류를 범할 수 있었다. 공동번역 성경에는 올바로 돌무화과로 번역되어 있다.

　시편 78 : 47에 하나님이 애굽에 재앙을 내리셨던, 즉 '저의 뽕나무(돌무화과)를 서리로 죽이셨으며' 한 것은, 이 나무가 그들의 중요한 식량이었음을 말해준다. 그리고 한편으로는 열대식물이어서 추위에 약하다는 것을 입증하고 있다.

　또 열왕기상 10 : 27과 역대하 1 : 15에 보면, '솔로몬이 예루살렘에서 은금을 돌같이 흔하게 하고 백향목을 평지의 뽕나무같이 많게 하였더라.'고 한 것으로 미루어서, 돌무화과가 가나안이나 여리고에 아주 흔한 나무였음을 짐작하게 한다. 아울러 역대상 27 : 28에, 다윗왕이 평야의 감람나무와 뽕나무(돌무화과)를 맡아서 감독하게 한 것으로 짐작해 볼 때, 중요한 식량 자원이었음을 알 수 있다. 즉 뽕나무의 열매인 오디는 식량자원이 될 만한 가치는 없기 때문이다.

지금은 팔레스틴에도 누에를 치는 뽕나무가 들어와 있어서 mulberry라 한다. 여기서는 성경에 나오는 뽕나무, 즉 돌무화과에 대하여 살펴보고자 한다.

돌무화과나무는 높이가 10~13m씩 자라는 상록수이다. 줄기 밑둥의 둘레가 7m나 되며, 사방으로 무성하게 넓게 퍼진 수관이 지름 40m에 이를 만큼 큰나무로 자란다. 흔히 길가에 심어서 좋은 그늘을 만들어 주는 녹음수이면서 열매를 식량으로 삼는 과수였다.

가지는 밑 쪽 낮은 데에서부터 퍼져 있으므로, 키 작은 삭개오가 쉽게 올라갈 수 있었던 듯하다.

잎은 타원형－하트형으로 앞면은 매끄럽고 뒷면에는 털이 있으며 향기가 있다. 꽃은 무화과처럼 열매 속에 있어서 볼 수 없는 은두(隱頭) 꽃차례이다. 열매는 무화과를 닮았으나 더 작고, 이삭져 열리므로 숫자는 훨씬 많다. 또 나무의 여러 곳에서 열리는데 어린가지나 묵은가지, 심지어는 굵은 줄기에서도 달리고 1년에 여러 번이나 열매를 맺는다. 맛은 무화과만은 못하지만, 단맛이 있어서 가난한 사람들의 식량이 될 만했다.

이 열매는 고대 애굽인들에게나 유태인들에게도 귀중한 식량이었으며, 지금도 카이로에서는 길가에서 행상들이 팔고 있을 정도로 그들에게는 귀중한 식품이다.

돌무화과의 열매도 무화과처럼 등애(곤충)에 의해 수분(受粉)되어 맺혀서 익는다. 그러므로 충영(蟲癭)으로 변하는 벌레먹는 열매를 방지하기 위하여, 옛날의 유태인들은 무화과나 돌무화과가 덜 익은 열매일 때, 열매 중앙부의 일부를 손톱이나 예리한 칼로 깎아내던가 구멍을 내었다. 이는, 다 자란 벌레(등애)가 씨방에 알을 낳기 전에 이 구멍을 통하여 밖으로 도망가게 하는 작업을 했던 것이다.

아모스가 '돌무화과를 배양하던 자'라고 한 것은, 이 작업에 종사하던 사람이란 뜻이다. 이 방법은 아직도 옛날 그대로 애굽이나 카프리 등지에서 쓰이고 있다.

돌무화과는 잎이나 나무에 상처를 내면 흰 즙이 나온다. 이것은 무화과 나무와 공통된 성질이지만, 잎과 열매로서 쉽게 구별할 수 있다.

목재(줄기)는 우리나라 오동나무처럼 연하고 가벼우며 가공이 쉽다. 얼핏 보아서는 스폰지처럼 다공질이면서도 젖음과 썩음에 견디는 힘이 있어서, 고대 애굽인들은 미이라의 관(棺)을 만드는 데 사용했다. B.C. 3000년 경에 만들어졌던 것으로 추정되는, 미이라가 담긴 관이 애굽의 고분에서 완전한 상태로 발견되었는데 그 관을 만든 나무가 돌무화과나무였다 한다.

이것으로써 견디는 힘이 입증된 셈이다. 이 나무의 재목은 관 외에도 가구, 문짝, 상자 등을 만드는 데 널리 쓰였으며 가벼워서 천정재(天井材)로 도 이용했다.

수명이 긴 나무이기도 하다. 이것을 입증하는 전설로, 카이로 근처의 마타리아(matariya)에는 돌무화과의 노목이 한 그루 있다. 이 나무는 요셉과 마리아가 아기 예수를 안고 헤롯왕의 박해를 피해 애굽으로 피신했을 때, 성가족이 이 나무 그늘에서 쉬임을 얻고는 원기를 회복했다 하여 성스러운 나무로 전해 온다는 것이다.

사막에서는 그늘이 어느 자원 못지않게 중요하다. 그 곳의 유목민은 그늘을 위해, 또는 식량을 얻기 위해, 지표식물(指標植物)로서 돌무화과를 즐겨 심었다 한다. 그리고 신성하게 여겨, 고대 애굽에서는 생명의 나무로 받들기도 했다. 즉, 다산(多産)과 풍요를 주는 여신에게 제사를 지내기 위해 돌무화과나무 밑에 과일, 곡식, 채소, 꽃, 물 등을 바치고서 빌었다고 한다.

이것은 우상숭배의 의식이었으므로, 유태인 예언자들로부터 비난의 대상이 되기도 했다는 것이다.

돌무화과나무는 주로 계곡이나 낮은 지대의 평지에서 더위나 건조에 아랑곳하지 않고 잘 자라지만, 산악지대의 추운 기후에는 견디지 못한다.

성경의 오역은 비단 우리나라에만 있는 것은 아니다. 영국에서는 Sycomore(돌무화과)와 Sycamore(단풍나무의 일종)가 확실하게 되어 있지 않아서, 식물학자가 아닌 다른 사람들은 Sycomore를 단풍나무(Sycamore:Acer Pseudoplatanus L)로 혼돈하고 있다 하니, 우리가 돌무화과를 뽕나무로 혼동하는 것과 같아서 올바른 해석의 중요성을 새삼 느끼게 된다.

살구나무 (아몬드)

구약성경 여러 곳에 나오는 살구나무는 우리가 알고 있는 살구나무(Apricot)가 아니라, 같은 과에 딸려 있지만 별개의 식물로서 영명으로 아몬드(Almond)라 불리우는 편도(扁桃)를 지칭한 것이다.

살구나무(杏)는 중국이 원산지이고, 아몬드는 서남아시아(지중해연안)가 원산지로서 이스라엘 민족이 성스러운 식물로 여겼던 것 중의 하나이다.

아몬드의 원산지를 미루어 짐작하게 하는 성경 구절이 있다. 창세기 30 : 37에, 야곱이 라헬을 위하여 다시 외삼촌 라반의 양을 7년 동안 치며 봉사하되, 그 품삯으로 양이나 염소 중에서 아롱진 것을 제 몫으로 하기로 약속 받았으며 양떼는 물을 먹으러 와서 교미하여 새끼를 배었다. 그런데 이 때 얼룩진 가지를 바라보고 아롱진 것을 낳게 하기 위하여 버드나무, 살구나무(아몬드), 신풍나무 등의 푸른 가지의 껍질을 벗긴 후에 흰 무늬를 내어서 물 먹는 개천의 물구유에 세웠다는 것으로도, 그 곳에 흔한 나무였음을 말해 주고 있다.

또 창세기 28 : 19에, 야곱이 외삼촌집을 찾아가던 중에 돌베개를 베고 자다가 꿈에 하나님 축복의 약속을 받고 그 돌에 기름을 붓고 '벧엘'이라 불렀다는, 그 성의 본래 이름은 '루스'(Luz, Lauz)였다. 루스란 말은 셈어의 아몬드를 가리킨 말로서, 이 지역에 이 나무가 많았기 때문에 붙여진 것이라 한다.

아몬드는 학명을 Prunus amygdalus communis L.이라 하며 장미과에 속해 있는 낙엽과수이다. 여름에 강우량이 적고 기후가 따뜻한 지역에 자생한다. 키는 4~5m로 자란다. 2~3월 경에 잎이 나기에 앞서, 복숭아꽃을 닮은 순백색에 가까운 연분홍색의 5판화가 피는데, 지름이 4cm나 되는 큰 꽃으로 화려하다.

예루살렘 부근에서는 1월말 경에 꽃이 핀다. 잎도 복숭아나무와 닮았으며 표면에 광택이 있다. 열매는 4~5월 경에 맺는다. 길이 5~7.5cm, 두께

1.9cm의 납작한 타원형의 핵과(核果)이다. 살이 얇기 때문에 익으면 말라서 갈라진다. 그 때, 그 속에 들어 있는 단단한 껍질인 핵(核), 즉 씨를 떨군다.

이 핵 속에는 갈색의 엷은 껍질에 싸인 황백색의 인(仁)이 들어 있다. 이 인을 식용하는데, 이것이 아몬드다. 이 핵(씨)이 부서지기 쉬운 정도에 따라서 연핵종(軟核種;Soft Shell)과 경핵종(硬核種;Hard Shell)이 있고, 풍미(맛)에 따라서 감인종(甘仁種;Sweet Almond)과 고인종(苦仁種;Bitter Almond)이 있다.

흔히 식용하는 감인종을 감편도(甘扁桃)라 하고, 맛이 쓴 고인종을 고편도(苦扁桃)라 한다. 고편도에는 인(仁)에 아미구다린(Amygdalin)이 함유되어 있어서 맛이 쓰고 식용할 수 없다. 옛날부터 기름을 짜서 기침약으로 이용하는 고편도유(油)의 제조원료로 쓰였다.

그러나 감편도(Sweet Almond)에는 아미구다린이 들어 있지 않으므로, 주로 식용으로 활용되는 과일이었다. 지방이 50% 함유되어 있어서 생식

(生食)하는 외에 버터나 소금을 가미하여 낫드(nut)로 이용한다. 과자나 요리의 재료로도 사용된다. 즉 초콜릿, 쿠키에 넣기도 하고 아몬드 파우더를 만들어 케이크에 넣기도 하고 얇게 썰어서 샐러드에 뿌리기도 한다.

중세 유럽에서는 귀족사회에서만 이용된 값비싼 무역품이었다. 아몬드는 실크로드를 따라 16세기 경에 중국에 들어왔는데, 아몬드를 페루샤어로 '바담'(badam)이라 했다. 인(仁)을 살구처럼 약용하므로 살구라는 행(杏)자를 붙여서 '파단행'(巴旦杏)이라고 이름 붙였다.

창세기 43 : 11에, 요셉이 애급으로 팔려간 후에 총리가 되었을 때, 이스라엘에 가뭄이 들었다. 야곱의 아들들이 애급으로 식량을 구하러 갔는데, 형들을 알아본 요셉이 정탐꾼 누명을 씌워, 막내 동생 베냐민을 데려오라고 시므온을 인질로 잡아두었다. 야곱은 아들을 찾으려고 막내를 보내면서 귀한 예물을 보냈다. 그 예물들은 유향, 꿀, 향품, 몰약, 비자(피스타쇼), 파단행(아몬드)이었다.

파단행은 그 때까지만 해도 애급에는 없었던 귀한 과일로서, 그 훗날에 보급되었음을 말해주고 있다. 이 파단행이 살구나무로 잘못 번역된 것이다.

이스라엘 민족이 애급에서 산 200년 동안에 아몬드가 애급에 퍼졌다고 볼 수 있다. 출애급 후, 불모지 시나이사막에서 모세가 40일 동안 시내산에 올라가 머물다 내려와서, 하나님의 명령대로 성막과 지성소를 세우며 그 기물의 하나인 황금촛대를 만들 때였다. 장식용 디자인에 사용된 모델이 아몬드 꽃, 가지, 마디 등이었음을 출애굽기 25 : 31~40, 37 : 19~20에서 자세히 설명하고 있다. 즉, 그들이 아몬드를 잘 알고 있었음을 말해 주고 있으며, 지금도 촛대 도안이 전승되어 와서 이스라엘 민족의 심볼이 되고 있다.

편도(扁桃)라고 하는 것은, 열매가 복숭아 모양 같으나 납작하기 때문에 붙여진 이름으로, 약용일 때는 편도로 통용된다. 한편 열매가 납작감과 비슷하다고 해서 감복숭아라고도 한다.

아몬드는 겨울이 채 가기도 전에 봄의 선구자로서, 죽은 것 같은 가지에서 갑자기 꽃이 활짝 피어난다.

예레미야 1 : 11에 여호와께서 "예레미야야, 네가 무엇을 보느냐?" 할 때, "살구나무(아몬드) 가지를 보나이다."라고 대답했던, 눈물의 선지자 예레미야는 조국의 멸망을 괴로워했을 것이다.

아몬드의 히브리어는 Shaked로 '잠에서 갠다.'는 뜻이라 하며 '지켜 본다.'는 뜻도 된다. 죽은 것 같은 아몬드의 가지 속에서 심판을 위해 지켜보시는 하나님의 상징을 보았던 것이다.

그러나, 아몬드의 꽃이 만발했을 때는, 노인의 백발에 비유되기도 했다. (전도서 12 : 5)

마른 막대기에서 꽃이 피는 기적은, 민수기 17 : 8에서 '레위 지파라 하여 고라자손이 제사장직을 구하여 모세와 아론을 거역하자, 하나님이 모세에게 일러 각 지파(12지파)마다 족장에게 지팡이(막대기) 하나씩을 취하여 이름을 쓰게 하였다. 레위의 지팡이에는 아론의 이름을 쓰게 한 후, 그것들을 회막 안 증거궤 앞에 두게 했는데, 여호와께서 제사장으로 택한 자의 지팡이에서 싹이 날 것이라고 했다. 이튿날, 아론의 지팡이에 움이 돋고 순이 나고 꽃이 피어서 아몬드(살구 열매)가 열었다.' 여기에서 아론의 싹 난 지팡이가 바로 아몬드였다.

이것은 패역한 자에 대한 표징이 되게 하여, 하나님을 원망하지 않게 하고 죽음을 면하게 했던 거룩한 나무로, 불사(不死)와 부활을 상징하고 있다.

아몬드는 약 4,000년 전부터 재배된 과수로서, 일찍이 유럽으로 전파되었다. 그리스 로마 시대에도 재배했다는 기록이 있다. 17세기 경에 유럽에서 미국으로 전해진 아몬드는, 캘리포니아가 주산지로서 지금은 세계 전 생산량의 반 이상을 차지하고 있다.

아몬드 가지를 물에 꽂아서 따뜻한 곳에 두면 쉽게 개화가 촉진된다. 이에 얽힌, '털핀'(Turpin)이 쓴 '찰레막네'(Charlemagne)의 전기가 있다. 이 왕의 군대가 사용하고 있던 창에 대한 전설적인 이야기이다. 그 군대가 야영했을 때, 병사들이 창을 땅에 꽂아 두었다. 그런데 그 창이 하룻밤 사이에 싹이 나서 다음날에는 야영하는 천막을 뒤덮어, 그늘을 만들 만큼 큰 숲을 이루었다고 한다. 거짓말 같은 아몬드의 싹트는 힘에 얽힌 전설을 전하고 있다.

사과나무

사과나무는 구약성서의 과수 중에서 가장 이론(異論)이 많은 나무이다.

tappuah라는 히브리어는 사과를 의미하는 아랍어 tuffah와 같다고 하여 tappuah는 사과를 지칭한 것이라고 주장하는 학자가 있다(현재 세계 여러 나라에서 모두 사과로 번역하고 있다). 한편에서는 성서의 언급에 근거하여 아가 8 : 5, 요엘 1 : 12(쾌적한 그늘을 만들어 주는 나무) 아가 2 : 3(열매의 맛이 달고) 아가 7 : 8(열매가 향기로우며) 아가 2 : 5(시원하게 원기를 회복시켜 주는) 등의 사과로 오늘날의 사과를 지칭한 것이라면, 가장 타당한 표현이다. 하지만 성서시대의 식물상(相)을 살펴보면, 이 표현들은 사과를 지칭한 것이 아니라, 오히려 이 여러조건에 일치되는 살구를 지칭한 것이라고 주장하는 식물학자도 있다.

그 주장의 근거는 사과나무(Apple : 학명 Malus pumila Mill)의 원산지가 코카사스 지방으로서 팔레스틴 지방을 경계로 하고 있지만, 사과나무 자생지의 남한계에 속하여 사과나무가 생육하지 않는다는 것이다. 따라서 '포스트'가 조사해 본 결과로는 팔레스틴, 시리아, 시나이 등지에서 야생 사과를 발견할 수 없었다고 보고하고 있어, 이를 뒷받침하고 있다.

사과는 비교적 근세에 팔레스틴으로 도입된 것이라는 게 식물학자들의 의견이다.

야생사과는 딱딱하고 신맛이 있는 잘다란 열매로서, 구약성서의 내용처럼 훌륭한 과일에 속하지 못하므로, 사과가 아니라고 주장한다. 잠언 25 : 11의 은쟁반에 금사과라고 표현된 금빛 같은 열매는, 살구의 황금빛과 일치하고 청록백색의 잎은 은쟁반으로 비유될 수 있다는 것이다.

성서의 사과에 타당한 것이 살구(apricot 학명 : prumus armeriaca L.)라는 주장은, 살구가 성지에 매우 많아서 무화과를 제외하면 가장 많은 과실이었기에 설득력이 있다. 또 성경구절의 모든 조건(향, 맛, 빛깔, 그늘 등)에 일치하며 지중해 연안, 요단강변, 레바논의 산기슭, 갈리리, 유다 지방, 기루아데의 습지와 모든 지역의 높은 산과 낮은 곳 등에 무성하다.

그리고 그 그늘이 좋을 뿐 아니라, 꽃이 필 때는 팔레스틴의 아름다운 경관(美觀)의 하나가 되기 때문이다.

살구는 아루메니아가 원산지로서, 노아시대(B. C. 2950년) 이전에 포도와 거의 같은 시기부터 팔레스틴에 들어와 널리 재배되었다고 보고 있다. 오늘날에도 '키프로스'에서는 살구를 황금사과(golden apple)라 부르고 있다.

살구나무는 수관이 둥글게 되며 높이 5~10m로 자라는 낙엽수이다. 잎은 녹백색이며 꽃이 진 후에 돋아난다. 꽃은 백색~연분홍색이며 매화꽃을 닮았고, 둥근 열매는 핵과(核果)로서 달고 향기로우며 황금빛으로 익는다.

황금색 빛깔과 향기와 맛 때문에, 이 열매를 감귤류의 하나인 시드론(citrus sinensis L.)이라고 말하는 학자도 있다. 그러나 시드론은 중국원산으로 근래에 팔레스틴으로 도입되었다. 현재 오렌지는 주요 수출품의 하나가 되어 있지만, 성서시대에는 그 곳에 재배가 없었으므로 성서의 사과가 시드론이라는 설은 인정하기 어렵다.

그런데 사과나무가 중동지방의 선사유물 중에서는 아직 발견된 일이 없으나, 유럽에서는 신석기시대에 있었다는 것이며, 스위스의 호서민 주거지의 유적에서 완전히 탄화(炭化)된 사과가 발견되었다.

또 람세스 2세(1298~35 B.C.) 기간에 고대 이집트의 파피루스에 쓴 문서에는 나일 삼각주의 평야가 훌륭한 식물(석류, 사과(taph), 올리브, 무화과)로 가득 찼었다는 것을 밝히고 있다. '프리니'의 자연사(自然史)에는 시리아에서 온 붉은 사과와 흰 사과의 많은 품종이 기록되어 있다. 따라서 성서의 tappuah가 전적으로 사과나무라고 주장하는 것은 아랍어 때문만이 아니다. 창세기 2:8~14에 에덴동산에서 하나의 강이 흘러나와 여기에서 넷으로 갈라지는데, 그 중의 하나가 유프라테스강이라는 것이다. 이렇게 볼 때, 이란의 북부 고지대에는 사과나무가 살고 있었다는 결론이 된다. 이스라엘의 예루살렘 헤브라이 대학교수였던 '마이켈 조하리(Michael Zohary)'는 그의 연구저서에서 터키와 레바논에 사과나무의 변종이 실제로 자생하고 있다고 주장하며 사과나무(tappuah)가 맞다고 한다.

사과나무는 B.C. 4000년 경에 이란이나 아르메니아, 터키, 시리아로부터 이스라엘과 이집트에 수입되어 재배되었다는 주장이다.

기독교인은 사과라 하면, 우선 에덴동산의 금단의 열매였던 선악과가 사과였다고 믿고 있다. 아담과 하와가 하나님의 명을 어기고 뱀의 꼬임에 빠져, 먹음직도 하고 보암직도 하고 지혜롭게 할 만큼 탐스러운 나무 열매였으므로, 따먹고 인간타락의 서장을 연 열매가 사과라고 한다. 그러나 성경 창세기 3장에는 어디에도 이 열매를 사과라고는 기록하고 있지 않다. 이 열매(선악과)가 사과로 믿게 된 것은 존·밀톤의 '실락원'(失樂園 1665년)에 금단의 열매를 좀더 리얼하게 표시할 필요에 의해서 그가 사과라고 쓴 것이, 선악과는 사과라는 등식으로 굳어져 버렸다. 이렇게 되자 재미있는 이야기가 만들어졌다. 에덴동산의 사과를 딴 하와는 맛있는 겉부분을 먼저 먹고 속심은 아담에게 주었는데, 아담은 그것을 먹다가 목(후두)에 걸려서 목의 후두연골이 돌출되는 결후(結侯)가 생겼다는 것이다. 그래서 이 결후를 '아담의 사과'(Adams apple)라고 한다는 이야기인데, 아담스 애플은 남자에게만 생기기 때문에 이 이야기를 더욱 믿게 만든다.

사과는 역사상으로 각 시대에 걸쳐서 많은 화제를 남기고 있다. 로맨스가 많은 꽃을 장미라 하고, 로맨스가 많은 과일은 사과라고 할 정도이다.

세계에서 가장 유명한 화제의 사과 5개를 골라 보면, 첫째로 아담과 하와의 사과는, 종교적인 면에서 인간을 죽음과 고통으로 이끈 인간타락의 상징물이다. 둘째로 불화(不和)의 황금사과는 신화와 전설에 얽힌 사과로서, 트로이 전쟁의 원인이 되었다는 일리아스의 대서사시로 유명하다. 셋째로 윌리암텔의 사과는 정치적 의미의 사과로서, 아들의 머리 위에 사과를 얹어 놓고 활을 쏘아 맞히게 명한 무자비한 태수는 나중에 죽고, 스위스가 독립된다는 이야기이다. 넷째는 과학의 사과로서 사과 떨어지는 것을 보고 지구인력의 법칙을 역설한 뉴톤의 사과이다. 다섯째는 세잔느의 사과다. 옛날에는 성모나 예수 그리스도를 그린 그림만이 위대한 예술로 평가되던 시절에, 사과 그림도 예술의 경지에 들 수 있는 미술품이라고, 예술관을 고치게 한 위대한 예술의 사과다.

그러나 가장 뜻이 있는 사과는 예수님의 손에 들려 있는 사과의 성상(聖像)이다. '성모 마리아와 아기 예수의 상(像)'에도 성모의 오른손에 사과를 들게 했는데, 이것은 죄의 속죄를 뜻하며 인간을 그 죄에서 구하는 그리스도의 사명을 상징하고 있다. 아담과 하와의 손에 잡혔을 때에 죄를 나타내던 사과가, 예수님의 손에 놓이면 구원의 상징이 되는 것이다. 그 이유는 아가 8:5에서 예수님을 비유한 것에서 비롯되었다. '기독교 예술에 있어서의 표장과 심볼'이라는 책(1959년 刊 영국작가)의 저자는 말하고 있다.

사과나무는 튼튼한 낙엽과수로 높이 8~12m로 자란다. 잎은 타원형이다. 3~4cm 크기의 흰 꽃이 4~6송이씩 뭉쳐서 피어나므로 아름답다.

열매는 둥글며 지름이 3~4cm로 잘고 녹황색~적색으로 익는다. 저장성 있는 과일이다.

사과는 지구상의 온대지방에서 재배되며, 개량된 것이 2,000여 종이나 되지만, 현재 재배되고 있는 것은 20여 종이다.

사과생산은 세계 과일생산에서 포도 다음으로 많은, 중요 과일이다. 사과는 생식하는 외에 구워 먹고 쪄서 먹고 썰어서 말려 건과도 만든다. 파이, 푸딩 마아말래이드, 쨈, 쥬스, 사과식초, 사과술, 통조림 등 다양하게 가공된다.

우리나라에서 '사이다'(cider)라 하면, 설탕에 과일시럽을 섞어서 맛을 낸 청량음료수를 뜻하는 것으로 알고 있으나, 본래는 사과를 부수어 짠 과즙(쥬스)을 발효시킨 사과술을 영국에서 '사이다'라고 했다. 사이다를 증류하여 브랜디도 만든다. 사이다 애플(cider apple)은 자극이 강하고 맛은 썩 좋은 편이 못되나, 발효시키면 당분은 알콜과 탄산가스로 변하여 사과주가 되는데, 알콜성분은 8%정도다.

이밖에도 중세 때는 유럽에서 사과 열매에 정향(clove)을 박아 향옥(香玉 : pomander)을 만들어서 방역과 방취(防臭)의 목적으로 갖고 다녔다고 한다. 또한 16세기 경에는 부순 사과에 돼지기름과 장미향수(Rose water)를 섞어서 거칠어진 피부에 바르는 유약(油藥 : pomatum)을 만들었는데, 이것이 오늘날의 '포마드'의 원형이다.

사과성분에는 탄수화물인 과당, 포도당, 서당 등의 당류가 많이 함유되어 있다. 신맛(酸味)은 유기산에 의한 것이다. 능금산이 대부분이고 구연산, 주석산 등에 의한 것이다. 비타민은 V-A, B1, B2, C, 나이아신 등이 많으며, 칼륨이 다량 함유되어 있다. 단순한 과일의 역할뿐만 아니라, 약리작용도 크다. 소화를 돕고, 노화를 방지하며, 혈중 콜레스테롤을 저하시켜서 동맥경화를 예방한다. 1일 6개씩 먹으면 혈압강화작용으로 혈압을 정상화시켜서 고혈압을 예방하는 효과와 아울러, 뇌졸증(중풍)을 예방하는 데에 큰 효과가 있다는 것이 과학적으로 증명되고 있다. 이것은 사과 속의 칼륨의 역할에 의한 것이다.

우리나라에는 재래종 능금이 자생하고 있었고, 오늘날의 개량된 사과는

1901년 선교사에 의해서 원산으로 도입된 것이 시초이다. 선교사들은 복음뿐만 아니라, 많은 문물을 도입하여 국익에 기여했다.

우리나라 기후는 사과나 포도재배에 적합하여 널리 많이 보급 생산되고 있다.

호도나무

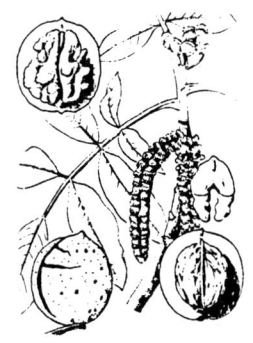

"골짜기의 푸른 초목을 보려고 포도나무가 순이 났는가, 석류나무가 꽃이 피었는가 알려고 내가 호도 동산으로 내려 갔을 때에"라고 아가 6 : 11에, 단 한번 등장하는 호도나무는 히브리어 egoz로, 아랍어 Jauz, 영명은 walnut라 한다. 중국명은 한나라 때 장건이 서역(페루샤)에서 가져왔다 하여 호도(胡挑)라 하며, 우리도 중국을 거쳐 들어왔으므로 중국명을 그대로 사용하여 호도라 부르고 있다.

호도나무는, 유라시아 대륙의 온대와 북미에서 중남미에 걸쳐, 20여 종이 분포하고 있다. 성경에 나오는 호도는 페루샤, 인도 북부, 코카사스, 터키 북부가 원산지여서 흔히 페루샤호도(persian walnut)라고 부르며 학명은 Juglans regia L.이다.

학명의 Juglans는 Jovis glans가 와전된 것인데, Jovis는 고대 로마의 주신 쥬피터(Jupiter)의 라틴명이다. glans는 호도, 밤, 도토리 같은 견과(堅果)의 총칭이므로 '쥬피터에 바치는 열매'라는 뜻이다. 즉, 고대 로마나 그리스에서는 견과가 결실하는 나무를 신성시하여, 쥬피터(제우스)신에게 바쳤기 때문이라 한다. 종명 regius는 제왕이라는 뜻이다. 견과류 중에서 가장 많고, 좋은 최고의 열매라는 것을 뜻한다.

호도는 저장성이 뛰어나서 구세계 거주민의 유적에서도 오늘날 발굴되는, 역사가 오랜 과일이다. 수천년 전에 페루샤나 터키로부터 레바논이나 가나안으로 도입되어 식재 순화한 것이라고 믿고 있다.

아가서에 인용된 호도 동산은, 예루살렘에서 수십 킬로미터 떨어진 베들레헴에 가까운 에돔에 있는 광대한 솔로몬의 동산 중, 수분이 많은 곳(골짜기)에 호도나무를 심었을 것으로 여겨진다. 그 곳을 호도 동산이라 불렀을 것으로 추측되고 있다.

실제로 솔로몬의 동산은 흔적이 없어졌으나, 그 곳은 지금도 아름답다. 그 계곡은 눈으로 볼 수 있는 가장 훌륭한 계곡의 하나로서, 시리아를 능가하는 훌륭한 과수와 식물로 덮여 있다. 보나 박사는, 솔로몬의 정원은

관개시설이 잘 된 과수원이었을 것이라고 기술하고 있다.

　솔로몬의 시대에도 동양에서는 호도와 목재를 얻기 위해 재배하고 있었다. 요세프스(Josephus Flavius)는 '유태고대기'에서 다른 많은 나무 가운데에서 호도나무가 무성한 게넷사렛 골짜기를 찬양했는데, 특히 게넷사렛 호숫가에는 늙은 호도나무가 많았다고 적고 있다. 지금도 이 지방의 고지 숲속 개울가 또는 마을 우물가 같은 습기가 많은 곳에는, 열매와 목재를 얻을 목적으로 호도나무가 가꾸어지고 있는 것을 쉽게 볼 수 있다.

　호도나무는 나무 중에서도 가장 고귀한 목재의 하나로 손꼽히고 있다. 또 종교 의식에도 쓰였음이, 후성서 문헌에 언급되어 있다. 이 나무는 잎이나, 기름(호도유), 목재에서 향기가 나므로 훈향제로 태웠다고 한다.

　호도는 딱딱한 껍질에 인(仁)이 쌓여 있으므로, 생명과 불멸의 상징으로 삼았다. 고대 그리스나 로마 사람들이 풍요와 다산의 상징으로서, 결혼식 때는 좌석 주위에 호도를 뿌렸다고 하며, 그것이 나중에는 결혼식이나 크리스마스 때에 풍요와 다산의 심벌로서 선물하는 풍습으로 발전했다.

　녹음이 짙은 나무이다 보니, 호도나무 밑이나 주위에는 햇볕을 못 받기 때문에, 다른 식물이 모두 말라서 살 수 없었다. 그러나 과학적인 규명이 되지 않았던 중세에서는, 호도나무에서 유독한 물질이 분비·발산되어 밑의 식물을 말려 죽인다고 널리 믿고 있었다. 그래서 악령이나 악마가 호도나무 가지에 깃들어 있다고 믿고, 호도나무를 막대기로 두들기면서 주문을 외우면, 악마가 쫓겨서 수확이 많아진다고 믿은 나라도 있었다. 이 것은 나무를 두들기면 꽃가루가 바람에 날려서 수분과 결실이 잘 되었기 때문이다.

러시아에서는 '개와 마누라와 호도나무는 두들기면 두들길수록 잘 된다.'는 속담까지 있다.

호도나무는 털이 없는 장타원형의 잎이 2~6쌍씩 우상복엽으로 달린다. 잔잎에는 나무진이 있어서 향기가 나며 겨울에 낙엽진다. 꽃은 잎과 함께 피는데, 암수꽃 같은 포기의 단성화(單性花)이다. 수꽃은 묵은 가지의 잎겨드랑이에서 길게 늘어져서 이삭처럼 피고, 암꽃은 그해 자란 가지 끝에 무더기로 곧게 서서 핀다. 꽃은 작고 푸르며 바람에 의해 수분(受粉)된다.

늦여름에 복숭아 모양의 열매가 익는다. 열매의 겉껍질은 호도청피(胡挑靑皮)라 하여 수렴성이 있으며, 껍질을 벗길 때에 손을 검게 만드는 물질이 있다. 호도청피는 모생약(毛生藥)이 되며, 끓인 물로 머리를 감으면 검게 윤이 난다. 잎을 진하게 다린 물도 머리털이 나는 약으로 쓰인다.

복숭아 모양의 열매가 아직은 나무에 달려 있을 때, 열매의 겉껍질이 깨지면서 핵과(核果) 호도를 땅에 떨어뜨린다. 이 핵과(견과) 속의 인(仁)을 호도라 하여 그대로 먹는다.

호도의 성분은 지방유 50~60%, 단백질 15~30%, 섬유질 1.5~2.2%, 수분 5~7%, 비타민B₁ 1.3mg 등이며 비타민 A는 적다.

호도 100g은 692칼로리에 해당되어 곡류의 2배나 된다. 단백질도 다른 식물보다 우수하다. 호도에서 짠 지방유를 호도유라 하며, 향기로운 양질의 건성유로 -22℃에서도 동결되지 않는 특징이 있다. 호도유는, 올리브유에는 다소 뒤지지만, 유럽에선 식용은 물론 비누 제조에 널리 쓰인다. 또한 유화의 물감, 화장품, 향료, 니스 등에 쓰인다. 또 피부병에 외용하며 목기류의 윤을 내는 데에도 쓰인다.

호도(仁)는 영양가가 풍부한 자양강정제, 진해제, 음위, 소화기의 강화에 약용한다.

식용일 때는 건과(nut)로 또는 과자의 원료로 쓰인다.

중국에서는 호도의 잎, 나무껍질, 뿌리, 가지, 꽃송이, 핵과의 과육, 호도유 등을 약용한다. 그리고 잎은 차로, 나무껍질과 뿌리는 염료로 쓰인다 (탄닌함유). 덜 익은 열매는 특수한 향기를 내는 물질이 있어서, 잎이나 목재와 함께 제단의 훈향제로 쓰인다.

호도는 저장성이 뛰어나므로 옛날에는 굶주렸을 때에 구황식량으로서 재배가 권장되었다.

호도나무의 재목은 빛깔이 곱고 치밀하고 뒤틀리지 않아서, 세계 최고급 장식재의 하나로 손꼽으며, 고가로 거래된다. 주로, 고급 가구재의 로구로, 상감이나 세공품에 쓰이며, 마호가니의 모조재로 유명하다.

리트와니아에는 노아의 홍수에 얽힌 기묘한 전설이 있다. 그것에 의하면, 홍수가 육지를 덮기 시작했을 때, 신은 호도를 먹고 있어서 그 깍지를 아래쪽인 지면에 던지고 있었다. 의인의 남녀가 이 깍지 속에 기어오르자, 호두 깍지는 커지면서 넓게 퍼져서 두 사람이 탈 수 있을 만큼 되었다. 그리고 한 사람 한 사람의 방주가 되어, 그들을 홍수에서 구했다는 이야기이다.

호도나무 잎은 성체제(聖體祭)의 잎 장식에 쓰인다. 이것은 성모 마리아가 베들레헴으로 가는 도중에 비를 만나, 호도나무 밑에서 비를 피했는데, 호도나무 잎이 비를 막아 주었다는 전설에서 유래한다고 전해진다.

유럽에서는 가을에 호도가 많이 나는 해는, 겨울이 몹시 추울 징조라고 점친다. 이것은 엄동에 새가 먹이 때문에 곤란을 겪지 않도록 하나님이 배려한 것이라는 이야기이다.

오스트리아에서는 첫날밤에 신혼 부부가 호도를 불 속에 던져, 그 것이 조용히 타면 결혼 생활이 평탄하고, 튀면 싸움이 일어난다고 점치는 풍습도 있다.

정월 보름날, 우리는 부럼이라 하여 호도, 잣, 밤 같은 지방질이 많은 견과를 깨물어서 소리를 내어, 악귀를 쫓고 치아를 튼튼하게 한다. 아울러 그것을 먹음으로써 일년 내내 부스럼이 나지 않는다고 믿는 민속이 아직도 전승되고 있다.

이것은 잣이나 호도의 지방 공급으로 피부를 윤택하게 하여, 피부병(버즘)을 예방하려던 조상의 한 예지이다. 호도나 잣은 귀한 열매이었으므로, 누구나 쉽게 먹을 수 있는 것이 아니었기에, 특별한 날(대보름)을 택하여 가난한 사람도 액땜을 위해 먹을 수 있도록 했다는 것이다.

비자나무 (피스타쇼)

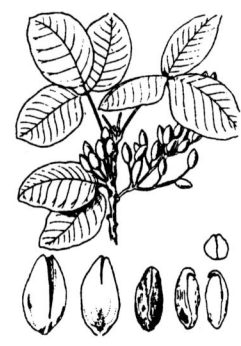

창세기43 : 11에, '그들의 아버 이스라엘이 그들에게 이르되, 그러할진대 이렇게 하라. 너희는 이 땅의 아름다운 소산을 그릇에 담아가지고 내려가서 그 사람에게 예물을 삼을지니, 곧 유향 조금과 꿀 조금과 향품과 몰약과 비자와 파단행(아먼드)이니라.'라고 하였다. 여기에서 말한 비자는, 피스타쇼(pistachio nut)이다.

가나안 땅에 흉년이 들어서 이스라엘(야곱)의 아들들이 양식을 구하려 애굽땅으로 갔다. 그런데 애굽으로 팔려간 요셉이 총리가 되어, 양식을 구하러 온 형들을 보고는, 막내동생을 만나보고자 했다. 그래서 그들을 시험하여 첩자로 몰아서, 한 사람을 인질로 하고, 아우를 데려와서 결백을 증명하여 누명을 벗으라고 하였다. 그 때에 몰래 곡식자루에 돈 뭉치를 넣게 했다. 그 돈을 발견한 그들은 도둑 누명까지 쓰게 될까 봐, 아비를 설득하여 아우를 데려가면서, 요셉에게 바치는 귀한 선물목록을 작성했다. 비자는 그 목록에 들어 있었던, 그 지방에서 생산되는 귀한 과일이다.

그런데 개역 성경에는 '비자'로 번역되어 있으나, 비자는 한국과 중국과 일본 등지에 나는 식물이다. 즉, 성지에는 없는 식물이므로, '비자'라는 번역은 오역에 속한다. 다만 피스타쇼의 열매가 비자나무 열매와 비슷하므로, 중국어 성경에 비자(榧子)로 번역한 것을 국역할 때, 그대로 옮긴 오해인 듯하다.

공동번역 성경이나 새표준번역 성경은 유향나무 열매로 번역하고 있는데, 이것 역시 오역에 속한다. 유향나무(Boswellia carteii)는 감람나무과에 속한 상록수로서 가지나 줄기에서 향기로운 고무질 나무진을 채취하여 응고시켜 훈향제인 유향을 만드는 나무이다. 열매는 잘다란 석과(石果)로서 먹지는 못하므로, 귀한 과일로 바친 것에 적합하지 않다. 여기에서 유향나무 열매라고 오역하게 된 것은, 피스타시아(pistacia)라는 속명(학명)에서 혼돈을 빚은 것 같다.

피스타쇼는 학명을 pistacia vera L,이라 하며, 영명은 pistachio라 하는

데, 그리스어의 '나무진'이라는 뜻의 pisa와 '치료한다'의 aceomae의 합성어이다. 같은 옻나무과의 유향을 채취하는 나무인 양유향(pistacia leutiscus)으로, 영명은 Mastic라 하는 나무가 약용으로 쓰였기 때문에 붙여진 이름이다. 그런데 같은 속(屬)에 속해 있어서, pistacia라는 이름 때문에 오해를 빚은 것이다. 양유향의 열매도 먹지는 못한다.

피스타쇼는 히브리명을 botnim이라하며, 아랍인들은 이 열매를 batam이라 한다. 라틴명 pistacium은 피스타쇼의 핵과(核果)라는 데서 비롯된 이름이다.

영어 성경과 일본어 성경은, 이것을 피스타쇼라고 바르게 번역하고 있다.

피스타쇼는 중앙아시아~서아시아가 원산지인 옻나무과의 낙엽수이다. 열매의 씨를 먹는 견과류(堅果類)에 속하는 과수이다. 특히 지중해 연안에 많으며 그 곳에서는 귀하게 여기는 과수이다.

모세가 각 지파에게 준 땅(지경)에 헤스본에서 라맛, 미스베와 브도님까지와 마하나임에서 드빌 지경까지라고 한(여호수아13 : 26) '브도님'이, 바로 피스타쇼라는 뜻이다. 이 곳에 피스타쇼가 많아서 지명이 된 것을 알 수 있다. 이 나무는 서 시리아 팔레스틴에서 널리 재배했다. 피스타쇼는 높이 3~10m로 자란다. 나뭇가지의 폭이 퍼져 있고, 줄기에 많은 가지가 난다. 잎은 둥글며 잘지만 2~3장씩 우상복엽으로 호생한다. 꽃은 잎에 앞서 피는 풍매화(風媒花)로, 암꽃과 수꽃이 각각 다른 나무에 피는 자웅이주(雌雄異株)이다.

열매는 달걀꼴로 길이 2~2.5cm이다. 붉게 익는 핵과(核果)로서, 익으면 겉껍질이 옆줄을 따라서 갈라진다. 열매(씨)의 안쪽껍질은 흰 색으로 딱딱하며, 그 속에 녹색~황색의 인(仁)이 들어 있다. 이 핵의 빛깔은 '피스타쇼 그린'이라고 하는 색채명이 생길 만큼 아름다운데, 은행 열매(녹색)의 색깔과 비슷하다. 달콤하며 향긋하고 약간의 기름기가 있어서 매우 맛이 좋다. 이것을 딱딱한 안쪽 껍질을 벗기고 볶아서 소금이나 후추로 조리하면, 독특한 향기를 풍기게 되어, 디저트나 술안주로 많이 쓰인다. 또 과자나 아이스크림의 원료로도 쓰인다.

  피스타쇼는 그리스의 후신석기 지층에서 발견되었으며, 1세기 경에 시리아에서 로마로 전해져서 유럽과 북아프리카 여러나라에서 진귀한 과수로 가꾸게 되었다. 미국에는 19세기 초에 전파되어 아리죠나, 택사스 등지에서 가꾸어지고 있다. 아프가니스탄, 이란, 시리아, 터키, 이태리 등이 주산지이다. 우리나라에는 풍토에 맞지 않아서 재배가 없으므로, 생소한 과일에 속한다.

검은뽕나무

"사도들이 주께 여짜오되 우리에게 믿음을 더하소서 하니, 주께서 가라사대 너희에게 겨자씨 한 알만한 믿음이 있었다면 이 '뽕나무'더러 뿌리가 뽑혀 바다에 심기우라 하였을 것이요, 그것이 너희에게 순종하였으리라."(누가복음 17 : 5)

신앙의 힘의 위대함을 나타내는 예증으로 인용된 뽕나무는, 히브리어 Sycamine으로 성서 후의 히브리어는 Tut(Toot)라 하며, 이 나무를 시리아인은 Tut Shami라 한다. 학명은 Morus nigra L.이며 영명은 Black mulberry인데 중국어는 상수(桑樹)이다.

그런데 성경에는 돌무화과나무를 중국어 성경의 상수(桑樹)에서 비롯되어, 모두를 뽕나무로 번역하고 있어서 혼돈되고 있다.

누가복음 19 : 4의 예수님을 보려고 키가 작은 삭개오가 올라갔던 뽕나무는 돌무화과나무의 오역이며, 아모스 7 : 14의 "나는 뽕나무를 재배하는 자"라고 한 뽕나무도 '열매에 상처를 내어 열매의 성숙을 돕는 기술자'라는 뜻이므로 이것 역시 돌무화과나무의 오역이다. 이밖에도 여러 곳에 돌무화과나무가 뽕나무로 잘못 번역되어 있음을 보게 된다.

돌무화과나무의 히브리어는 Siqmah로 학명을 Ficus Sycomorus L. 영명은 Sycamore 또는 Fig mulberry라고 한다. 나무는 뽕나무를 닮고 열매는 무화과를 닮았기 때문에 뽕나무로 혼동된 것 같다.

뽕나무는 세계에 10여 종이 있는데, 중국에서 북미까지 널리 분포하고 있다.

그 중에서 예수님이 보시고 인용하신 뽕나무는, 페르시아 북부와 카스피해 연안에 자생한 검은 뽕나무이다. 열매가 맛있어서 성지에 들어와 널리 재배되었으며, 지금도 과즙을 위해서 가꾸어지고 있다.

검은 뽕나무는 높이가 8~12m로 자라는 낙엽수로, 줄기가 튼튼하며 무성하게 자라므로, 아름다운 풍치와 좋은 그늘을 만들어 준다. 잎은 뽕나무 잎이고, 열매는 3cm 크기로 산딸기 모양의 오디가 검게 익는다. 달면서도

새콤하여 매우 맛있으며 열매에 즙도 많은데 빛이 붉다.

이 붉은 열매즙은 피를 연상시키므로, 안티오크스 5세는 자기 군대 코끼리의 살기(전투의욕)를 고취시키기 위하여, 포도와 검은 뽕나무의 열매즙을 코끼리의 눈앞에 내보였다는 기록이 마카베오 6 : 34에 있다.

또 이사야가 찢겨서 순교한 장소라고 하는, 힌놈의 계곡 입구에 있는 오필암석 위에는, 오래된 검은 뽕나무가 서 있다. 이렇듯 뽕나무는 수명이 긴 나무이기도 하다.

뽕나무는 가장 지혜로운 나무라고 하여, 고대 로마인은 지혜의 여신 미네르바에 바쳤다. 이것은 뽕나무가 아무리 날씨가 좋아도 서두르지 않고, 완전히 늦서리의 염려가 없어진 것을 확인한 후에야 싹을 틔우는, 조심성 있는 나무이기 때문이다. 뽕나무는 늦게 싹이 트는 특징이 있는 나무다.

일반적으로 뽕나무라고 하면, 양잠용으로 쓰이는 흰 뽕나무를 연상한다. 흰 뽕나무는 학명을 Morus alba L.이라 하고, 영명은 White mulberry이다. 한국·중국 등 동아시아가 원산지로서 B.C. 4000년 경부터 중국에서 재배하여 양잠에 이용했다. 하지만 팔레스틴에는 비교적 근래에 시리아 지역에서 도입되어 가꾸어진 것이다. 지금은 팔레스틴, 레바논, 시리아 등지에서 양잠용으로 널리, 또 많이 가꾸어지고 있다.

뽕나무는 직물의 원료이면서도, 삼이나 목화처럼 사람의 힘으로 실을 만들어 내어서 직조할 수는 없다. 오직 누에가 뽕잎을 먹고 명주실을 토해 내어 주지 않는 한, 명주가 아무리 값진 주단이라 해도 뽕나무만으로는 속수무책인 한낱 낙엽수에 지나지 않는다.

바로 인간능력의 한계를 인식하게 하고 조물주의 조화를 깨닫게 해주는 신비의 나무라 할 수 있다. 그래서 뽕나무를 하나님이 인간에게 준 누에치는 신목(神木)으로 여겼다.

뽕잎으로 누에를 쳐서 명주(Silk)를 만든 기원을 살펴보면, 중국의 후한서(後漢書)에 황제(黃帝)의 비(妃) 서능씨(西陵氏)가 처음으로 양잠하는 법을 가르쳤다 하며, 따라서 서능씨를 잠신(蠶神)으로 받들어 제사지내는 선잠의(先蠶儀) 민속이 생겼다.

이 역사가 오래인 명주(비단)는 중요한 무역품으로서, 동서문화 교류의 길을, 실크로드(비단길)라고 일컬을 정도로 비중이 컸다.

비단, 즉 Silk는 히브리어 Mesi로 이집트어 Msj에 관련된다 하며, 의복의 명칭인데 부인들의 화려한 의복을 지칭한 것이었다. 재료는 분명하지 않았다고 하며, 유태인이 B.C. 600년 경까지 Silk는 알지 못했으므로, 그 전까지의 비단으로 기록된 것은 아마포(亞麻布 : 리넨)일 것이라고 생각하고 있다.

성경에 정확한 Silk가 등장한 것은, B.C. 594년의 에스겔 시대로, (에스겔 16 : 10, 13)솔로몬 왕의 사후 약 420년이 지나서이다. 바벨론에 포로로 잡혀가서 명주를 알게 된 것으로 보고 있다.

고대 그리스의 작가들도 명주(비단)는 B.C. 325년 경에 페르샤에서 도입한 것으로 생각하고 있다.

신약성경에 기록된 유일한 명주(비단)는 요한계시록 18 : 12을 볼 때, 바벨론과 상거래하던 상인들이 바벨론의 멸망으로 인하여 여지껏 누린 부와 사치를 다시 볼 수 없다고 애통해 하는 대목에서, 최상의 값비싸고 귀하고 사치스러운 교역품 중에 들어 있다. 교역품은 금, 은, 보석, 진주, 세마포, 자주, 옷감, 비단(Silk), 붉은 옷감, 향목, 상아기명, 값진 나무, 놋, 철, 옥돌, 계피, 향료, 향, 향유, 유향, 포도주, 올리브유, 고운 밀가루, 밀, 소, 양, 말과 수레, 종까지이다.

고대인들은 비단을 인도백성 세레스인에서 입수했다고 하며, 그 당시 비단은 금과 같은 중량으로 거래되고 있었을 만큼 귀한 무역품이었다.

누에는 유럽에 A.D. 6세기 초에 도입되었으나, 실크공업의 발달은 활발하지 못했으며, 11세기 중엽에서야 시시리에서 실크공업이 발달하였다. 그리고 이태리, 스페인, 프랑스에는 15세기 초에 가서야 전파되었다.

우리나라에서는 삼한(三韓) 때에 이미 뽕나무를 심고 양잠하는 것이 발달하였으며, 신라의 시조 박혁거세 왕은 농경과 뽕나무 심기를 권장하여 백성을 잘 다스렸다. 고려 때는 권농의 한 종목이었다. 또 조선조 때는 집 주위에 의무적으로 심게까지 하고, 심지 않을 때는 처벌까지 하기에 이르렀다.

선잠의가 우리나라에서는 고려 초기에 시작되었고, 조선조에서는 친잠례(親蠶禮)라 하여 왕비가 맡은 소임 중의 하나였다. 왕비가 손수 명부(命婦)들을 거느리고 상단(桑壇)에 예를 갖추고 제사지내며 누에를 치는 의식을 매년 3월에 거행했다.

경복궁 민속박물관에 뽕나무 노목 한 그루가 있는데 그 시절에 심은 것이라고 한다. 서울 강남에 있는 잠실동은 중종 때에 전국의 것을 집결시킨 잠실이 있었던 곳으로, 한말까지 수령 300~400년 되는 뽕나무가 있었는데 세종 때에 심은 나무로 알려졌었다. 그러나 지금은 모두 자취를 감추었다.

맹자가 이르기를, 150평 땅에 뽕나무를 심으면, 50명의 늙은이의 옷감을 능히 만들 수 있다고 했다.

우리나라에서 양잠이 성했던 것을 단적으로 말해주는 것이 있다. 이른바 면세전(綿細廛)으로, 육주비전(六注比廛)에 명주를 파는 시전이 있었다. 면세전은 국역(國役)을 부담하는 의무가 있는 유분전(有分廛)이며,

국역의 8%를 부담했다. 즉, 많은 세금을 부담하는 점포로 그 가치를 말해 준다.

뽕나무는 누에를 치는 외에도 귀중한 구황식량이었다. 봄에 어린 잎을 나물로 먹기도 하고, 여름에 많이 따서 말려 두었다가 흉년이 들면 가루로 만들어 곡식가루와 섞어서 먹었다 한다.

열매가 익으면 상심이라 하여 생식하는 외에 술을 빚기도 하고(상심주), 중국에서는 잼을 만들기도 한다.

나무가지 껍질은 섬유질이 많아, 태평양 지역에서는 두둘겨서 로프의 원료를 만들며, 천을 짜기도 한다.

재목은 활을 만드는 궁간목(弓幹木)이었으며, 아름다운 광택이 있어 건축재·가구재로도 쓰였다.

뽕잎으로는 차(桑茶)를 만들었다. 한방에서 어린 가지는 상지(桑枝), 잎은 상엽(桑葉), 열매는 상심, 뿌리껍질은 상백피(桑白皮)라 하여 다른 생약의 배합제로 쓴다. 뽕나무 가지는 탄닌을 함유하고 있어서 신경통, 류마티스에 쓴다. 그리고 뽕잎은 V-B, 카로틴을 함유하여 해열에, 열매는 자양·강장·빈혈·양모(養毛)에 사용한다. 또한 상백피는 트리테루페노이드·스테로이드·후라보노 및 구마린이 함유되어 있어서 소염성이뇨·진해·고혈압에 치료제로 쓰인다.

우리 옛 조상들은 며느리감을 고를 때, 누에를 몇 번이나 쳐 보았는가로 자질을 가늠하는 관습이 있었다. 아홉 번이면 업어 가고, 다섯 번이면 손잡고 가며, 세 번이라면 그냥 두고 돌아간다는 말까지 있다. 부잣집에서 누에칠 일 없이 곱게 자란 처녀도, 시집갈 나이가 되면 일부러 누에를 치게 하여, 조심성과 세심함을 터득함으로써 결혼조건에서 소외되지 않게 하려고 했다 한다.

밀

밀은 성경에 수없이 등장하는 중요한 농작물 (곡식)이다.

밀의 생성은 창세기 1 : 11~12에 천지창조 때에 씨맺는 모든 채소와 씨가진 열매 맺는 모든 나무를 지으시고 이것들을 인간에게 식물 (양식)로 주신 것 속에 포함되어 있었다고 믿어지고 있다. 밀은 지리학적으로나 식물학적으로나 고고학적으로도 유사 이전에, 즉 빙하기 말기에 이미 있었던 식물로 연구 조사되어 있다. 종합적으로, 약 기원 전 1만 5천년~1만년 경부터 있었다. 아프가니스탄에서 코카사스까지에 이르는, 서아시아 지역이 원산지였을 것으로 추정되고 있는, 인류와 오랜 역사를 함께 한 식물이다.

그 흔적을 살펴보면 6700년 전 메소포타미아의 옛 유적지에서 밀이 발견되었고, 5000~6000년 전 이집트 고분과 신석기시대의 유적지에서도 밀이 발견되었으며, 스위스 호서민의 주거유적에서도 부싯돌의 도구와 함께 탄화된 밀이 발견되었다. 그뿐만 아니라, 기원전 3000년 경에 고대 이집트인들이 발효 빵을 만들었다는 연구도 있어, 밀의 재배 이용 역사가 먼 옛날로 거슬러 올라감을 알 수 있다.

창세기 18 : 6에 아브라함이 나그네를 깍듯이 대접하다가 사람의 형상으로 나타나신 여호와 하나님을 대접하는 대목이 있다. 거기에서 고운 가루를 가지고 떡을 만들라고 사라에게 당부하는 가루가 밀가루였으며, 이 손님 접대로 사라가 자식을 얻을 것이라는 축복을 받는데, 즉 밀은 축복의 근원이 되기도 했다.

신명기 8 : 8에, 하나님이 이스라엘 백성에게 주시기로 약속한 젖과 꿀이 흐르는 풍요로운 땅, 가나안의 축복 약속에 등장하는 일곱 가지 식물 (밀, 보리, 포도, 무화과, 석류, 올리브, 대추야자) 중에서 첫째로 등장하는 중요한 곡물이 밀이다.

창세기 30 : 14에 보면, 야곱시대에 지중해연안 국가의 중요 곡물이었으며, 라헬과 레아가 다투는 대목에 루벤이 맥추 때에 들에 나가 합환채를 얻어온 것을 뺏으려 한다는 대목의 그 맥추 때는, 흔히 보리 수확 때라고 생각하기 쉽다. 그러나 팔레스틴에서는 밀의 수확기가 5월말로서 밀을 지칭한 것이다. 여기에서 재배하는 곡식이었음을 알 수 있다. 하란 고원은 밀의 풍산지로 알려져 있는데, 11~12월에 파종하여 4~5월에 수확한다. 밀 수확기는 계절 구분의 하나로(출애굽기 34 : 22) 보리 수확기보다 약 1개월이 늦어진다. 이것은 곡물수확의 최후기가 되므로, 농업생활을 구획하는 한 시기로서 77제가 행해진다.

밀의 첫 수확은 오순절(五旬節) 제사에 바쳤던 것이다. 따라서 맥추절, 칠칠절은 같은 뜻이다. 이 시기까지 1개월씩이나 이삭줍기를 할 수 있다.

요셉이 애굽으로 팔려가서 바로왕의 꿈을 해몽해 주고 재상이 되어, 7년 풍년 때 곡물을 비축하여 다가올 7년 흉년을 대비하였는데, 그 때 비축한 곡물도 주로 밀이었다(창세기 41 : 48). 고대 바벨론이나 시리아, 팔레스틴 등은 관개시설이 없었으므로 자연강우에 의존해서 농사를 지었다. 가뭄으로 흉년이 들어서 기근에 허덕이는 것을, 성서 여러 곳에서 볼 수 있다. 요셉 때나 룻 때에도 마찬가지이다.

그러나 애굽은 관개시설이 잘 되어 있어서 농사가 잘 되기에, 기근으로 허덕이는 이웃나라들을 돕는 곡창이었다. 그래서 애굽의 부(富)는 나일강의 물로 재배한 밀의 선물이었다고도 했을 정도이다. 로마제국이나 비잔틴제국의 곡창이었다. 정치적으로는 애굽을 제압한 자가 세계의 패자(覇者)가 되었다고도 할 정도였다.

그러나 정착하여 전성기를 누리던 솔로몬 왕조 이후는, 거꾸로 곡물을 수출하는 나라가 된 것을, 열왕기상(5 : 11)에서 볼 수 있다. 그것은 솔로몬왕이 성전건축을 위해 두로왕 히람에게서 건축재(나무)를 제공받고, 밀 이만 석과 맑은 기름 이십 석을 해마다 주었다는 것으로 알 수 있다.

수확기의 이야기로 되돌아가 보자. 출애굽기 9 : 32에, 바로가 이스라엘 백성을 내보내지 않으려다가 당하는 열 가지 재앙이 있다. 그 중에 모세가 하나님의 명을 쫓아 지팡이를 하늘을 향해 들 때, 뇌성과 우박이 쏟아져서 밭에 있는 모든 채소와 들의 나무를 쳤는데, '이 때 이삭이 나온 보리와 꽃이 핀 아마(亞麻)는 상했으나 밀과 나맥은 나오지 아니한고로 상함을 면했다.' 이 대목에서 밀은 보리보다 늦게 나와서 늦게 익음을 알 수 있다.

밀은 가루로 만들어 제단에 드리는 공물(供物)의 빵을 만드는 재료였고 (출애굽기 29 : 2), 혼합빵의 재료(에스겔 4 : 9)이며, 발효빵을 만드는 재료였다. 이밖에 알째 쪄서 햇볕에 말린 후에 그것을 절구로 빻아서 bur-ghul이라는 음식을 만들었다. 그리고 멧돌로 탄 것은(잠언 27 : 22) 고기, 양파, 향료 등과 함께 절구에 넣고 찧어서 Kibbeh라는 음식을 만들어 먹었다고도 한다. 볶은 곡식이라 한 것도 밀을 지칭한다. 그러나 오늘날에 밀이라고 하면, 밀가루가 용도의 거의 전부를 차지하고 있다.

동양문화가 쌀 위에, 미국문화가 옥수수 위에 구축되었다면, 서구 문화는 밀에 기초했다고도 할 수 있다.

그런데 지금은 전세계에서 가장 많이 생산되는 곡물이다. 1년내내 세계 어느 곳에선가 밀이 수확되고 있는, 지구의 온대지역에서 널리 재배되는 곡물이며 수십 억 인류의 주식이 되고 있다.

현재 밝혀진 밀의 종류는 20여 종에 이른다. 상업적으로 중요시 되는 것은, 전세계 재배 밀의 90% 이상을 차지하는 보통밀(빵밀)(학명 Triticum aestivum L.)(영 Common Wheat)과 5~7%를 차지하는 마카로니밀 (durum wheat) 두 가지지만, 성경에 나오는 밀은 빵을 만들던 마카로니밀 (T. durum Desp)과 에마밀(T. dicoccum schubl)이다. 오늘날의 밀과는 많이 다르다.

요한복음 12 : 24에, "한 알의 밀이 땅에 떨어져 죽지 않으면 한 알 그대로 있고 죽으면 많은 열매를 맺는다."고 했고, 마태복음 13 : 3~8의 씨뿌리는 비유의 30배, 60배, 100배의 결실이었지만, 창세기 26 : 12의 이삭의 축복받은 수확량이 100배나 되었다는 말씀은 곡물수확에서 자칫 과장되었다고 생각하기 쉽다. 하지만 밀은 보통 한 알에서 평균 30배의 수확은 되며, 옥토에서는 지금도 100배의 수확도 올릴 수 있으므로 결코 과장된 것이 아님을 알 수 있다.

다만, 수확량에 있어서는 밀보다 보리가 50~80% 증수된다. 하지만 가격은 밀이 보리의 2배(열왕기하 7 : 1, 16)라고 했고, 요한계시록 6 : 6에서는 "밀은 보리값의 3배가 되는데 한 데나리온에 밀 1되요, 한 데나리온에 보리 3되로다."라고 했다.

한 데나리온은 인부 1일의 품삯에 해당되므로 얼마나 비싼 곡물이었나를 알 수 있다. 이 밖에도 여러 곳에서 귀한 보화나 향료와 함께 다루어졌음을 보게 된다. 이 현상은 밀의 가치를 말해 주며, 지금도 밀은 보리보다 훨씬 비싼 곡물임을 볼 때, 밀의 위치를 짐작하게 된다.

밀은 벼과에 속한 1년초이다. 곧게 서는 줄기 끝에 중앙축을 따라 작은 이삭이 달려 있다. 각각의 작은 이삭에는 3~6개의 꽃이 피며, 그 중에서 몇 개만 낱알이 된다. 밀의 열매는 매우 작은 배(胚)를 가진 한 개의 씨가 있다. 그리고 커다란 배유(胚乳)에는 71.64%의 전분(녹말), 12.9%의 단백질, 11%의 수분, 1.8%의 지방, 1.6%의 섬유와 1.5%의 회분을 함유하고 있다. 씨의 껍질(외층)은 등겨로 가축의 사료가 된다.

밀에 함유되어 있는 단백질은 물과 합쳐졌을 때, 특별한 점탄성(粘彈性)을 나타낸다. 이것은 글리아딘(Gliadin)과 글루테닌(Glutenin)의 혼합물로서 이것을 글루텐(Gluten)이라 부른다. 글루텐의 함량에 따라서 밀가

루의 성질이 달라진다. 가령, 강력분(强力粉)은 일명 경질분(硬質粉)이라고도 하며, 단백질이 약 12% 이상 함유된 것으로, 빵을 만드는 데 가장 많이 쓰인다. 준강력분은 일명 준경질분(準硬質粉)이라고도 하며, 단백질이 11%전후 함유된 것으로, 역시 제빵용으로 쓰인다. 중력분(中力粉)은 일명 준연질분(準軟質粉)이라고도 하며 단백질이 9%로 주로 국수용으로 쓰이며, 박력분(薄力粉)은 일명 연질분(軟質粉)이라고도 하는데 단백질이 약 8.5% 이하로 함유된 것이다. 주로 비스켓, 카스텔, 튀김옷 과자 등을 만드는 데 쓰인다. 밀은 이 밖에 장(간장, 된장)의 원료로도 쓰이고 누룩을 만드는 데도 쓰인다.

발효빵을 만들게 된 데는, 애굽의 어떤 게으른 사람이 빵가루를 반죽했다가 빵을 굽지 않고 그대로 두어서 하룻밤을 지낸 뒤에 보니, 껍질이 썩은 것처럼 거품이 생겼다. 하지만 그래도 버릴 수 없어서 구웠더니, 딱딱한 무발효빵(무교병)보다 연하고 다소 시지만 맛이 있었다. 그래서 빵씨(발효된 것)를 넣고 다시 반죽해 보았더니, 역시 발효빵이 되므로 그 후부터 밀가루에 효모를 넣는 제빵기술이 개발되게 되었다고, 빵의 역사는 말해 주고 있다. 이것은 발효빵이 애굽에서 시작되었다는 것을 뒷받침해 주는 이야기이다.

근래, 수입 밀가루에 실험삼아 넣어둔 바구미가 모두 죽었다는 농약공해의 쇼킹한 뉴스와 함께, 재래 우리 밀 되살리기 운동이 전개되고 있어서 매우 바람직하다. 밀은 우리의 자생식물은 아니다. B.C. 2700년, 중국의 신농황제가 제창한 5곡의 하나로 신농본초경에도 올라 있다. 우리 나라에는 중국을 거쳐 들어왔는데 신라, 백제의 유적에서 밀이 발견되어서 이를 증명하고 있다. 다만 확실한 도입 연대는 알 수 없으나, 중국과 문물교환이 빈번했던 삼국시대였을 것으로 추정되며, 우리 나라를 거쳐 일본에도 전해졌다.

보리

보리는 성경에 30회 이상이나 등장한다. 이 스라엘 백성에게 축복으로 내린 7가지 식물 중의 하나로서, 밀 다음가는 주요 식량자원이다. 하지만 계시록 6：6에서 알 수 있듯이, 밀에는 못 미치는 값싼, 주로 가난한 사람들의 식량이었다.

계시록 18：13에 보면, 각종 고귀한 것은 총망라 되어 있는데 그 속에 보리는 포함되지 않은 것을 보더라도, 값진 축에는 못 들어감을 알 수 있다. 따라서 보리는 가난의 상징이요, 또 값어치 없는 것의 상징으로도 쓰였음을, 민수기 5：15에서 보게 된다. 즉 타인과의 부정을 저질렀든지 그런 의심을 받은 여인에게, 의심의 소제로서 보릿가루 에바 1/10을 예물로 드리되 그것에 기름도 붓지 말고 유향도 두지 말라고 했다. 이는 의심의 소제요, 생각하게 하는 소제라고, 죄악을 생각하게 하는 데에 쓰인 비열한 사람을 표현한 하찮은 것의 상징이 되기도 했다. 지금도 베드윈족은 적(敵)에 대한 철저한 경멸을 표시하는 데에 '보리떡의 영혼'이라는 말을 쓰고 있다.

이 이야기의 의미를 사사기 7：13에서 찾을 수 있을 것 같다. 즉, 교만한(저희들이 강하다고 믿어서) 미디안 사람과 아말렉 사람, 동방의 모든 사람들이 해변의 모래처럼 수없이 몰려와서 이스라엘을 치려고 골짜기에 진을 쳤는데, 기드온은 하나님이 이르신 대로 밤에 미디안의 진중에 가서, 한 사람이 동료에게 꿈이야기를 하는 것을 엿듣게 된다.

그 꿈은 보리떡 한 덩어리가 미디안 진중에 굴러와서 장막을 쳐서 무너뜨렸다는 말과, 그 꿈을 해몽하기를 이스라엘 요아스의 아들 기드온의 칼날이 바로 그 보리떡이라고 했다. 그 이야기를 듣고 기드온은 돌아와서, 하나님의 말씀대로 용기를 내어 300명의 정예용사에게, 나팔과 빈 항아리를 들게 하였다. 그리고 그 속에 횃불을 감추게 하여, 사방에서 일제히 나팔을 불며 횃불을 들고 항아리를 깨뜨려서 큰 소리가 나게 하여, 적을 놀라게 했다. 큰 군대의 기습으로 착각한 적군들은 혼비백산하여 대패하고 이스라엘이 승리하게 되는, 잘 알려진 이야기에 쓰였다. 여기에서 교만한 미디안이 가난하고 겸손한 기드온을 업신여겨 보릿떡으로 비유한 데에 쓰인 것을 이해하게 된다.

그러나 그 하찮게 여겼던 보릿떡은 하나님의 손에 의해서 기적을 행하는 능력으로 나타났음을 성경 여러 곳에서 보게 된다.

요한복음 6 : 9의 오병이어의 기적사건이다. 어린아이가 도시락으로 지참한 보릿떡 5개와 물고기 2마리를 예수님께서는 축수하시고 자기를 따르는 5,000명이라는 많은 사람에게 먹이시고 남은 조각이 12바구니에 찼더라(13절)는 사건은, 분명 하찮은 보리가 축복받으면 하나님의 능력이 됨을 확인시켜 주고 있다.

또 열왕기하 4 : 42~44에, 엘리사가 어떤 사람이 가져온 처음 익은 식물, 즉 보릿떡 20개와 채소 한 자루로 100명이 먹고 남을 것이라는 하나님의 말씀대로 사환에게 명하여 사람들에게 베풀었더니 100명이 다 먹고도 남았더라는 기적도, 마찬가지로 하나님의 말씀에 의지하고 순종하면 보릿떡은 기적의 능력이 된다는 것을 보여 주는 것이다.

보리에서 기억해야 할 것은, 룻기에서 보는 바와 같이 나오미의 가정이, 흉년이 들자 베들레헴에서 기근을 피하여 모압지방으로 이주했다가, 그곳에서 온식구를 잃고 나오미만 남아서 이방여인 며느리 룻을 데리고 베들레헴으로 돌아온다. 그 때가 보리추수 때라 효부 며느리 룻은 보리이삭을 주워서 시어머니를 봉양하는 아름다운 효행을 보게 된다.

오늘날 우리 사회에서 시부모를 학대한다는 뉴스를 심심하지 않게 접하고 있는 현실에서, 꼭 본받고 싶은 이야기이다. 그 룻이 보아스의 아내가 되고, 나중에 다윗의 할아버지가 되는 오벳을 낳게 되어, 예수님의 족보에 오르는 귀한 여인이 된다. 보리는 이렇듯 귀한 일의 근원이 되었던 것이다.

보리는 세계 5대 식용작물의 하나이다. 밀, 벼, 옥수수 다음가는 세계 제4위의 곡물로서 다른 어떤 곡물보다 더위와 건조에 잘 적응하여 견딘다. 맥(麥)류 중에서도 가장 생육기간이 짧기 때문에, 고위도(高緯度)지방의 여름이 짧은 곳에서도 재배가 가능하여, 세계의 온대 및 아열대에서 널리 재배되고 있다.

생육기간이 짧은 것을 성경에서도 찾아볼 수 있는데, 출애굽기 9 : 31~32 출애굽의 10가지 재앙 중에, 모세가 지팡이를 하늘로 향해 들매 하늘에서 뇌성과 우박이 쏟아져서 온 애급의 밭에 있는 채소와 나무들을 쳤다. 그 때 보리이삭이 나왔고 아마(亞麻)는 꽃이 피어 손상을 입었으나, 밀은 자라지 않아서 상함을 면했다는 대목에서 보듯이, 일찍 자라서 밀보다 1개월이나 일찍 수확하게 된다. 그러므로 보리는 유월절(逾越節) 제사에 바쳐지고, 밀의 첫수확은 오순절(五旬節) 제사에 바쳐졌던 것이다.

보리는 학명을 Hordeum Vulgare L.이라 한다. 히브리명 Seorah, 그리스명 Krith, 영명은 Barley, 중국명은 대맥(大麥) 또는 모(牟)라 한다. 세계에 약 25종 있으나, 옛날에는 두줄 보리와 여섯줄 보리 두 종류였다. 원산지를 홍해~코사사스 및 카스피해에 이르는 지역과 티벳을 중심으로 동부아시아의 양자강 유역이라고 추정하고 있다.

보리의 재배역사는 약 10000년 전으로 거슬러 올라간다. 시리아에서는 두줄 보리가 B.C. 8000~7500년에, 이라크에서는 B.C. 6000년 경에, 이란에서는 B.C. 7900년 경에 재배된 것으로 알려져 있다. 그리고 B.C. 2000~3000년 경, 구석기~신석기 시대의 스위스, 이탈리아 등지의 호서민의 유적에서도 발견되어 재배와 이용의 역사가 오랜 식량이었음을 입증해 주고 있다.

또 중국의 신농본초경에 보면, B.C. 2700년 경에 오곡 파종의식 속에 보리가 포함되어 있어, 중국에서의 재배 이용 역사를 말해준다. 우리나라에서는 중국으로부터 전파된 것으로 보인다. 삼국유사(三國遺事)와 이규보의 시 동명왕편(東明王篇)에, B.C. 1세기 경에 주몽이 부여왕조의 박해를 받아서 남하하였을 때, 그의 생모 유화(柳花)가 보리 종자를 기탁하여 보냈다는 기록이 있다.

고고학적으로는 B.C. 5~6세기의 것으로 추정되는 껍질보리가, 경기도 여주군 점동면 흔암리에서 출토되었다. 삼국사기(三國史記)에 의하면, 고구려 산상왕 25년(221)과 신라 지마왕 3년(114) 및 내해왕 27년(222)에 우박이 내려서 콩이나 보리에 피해가 많았다는 것에서, 삼국시대부터 보리는 오곡의 하나였음을 알 수 있다. 일본에는 밀보다 늦게 3세기 경에 우리나라에서 전해졌던 것이다.

보리는 예나 지금이나 주식용인 곡물이지만, 중동지역에서는 지금도 가난한 사람들의 주된 식량이다. 가난한 자는 오이와 보리빵이 1회의 식사로 되어 있다. 동양권인 한국·중국·일본·인도 등에서도 식량의 일부로 중요하게 여기며 주로 가난한 사람들의 주식이었다. 그래서 우리는 가장 빈곤한 계절인 춘궁기를 보릿고개라 했다. 겨울양식은 떨어지고 보리 수확기는 아직 멀어서, 그 기간의 견디기 어려운 궁핍한 계절을 표현한 것이 보릿고개다. 따라서 보리는 가난과 상통하는 동시에 춘궁기를 면하게 해주는 구원이기도 했다.

이렇듯 가난의 동의어(同義語)처럼 여겨졌던 보리는, 현재에는 돈 많은 사람들이 걸리기 쉽다는 성인병(당뇨병, 고혈압)이나 각기병 등의 예방치료를 위해 이용되는, 부자가 즐겨 찾는 건강식품이 되고 있어서 이 시대의 아이러니를 엿보게 한다.

구미에서 보리는 주로 사료로 쓰이고, 일부는 주정용(酒精用)으로 대량 활용되고 있다. 성경 어디에도 보리가 알콜음료가 된다는 기록이나 암시는 없다. 따라서 성서시대의 히브리인들에게는 보리는 식량이었지 술은 아니었음을 알 수 있다.

그러나 애굽에서는 B.C. 2000년에 보리를 맥주재료에 사용했다는 사실을 고대 벽화에서 알 수 있다. 또 B.C. 2800년에 바빌로니아에서도 맥주를 만들었다고 한다. 이렇게 볼 때, 두줄 보리를 맥주나 위스키의 양조용으로 사용한 역사는 오래된 것이다.

보리는 화본과에 속한 1m 남짓 자라는 일년초~월년초이다. 껍질이 잘 벗겨지는 쌀보리와, 껍질이 잘 벗겨지지 않는 껍질보리가 있다. 파종기에 따라서 가을에 뿌리는 가을보리와 봄에 뿌리는 봄보리가 있다. 그런데 심는 시기는 달라도 추수기는 같아서 수확기에는 어김없이 강풍이 불어와서 이삭이 떨어지기 쉽다. 이것을 두고 가난한 사람들에게 이삭줍기를 베푸시는 하나님의 은혜라는 속담도 있다.

보리의 성분은 단백질 8.4%, 당질 7.4%, 지방 1.8%, 수분 11.8%, 섬유 1.6%, 인산 0.95%, 칼슘 0.034%, 비타민A, ·B[1]·B[2] 등이 함유되어

있다. 당질은 전분이 주성분이며, 단백질은 밀과 성분이 달라서 발효빵을 만들지 못한다. 다만, 보릿가루에 밀가루를 5~10% 섞어서 국수, 과자, 빵 등을 만든다. 보리를 물에 불려서 싹을 틔우는데, 발아과정에서 지아스타제라는 효소가 형성되어, 이 효소가 맥아(麥芽)의 전분을 발효 중에 당으로 바꿔놓는다. 이것이 엿기름으로서 감주, 소주, 된장, 고추장 등을 만드는 데 쓰인다. 또 보리는 볶아서 보리차로도 널리 쓰인다. 보릿짚은 가공용(모자, 자리, 포장지) 제지원료 퇴비, 연료 등의 용도가 많다.

영국의 속담에 느릅나무 잎이 쥐의 귀만하게 자라면 겁내지 말고 보리씨를 뿌리라고 파종시기를 일러준다. 우리도 보리로 농점(農占)을 쳤다. 섣달에 보리 뿌리가 깊게 내리면 설 다음 날씨가 추울 것이라 했고, 얕게 내리면 설 이후의 날씨가 따뜻할 것이라고 겨울날씨를 점쳤다. 또 열양세시기에는 입춘날 보리의 뿌리를 캐어, 그해의 농사의 풍흉을 점쳤다. 즉, 보리 뿌리가 3가닥 이상이면 풍년, 2가닥이면 평년작이고, 1가닥이면 흉년이 들 것이라고 했다. 또 보리 뿌리가 2개면 비가 알맞게 내려서 풍년이 들고, 3개가 돋았으면 수재(水災)가 많아서 흉년이 들겠다고 걱정했던 민속도 있다.

이솝 우화에, 닭이 특히 보리를 좋아하는데, 산에서 다이아몬드를 발견한 암탉이 말하기를, 보석 40개보다 보리 1알이 더 절실히 갖고 싶다고 했다. 귀한 다이아몬드도, 보석이 필요없는 닭의 세계에서는 한낱 돌에 불과하기 때문이다.

조 (기장, 수수)

에스겔4 : 9에, "너는 밀과 보리와 콩(잠두)과 팥(불콩)과 조와 귀리를 가져다가 한 그릇에 담고 떡을 만들어 네 모든 눕는 날수, 곧 390일에 먹되."라고 한, 예루살렘의 멸망을 예상하여 거친 음식인 혼합빵(거치빵)을 만들라고 한 재료 중에 하나인, 조에 대하여 살펴보고자 한다.

우리말 성경에는 개역, 공동번역, 새번역 성경 등 모두에 '조'라고 번역되어 있고, 일본어 성경은 '조' 또는 '기장'으로 번역했고, 영어 성경은 'millet', 즉 '기장'이라 번역했다. 중국어 성경은 '소미'라고 번역하고 있다.

'조'를 우리와 일본은 한자로 표기할 때 '조'(粟)라 한다. 그러나 중국에서는 옛이름이 '곡'(穀)인데(B.C. 2700년 경 신농 씨가 해마다 황제들이 파종토록 명령한 5곡 중에 하나), 통속명은 '소미'(小米)이다. 중국어 성경이 에스겔서의 '조'라는 대목을 '소미'(小米)로 번역한 것을 알 수 있다.

그런데 이 대목의 히브리어는 dohan으로서 이것은 '기장'(黍)을 지칭한 말이다.

조는 학명을 Setaria italica L.이라 하며, 영명은 Foxtail millet라고 한다. 중국동부, 만주, 우스리강 유역 등 동부아시아가 원산지로서 이 지역에서는 옛날부터 중요한 곡물로 재배했다.

고대 이집트, 로마, 그리스 등 고대국가에서는 '조'를 알지 못했다. 유럽 남부까지를 합쳐서 재배하지 않던 작물이므로, 그들은 알지 못했던 것 같다. 따라서 성서시대에는 성지에 없던 식물이었으므로, '조'의 히브리어는 없다. '조'라는 번역은 중국어 성경의 '소미'(小米)에서 비롯된 오역임을 알 수 있다.

'조'는 유럽에 기장보다도 늦게 전파된 것이다. 아랍, 시리아, 그리스를 거쳐 신석기시대 및 청동기시대에 전파된 것이다. 다만 '린네우스'(식물학자)가 학명을 붙일 때, '룸파'의 불확실한 저서를 근거로 하여 이태리에 있는 것으로 오인하였고, 그래서 종명을 이태리산으로 붙였다. 그러나 이태리에는 전혀 자생하지 않으며 재배도 없었다.

'조'는 우리나라에서는 '쌀'이 들어오기 전까지, 오랜 옛날부터 중요한 식량의 하나였다. 좁쌀을 미(米)(쌀이 아님)라고 기록한 것을 〈위지동이전〉 고구려조에서 볼 수 있으며, 삼국사기에도 신라가 고구려를 공격한 후의 논공행상에서 조를 준 기록이 있는 것으로 미루어, 벼가 들어오기 전까지는 조를 '미'(米)라 하여 중요 식량으로 삼았음을 알 수 있다.

그렇다면 히브리어 dohan이라고 하는 '기장'은, 아랍에서는 dukhn이라 하고 이집트에서는 dokhn이라 하는데, 학명은 Panicum miliaceum L.이고 영명은 Common millet 또는 그저 millet라 한다.

중국명은 '서'(黍)인데 이것은 '메기장'을 말하며 '찰기장'은 '직'(稷)이라 하나 일반적으로 '서'(黍)로 표기한다. 기장은 이삭 모양이 수수를 닮은 곡물이다. 고대 이집트, 메소포타미야, 아랍지역, 몽고(알타이), 코카사스 등 중앙아시아, 동부아시아가 원산지로서 메소포타미야에서는 B.C. 3,000년 경부터 재배했다고 한다.

기장은 고온 건조한 기후를 좋아하며 한발에 강하고 모래땅이나 메마른 땅에서도 잘 자란다. 높은 지대의 재배에도 잘 적응한다. 재배기간이 짧아서(70일에 익음) 유목민이었던 그들에게는 중요한 식량자원이었음을 쉽게 이해할 수 있으며, 또 기록에도 남아 있다.

유럽에서는 신석기시대의 유적지에서 발견되고 있어서, 그 전파 및 재배이용의 역사가 오래된 것

조(수수)

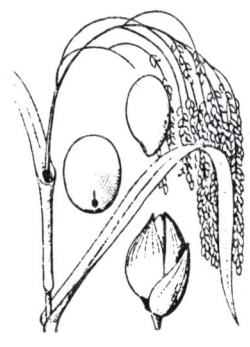

조(기장)

을 알 수 있다. 특히 스위스의 호서민의 유적에서 발견되었으며, 그들이 많이 이용했음을 말해 준다.

중국에서는 '조'와 함께 신농 씨가 지적한 5곡의 하나이다. 고대 중국에서는 도량형의 기준으로 쓰였다고 하니, '기장'의 가치를 알 수 있다.

몽고에서는 기장을 '취미'(炊米)라고 하는데, 도정한 기장쌀은 '황미'(黃米) 또는 '대황미'(大黃米)라고 하여 일상식량으로 이용한다.

우리나라에서의 기장재배는, 산해경(B.C. 3세기)에 부여국에서는 백성들이 기장을 먹는다는 것이 기록으로 남아 있어서, 오래된 양식이었음을 말해 준다.

기장쌀은 수수쌀보다는 잘고, 좁쌀보다는 크며 빛깔이 좁쌀처럼 노랗기 때문에 '황미'라고 한 것 같다. 기장쌀은 당질과 단백질이 풍부하며 특히 비타민A가 많고 B1, B2, 미네랄 등이 함유된 영양가 높은 곡물로 소화율도 높다. 기장쌀로는 밥도 짓고 가루로 만들어 떡, 엿, 과자 등도 만든다. 또 술도 빚으며 에스겔서에서처럼 밀가루와 섞어서 빵도 만든다. 지금은 영양식량 외에도 새 모이로 많이 쓰이며, 대궁이나 껍질(겨)은 사료로 이용된다.

히브리어 dohan을 '수수'라고 주장하는 학자도 있다. 지방에 따라서는 durrah라고 한다는데, 아랍어로 dhura라 하고, 이집트에서는 dourra라고 한다. 현재도 이집트에서는 가장 흔하게 재배되고 있는 식물 중의 하나다.

수수의 학명은 Sorghum bicolor Moench.라 하고 영명은 Common Sorghum 또는 Great millet, Indian millet 등으로 불리운다. 중국명은 '촉서'(蜀黍)인데, 북경에서 사탕수수에 '고량'(高梁)이라 이름붙인 것을, '수수'의 이름으로 오해하는 경우도 있다. 일본에서 기장은 '기비'라고 부르고 수수는 '모로꼬시'라고 한다.

수수의 원산지는 이티오피아, 수단 등 열대의 동부 아프리카로 알려져 있다. 동 아프리카에서 서 아프리카, 인도, 중국 등으로 전파되었다고 믿고 있다. 인도에서는 B. C. 2000년 경에 재배되었음을 고고학적 발견에서 확인되고 있다. 소아시아에서는 B. C. 600년 경에 바빌론의 곡물이라 하여 (dochan) 재배되었다는 기록이 '수수'의 가장 오래된 기록이다.

따라서 기원 전에 이미 앗시리아에서는 중요한 작물로 재배했음을 알 수 있다. 유럽에서는 로마 제국시대에 도입된 것으로 여겨진다. 스위스나 이태리의 호서민 유적에서나 그리스, 로마 시대에서도 발견되지 않고 있다.

에스겔서의 dohan을 '수수'라고 보는 견해는, '수수'가 기장보다도 이스라엘의 기후와 환경에 잘 적응하기 때문에, 널리 재배되었을 것이라고 믿고 있다. 다만, 역사적인 기록이 뒷받침하지 못하고 있을 뿐이다.

'수수'는 저지대나 산지 모두에서 재배할 수 있다. 고온과 일조에 강하고 가뭄에 견디는 힘이 좋아서 건조지대에서 가장 많이 재배되며, 메마른 땅에서도 잘 자란다. 또 이삭이 크고 수확량도 기장보다 많아서, 심지어 팔레스타인에서는 1포기면 팔레스타인 사람 1가족의 1회분 식사를 충당할 수 있다고 할 정도로 많이 수확된다.

'수수'에는 '찰수수'와 '메수수'가 있으며 탄수화물과 무기질, 단백질, 지질이 함유되어 있어서 밥, 떡, 양조용으로 쓰이며 사료로도 이용된다. '수수'에는 Sorgo라 하여, 대궁이에서 당분을 추출하는 사탕수수도 있어, 이것을 '여서'(蘆黍)라고 한다.

지금은 수수쌀에 여러 가지 색깔이 있지만, 예전에는 대개가 붉은 빛이었다. 동짓날 팥죽의 경우와 마찬가지로 붉은색은 악귀를 물리친다고 믿어서, 어린이 사망률이 많던 시절에 어린이를 보호하려고, 어린이가 10세가 될 때까지 생일날 수수경단에 팥고물을 묻혀 주어서 액막이로 이용하기도 했다.

동짓날에 팥죽을 쑤어 먹는 우리 민속은, '수수'가 우리나라에서 오랫동안 재배한 곡식임을 말해 주는데, 함경북도 회령의 청동기 시대의 고분에서 '수수'가 발견되고 있어서 이를 뒷받침해 준다.

콩(잠두)·팥(불콩)

콩과 팥은 사무엘하 17 : 27~29에, '다윗이 마하나임에 이르렀을 때에 암몬족속에 속한 랍바사람 나하스의 아들 소바와 몇 사람이 침상과 대야와 질그릇과 밀과 보리와 밀가루와 볶은 곡식과 콩과 팥과 볶은 녹두와 꿀과 버터와 양과 치즈를 가져다가 다윗과 그와 함께한 백성을 대접한' 중요한 진중 음식물 중의 하나였다.

에스겔 4 : 9에, "너는 밀과 보리와 콩과 팥과 조와 귀리를 가져다가 한 그릇에 담고 떡을 만들어 너의 모든 눕는 날수, 곧 390일에 먹되"라고 한 혼합빵을 만드는 재료의 하나로서 쓰임새를 일러주고 있다.

또한 사무엘하 23 : 11에, '하랄사람 아게의 아들 삼마가 불레셋사람이 떼를 지어 팥밭(공동번역 성경)에 모이는 것을 보고 백성들은 도망하되 저는 그 밭 가운데 서서 불레셋 사람을 맞쳐서 이겼다.'라고 하여 밭에서 재배하는 곡식이었음을 말해주고 있다.

창세기 25 : 29~34에, '야곱이 죽을 쑤었더니 들에 나갔다가 지치고 시장해서 돌아온 형 에서가 그 붉은 것을 먹게해 달라고 하자, 야곱은 장자의 명분(상속권)을 팔라고 하고 시장한 형에게 장자권 포기를 맹세시킨 뒤에 떡과 팥죽을 주어 먹게 했다.'는, 에서의 장자권을 팥죽 한 그릇 정도로 밖에 여기지 않던 것과 야곱이 허기진 형을 팥죽을 주고 장자권을 뺏는 야비한 행동 등으로, 너무나도 잘 알려져 있는 팥죽의 재료인 식물이다.

그런데 개역 성경에 나오는 콩과 팥은, 우리가 흔히 알고 있는 콩과 팥은 아니다. 식물학적으로 볼 때, 콩(大豆)은 학명을 Glycine max L. 이라 하며 원산지가 중국 북부 시베리아·한국·일본 등지의 동북 아시아이다. 중국에서는 약 4,000년 전부터, 우리나라에서는 3,000년 전(삼국시대)부터 재배해 왔다.

팥(小豆·赤豆)은 학명을 Phaseolus Radiatus L.이라 하고 인도·중국·한국·일본 등지가 원산지이다. 이 것 역시 2000~3000년 전부터 가꾸어 왔다. 따라서 원산지로 볼 때, 성경에 나오는 콩과 팥은 식물학적인 콩과 팥이 아님을 알 수 있다.

그렇다면 성경의 콩과 팥은 어떤 것을 지칭한 것일까?

공동번역 성경에는 콩을 잠두(蠶豆)로, 팥은 불콩(扁豆)으로 번역하고 있는데, 그 근거에 따라 살펴보고자 한다.

잠두 : 알제리아를 중심으로 한 북아프리카・카스피 해안・북부 이란이 원산지로 알려진, 많은 콩무리 중의 하나인 1년생 초본이다. 학명은 Vicia Faba L.이라 하고, 히브리명은 Pol, 아랍명은 Ful이며, 영명은 broad bean이고, 중국명은 잠두(蠶豆)이며, 우리도 잠두 또는 마마콩이라고 부른다.

잠두는 성경에서도 알 수 있듯이, 옛날에는 매우 중요한 식량이었다. 스페인・헝가리・이태리 등 신석기 시대 호서민(湖棲民)의 유적에서 발견되고 있어서, 재배기원을 먼 옛날로 추정하는 데는 별 어려움이 없다. 고대 이집트 옛 무덤의 미이라의 관 속에서도 잠두가 발견되고 있으므로, 이 지역에서 재배된 역사가 오랜 식물임을 입증해 주고 있다. 또 일설에는 고대 이집트의 종교의식에 쓰였다고도 한다. 그리스인이나 로마인들도 널리 재배했었다.

잠두는 용도가 다양했다. 가루로 만들어 기장과 섞어서 죽이나 스프도 만들고, 거친 빵을 만들었으며, 삶아서 통째로 먹기도 했다. 지금도 팔레스틴에서는 성서시대와 똑같이 빵을 만드는 데 이용하며, 주로 가난한 사람들의 식량이라 한다. 이집트에서도 역시 중요한 식량이 되고 있다.

잠두는 내한성이 있는 1년초이다. 줄기가 곧게 서며 키는 1m로 자라고 전체적으로 매끄럽다. 잎은 2~6장의 소엽으로 되어 있는 복엽으로서 덩굴손은 없다.

중동지역에서는 1~3월, 엽액에 완두꽃을 닮은 크고 향기롭고 자색 무늬가 있는 흰 꽃이, 한 송이나 여러 송이씩 뭉쳐서 핀다. 콩 꼬투리도 굵고 크며 처음에는 녹색이지만 익으면 갈색이 된다.

콩깍지 속에 신장형(腎臟形 : 타원형)의 크고 납작한 콩이 3~6개 들어 있다. 이 콩은 껍질이 갈색이며 배꼽이 길고 크다.

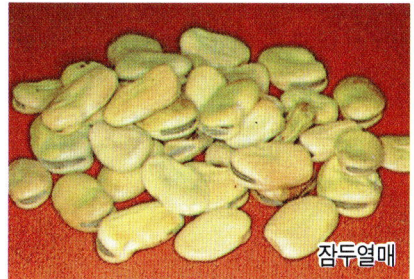

잠두열매

잠두꽃

이 콩에는 탄수화물(전분) 10~ 15％·단백질 7~12％·지방 5％·회분 1％·인·칼슘·철· 나트륨·붕산 등이 있고 V-B가 많다. 이밖에 아루기닌·베타 인·코린 같은 성분도 함유되어 있는 훌륭한 식품이다.

지금은 잠두를 볶던가 튀겨서 소금을 뿌려 먹기도 하고 엿· 장·간장의 원료도 되며 가루로 만들어 떡도 만들고 죽도 만든다. 어린 묘는 나물로, 어린 콩은 꼬 투리째 삶아서 채소로 이용한다. 잎줄기는 사료와 비료로 쓰인다.

한때 아프리카에서 서인도제도 로 흑인을 노예 삼아 운반해 갈 때에 흑인의 식량으로서, 비타민 의 공급원(괴혈병 예방을 위한)으 로서 잠두를 노예선에 대량 싣고 있었다고 한다.

잠두에는 재미있는 전설이 있다. 옛날 그리스의 철학자 '피 타고라스'는, 사람의 영혼 속에는 죽고 나서 잠두 속에 들어가는 것이 있다고 믿고 있었다. 그래서 제자들에게 잠두를 먹지 못하게 금했다.

피타고라스가 주술사라 하여 쫓길 때, 큰 잠두밭이 앞에 가로놓여 있는 곳에 몰리게 되었다. 이 밭을 가로질러 가서야, 추격하는 적의 손을 벗어 날 수 있었다. 그는 조상의 영혼이 깃든 콩을 짓밟아서는 안 된다고 믿고 있었기에, 밭을 가로질러 가지 않고 머뭇거리다가, 뒤쫓던 적의 손에 붙잡 혀서 죽임을 당했다는 전설을 남기고 있다. 사무엘하 23：11의 삼마가 팥밭에 버티어 서서 불레셋 사람을 맞혀서 승리한 것과 대조를 이루므로 흥미롭다.

잠두는 제주도와 남부지역에서 재배되고 있다.

팥(불콩) : 팥으로 번역된 불콩은, 일명 편두(扁豆)라고도 한다. 납작한 콩알이 양쪽에 볼록하게 부풀어 있어서, 볼록렌즈와 흡사하다고 하여 '렌즈 콩'이라고도 한다.

불콩은 서남 터키와 파키스탄의 반건조 기후의 구릉지대에 야생한 것을, 지중해 연안과 남 유럽에서 재배화한 것이라고 한다. 일반적으로는 지중해 연안이 원산지로 알려져 있다.

불콩은 학명을 Lens esculenta Moench.라고 하고, 히브리명은 adashim, 아랍명은 adas, 영명은 lentil, 독일명은 linse, 중국명은 紅豆 또는 扁豆, 일본명은 レンズマメ(렌즈 콩) 또는 ヒラマメ(편두)라고 한다.

불콩은 이스라엘의 고대 농업에서 중요한 위치를 차지했던, 가장 흔하고 귀한 식품이었음을 알 수 있다.

불콩의 재배역사는 B. C. 6000~7000년까지 거슬러 올라가는데, 최근 원산지의 농촌에서 탄화된 씨가 발견되어 이를 입증하고 있다. 그후 청동기 시대에 불콩이 밀과 보리와 함께 가끔 발견되기도 했다.

인도에서도 B.C 1500~2000년 경에 재배한, 역사가 오랜 콩의 하나로, 지금은 인도가 주산지가 되어 있다. 그러나 동부 아시아에는 없는 콩이다. 그렇다면 불콩이 왜 팥으로 번역되었을까? 그것은 간단하다. 팥은 껍질이 붉고 알은 희지만 삶으면 붉게 되고, 불콩은 콩껍질은 없고 콩알이 붉은 빛이어서 삶으면 붉게 되므로 팥과 동일하게 여기게 된 데서 비롯된 오해다.

불콩은 1년생 초본으로서 키는 25~50cm로 자란다. 줄기는 가늘고 곧게 서며 때로는 덩굴진다. 가지를 많이 친다. 잎은 우상 복엽으로 타원형의 작은잎이 4~7쌍, 호생~대생한다. 잎끝이 덩굴손으로 변하여 다른 것을 감는다. 꽃은 흰색~연보라색의 나비 모양으로 1~4송이씩 핀다.

불콩

콩 꼬투리는 1~2cm 길이의 완두콩 모양과 흡사하나, 납작하며 희다. 꼬투리 속에 1~2개의 씨(콩)가 들어 있다. 콩의 크기는 4~8mm 정도로, 깍지를 탈곡하면 렌즈 모양의 자엽(子葉)이 둘로 갈라진다. 자엽은 붉은 색이다. (핑크~갈색)

불콩은 30%의 단백질과 V-B가 풍부한 영양원으로서 이집트나 팔레스틴, 이스라엘 등지에서 널리 재배되고 있다. 주로 가루로 부수어서 과자를 만드는 데에 쓰며, 보리와 섞어서 빵을 만드는 데에도 쓴다. 나일강 유역에서는 빵이라 하면 보리와 불콩으로 만든 것을 지칭하는 것으로 통용될 정도이며, 주로 가난한 사람들의 식량이다.

불콩 중에서 색이 붉은 이집트 불콩(Red Egyptian Lentil)이 가장 맛이 있다. 야곱이 만든 팥죽도 이 콩으로 만들었을 것이다. 불콩 가루로 스프를 만든 것을 Lentil Meal이라 하며, 카톨릭에서는 대제기간 중에 고기 대용으로 이용한다. 아랍인들은 불콩을 양파·쌀·기름·고기와 함께 삶아서 스튜를 만드는데, 이 요리를 Mujedderah라 부르며 매우 맛이 있다.

불콩 스프는 영양가가 높기 때문에, 환자나 노약자의 식품으로 높이 평가되고 있다.

불콩은 메마른 땅에서도 잘 자라며, 기후가 따뜻한 곳이면 표고 1,200m 까지의 고지대에서도 재배가 가능하다. 우리나라에서는 재배되지 않고 있으나, 유럽에서는 즐겨 재배하여 이용되고 있다.

부추(리크)·파(양파)·마늘

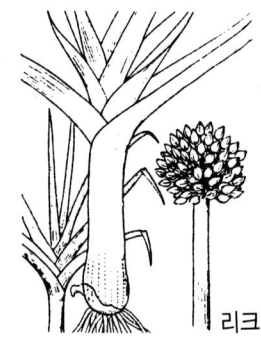

리크

민수기 11 : 4~6에, "이스라엘 중에 섞여 사는 무리가 탐욕을 품으매 이스라엘 자손도 다시 울며 가로되 누가 우리에게 고기를 주어 먹게 할꼬. 우리가 애굽에 있을 때에는 값 없이 생선과 외(메론)와 수박과 부추와 파와 마늘들을 먹은 것이 생각나거늘 이제는 우리 정력이 쇠약하되 이 만나 외에는 보이는 것이 아무 것도 없도다 하니."라고 하였다.

성경에 단 한 번 기록된 부추와 파와 마늘은, 이스라엘 백성이 출애굽한 후에 황야를 방황할 때, 섞여 있는 이방인의 불평에 동조하면서 노예시절인 애굽생활을 그리워하며 모세를 원망하는 대목에 등장하는 중동지역의 중요한 식품이다.

우선 부추와 파의 번역이 잘못된 것을 지적하고 싶다. 우리말 성경에는 모두 '부추', '파', '마늘'로 번역되어 있으나 식물학적으로는 오역에 속한다.

성경에 나오는 부추는 히브리어 hasir(hatzir), 학명은 Allium porrum L. 이라 하며 영명은 Leek인데 중국명은 舊菜(구채) 또는 舊葱(구총)이라 한다. 즉 '부추 같은 파'라는 뜻인데, 정확히 말하면 근경(줄기)은 파를 닮았으나 잎은 오히려 부추를 닮은(둥글지 않고 납작함) '서양파' 즉, 洋葱(양총)을 말한다. 그런데 부추로 번역된 것은 중국어 성경에(민수기 11 : 5) 黃瓜(외), 西瓜(수박), 부추, 葱(파), 大蒜(마늘)으로 번역된 것을 우리말로 번역할 때에 부추라고 한 것 같다.

부추 : 성경에 나오는 '부추', 즉 리크(서양파)는 지중해 연안이 원산지로서 2년초이다. 줄기는 파를 닮아서 굵고 연하고 희지만 길이가 짧고, 잎은 파보다 크지만 납작하고 중간에 꺾여서 늘어진다. 2년째 여름에 1~2미터 길이의 긴 꽃대가 나와서, 그 끝에 공 같은 분홍색 큰 꽃송이가 핀다. 잎이 부추잎을 닮았으므로 부추파(舊葱)라고 했다. 리크는 지중해 연안 국가에서는 태고 때부터 건강식품으로 가꾸었으므로, 출애굽 후에 이스라

엘 사람들이 정력이 쇠약해지자, 애굽시절에 정력을 돋우던 식품으로서 그리워한 것은 이상할 것이 없다.(민수기 11 : 6)

리크(서양파)

그러나 식물학적으로 진짜 부추는, 중국 서부가 원산지인 다년초로서 학명은 Allium odorum L.이라 하고 영명은 chinese chive라 하는, 지중해 연안에는 없는 식물이다. 중국에서는 3000년 전부터 재배된 식물로, 잎이 좁고 납작하며 인경은 긴 알 모양이다.

부추는 남성의 정력을 증진시킨다 하여, 양기초(陽起草)라는 별명이 있을 정도로, 유명한 식품이며 약초였다. 이렇게 볼 때, 잎의 생김이 부추를 닮았고 정력제였으므로, 리크를 부추라고 번역하지 않았나 생각해 볼 수 있다. 다른 한편으로는 파(葱) 때문에 부추라고 번역했다고도 생각할 수 있다.

파 : 성경에 나오는 '파'는 히브리어 bsalim, 혹은 bezalim, 아랍어 basal, 학명은 Allium cepa L.이라 하고, 영명은 Onion인데 우리가 흔히 말하는 '양파', '옥파', '둥근파'(玉葱)를 말한다. 양파는 지중해 동편과 서북 인도가 원산지로 추정되고 있으며, B.C. 5000년 경부터 고대 이집트에서 재배했던, 역사가 오랜 식물이다.

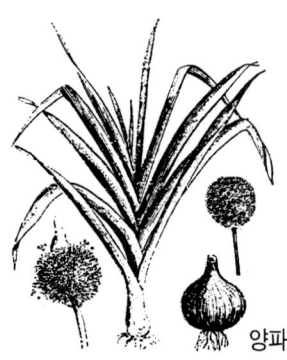

우리가 파라고 말하는 식물은, 중국의 서부와 알타이산맥 쪽의 시베리아, 북부몽고가 원산지이다. 중국(漢民族)에서 B.C. 2000년 경에 이미 재배한 식물이다. 학명은 Allium fistulosum L.이라 하고, 영명은 Welsh onion, spring onion, stone Leek라 하며 중국명은 葱(총)이다.

양파   그런데 중국의 북부에서 葱(총)은 파를 지칭하나, 중국 남부에서 葱(총)은 양파(玉葱)를 지칭하는 글이다. 그러므로 여기에서 葱(총)이 파나 양파를 지칭한 것이 되고 보니, 리크(서양파)는 '부추 같은 파'가 줄어서 부추가 되고, 양파(둥근파)는 파로 번역되고 만 것 같다. 즉, 舊葱(구총)은 부추로, 玉葱(옥총)은 葱頭(총두)라고도 했는데, 줄어서 葱(총)이 되었다고 풀이할 수 있다. 지금은 중국에서도 일반적으로 양파(玉葱)를 葱(총)으로 표기하며 간혹 玉葱(옥총)이라 한다.

유럽이나 미국에서 파의 대표는 리크(Leek)이다. 동양의 파가 유럽에 소개된 것은, 중세 이후에 러시아를 통해서이며, 처음 문헌에 나타난 것은 16세기 이후에 파를 cepa oblonga라 하여 그림과 함께 기록하고 있다. 이렇게 볼 때, 성경의 부추는 '서양파' 또는 널리 통용되는 식물명인 '리크'라 하고, 파는 양파 또는 옥파로 고쳐야 마땅하다. 유럽에서는 지금도 거의 부추가 재배되지 않고 있기 때문이다.

마늘 : 중앙 아시아와 인도가 원산지로 알려져 있으나, 이집트나 팔레스틴에도 많은 품종이 자생하고 있어서 여리고마늘, 시나이마늘, 레바논마늘, 칼멜마늘, 오리엔트마늘, 흑마늘 등이 있다. 우리나라에서 재배되고 있는 것은 중국 원산의 Alliun Sativum L.로, 영명은 Garlic라 하고, 중국명은 大蒜(대산)이다. B.C. 1000년 경, 한(漢)나라의 장건(張騫)이란 사람이 서역에서 가져왔다 하여 胡蒜(호산)이라 했다 한다. 양파는 胡蒜 또는 回回葱(회회총)이라고도 했다.

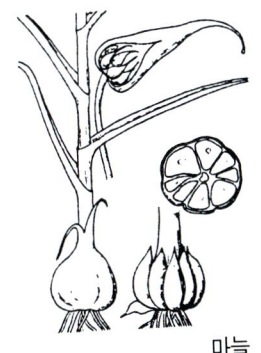

마늘

양파나 마늘이 강정(强情)식품임을 말해주는, B.C. 3700년 경에 건설된 이집트의 고분벽화에 피라밋을 건축할 때 쓰인 경비나 사역내용이 기록되어 있다. 이 때 동원된 노동자들에게 양파와 마늘과 무우 등을 먹였다고 하며, 그 경비로 은화 1,600달란트가 지불되었다고 한다. 당시의 은화 1달란트는 지금의 미화 약 2,200달라 정도가 되므로, 대충 352만 달라가 소용된 셈이다.

마늘

그 옛날에 막대한 양의 채소가 식량 및 정력증강을 위해 쓰였음을 말하고 있어, 마늘이나 양파의 중요성을 일깨워주고 있다.

성경의 양파는 지금 우리가 먹는 매운 맛의 양파가 아니라, 맛이 달고 연하여 생식용으로 쓰이는 애급양파(Egyptian Onion : A. cepa L.)이다. 날것으로 먹는 외에 4등분하여 구워 먹는 일상식량이었으며, 부유층은 고기를 구워 먹을 때에 함께 요리했다.

전설에는 인류(아담과 하와)를 타락시킨 후, 사탄이 에덴동산에서 밖으로 내어디딘 그의 오른쪽 발자국에서는 양파가, 왼쪽 발자국에서는 마늘이 돋아났다고 한다. 중동 지역에서는 양파나 마늘에 마술적인 힘이 깃들어 있다고 생각하여서 만들어진 이야기라고 한다. 그래서 부적이나 벽사의 주술적인 목적에 많이 쓰였다.(독특한 냄새로 악마를 쫓는 신통력이 있다고 믿었다.)

양파는 겉껍질을 벗겨서 병실에 두면 병균을 흡수해 버린다 하여, 16~17세기에는 전염병이 유행할 때에, 그 예방을 위해 양파 이용이 성행했다. 양파가 병균을 흡수한다는 사실은, 1937년도에 의학적으로 입증되었다. 서양 의사들은 양파의 냄새만으로도 병을 예방할 수 있다고 하여 '양파는 일곱 가지 병을 고친다.'라는 속담이 생겼을 정도이다. 이것은 중세의 기사들이 싸움터에 나갈 때, 부적으로서 양파를 가지고 갔다는 기록을 뒷받침하는 속담이다.

우리나라에는 중국과 왕래가 잦았던 고려 때부터 胡葱 또는 回回葱이라 하여 물명고(物名考)에 실려 있다.

일반적으로 양파는 스테미너 식품으로서 정력을 좋게 하고, 신진대사를 높여서 젊어지게 한다. 그래서 등산이나 근육운동을 할 때, 양파를 먹으면 피로가 덜하고 고혈압의 예방에도 효과가 인정되고 있다.

눈물이 나게 하는 양파의 성분은 유화프로필알린(Allyl propyl disulphide) 및 유화아린(Allyl sulfide)으로서 살균력이 있어, 양파를 3분간 입안에서 씹고 있으면 입안의 균을 전멸시킨다. 그러나 냄새가 입속에 오래 남게 되므로, 양파요리를 먹은 후에 진한 커피를 마시면 양파 냄새가 없어지며, 또 신맛이 강한 과일을 먹거나 식초를 먹으면 된다.

　　유태인들은 마늘을 좋아한다. 하지만 우리민족도 마늘을 좋아하는 데는 뒤지지 않으며, 스테미너 식품으로 널리 인식되어 있어서, 굳이 글로 옮길 필요조차 없다. 아울러 마늘이 양파처럼 살균력이 있고 방부작용도 있으며 이뇨와 소화작용도 있는 약용식물이면서 탈무드에도 여러 번 등장하는, 우리도 익히 아는 귀중한 향신료다.

　　끝으로 리크에 얽힌 시실리의 전설을 소개하면서, 이 식물이 지닌 비중을 되새겨 보고자 한다.

　　사도 베드로의 어머니는 아주 인색한 여자였다. 그녀가 거지에게 준 것이라고는 언제나 리크(서양파) 한 줄기뿐이었다. 그녀는 죽은 후에 지옥으로 떨어졌는데, 몇 년 뒤에 천국열쇠를 받은 베드로의 귀에 "내아들 베드로야, 내가 여기서 얼마나 고통받고 있는지 아느냐. 제발 하나님께 여쭈어, 나를 여기에서 나가게 해다오." 하는 애절한 목소리가 들려 왔다. 그래서 베드로는 하나님께 간청했더니, 하나님은 "그녀는 생전에 선행한 것이라고는 아무 것도 없다. 거지에게도 리크 한 줄기 외에는 베푼 것이 없다. 그러므로 여기 리크 한 줄기가 있으니, 그것으로 지옥에서 너의 어머니를 끌어 올려 주어라."하고 말씀하셨다.

　　거미줄에 묶인 리크가 그녀 앞에 내려오자, 그 끝을 붙잡고 매달려서 올라가려고 하였다. 그 때, 다른 망자들도 앞다투어 베드로의 어머니에게 매달리게 되었다. 원래에 인색했던 그녀는, 거미줄이 끊어질까 염려도 되고, 나 아닌 다른 사람이 함께 구출되는 것도 싫어서(자기는 아들 때문이니까), 매달리는 사람들을 발로 걷어차고 흔들어서 떨어뜨리려고 하였다. 그러다가 그만 리크가 끊어지면서 더 깊은 지옥으로 굴러 떨어지고 말았다는 이야기이다.

외·수박·들외

외(오이 : 메론) : 민수기 11 : 5~6에, 출애굽한 이스라엘 백성이 시내 광야에서 먹을 것이 없다고 불평하며 원망하는 대목에서 "우리가 애굽에 있을 때에는 값없이 생선과 외와 수박과 부추와 파와 마늘들을 먹은 것이 생각나거늘 이제는 우리 정력이 쇠약하되 이 만나 외에는 보이는 것이 아무 것도 없도다."라고 하였다.

여기에 나오는 외는 오이라고도 하고 메론이라고도 하는 두 가지 해석이 있다.

오이는 원산지가 히말라야산맥 남부 산기슭, 즉 인도가 원산지로 알려져 있다. 메론은 많은 야생종이 동부아프리카~서아프리카가 원산지로 알려져 있어서, 메론이라는 설이 유력하게 생각되고 있다.

메론이나 오이는 모두 박과에 속해 있는 1년생 덩굴식물로서, 심장형 잎이며 노란 꽃이며 덩굴손 등의 생김이 서로 매우 흡사하다. 다만, 열매 모양이 다를 뿐이다.

오이속(屬)은 열대에 약 40여 종의 야생종이 있다. 메론의 변종에는 오이처럼 열매 모양이 긴 것이 있는가 하면, 오이의 변종에는 메론처럼 둥근 열매가 달리는 야생종도 있어서, 오늘날 재배되는 오이나 메론의 개념으로 해석하기는 어렵다.

메론의 학명은 Cucumis melo L이라 하고 영명은 melon인데, 오이는 학명이 Cucumis sativa L.이고 영명은 Cucumber라고 한다. 그런데 이집트의 카이로 주변, 나일강의 홍수에 씻기는 평야 쪽에 지금도 '털이 있는 오이'Egyptian cucumber (cucumis chate)가 널리 재배되고 있다. 이것을 '이집트 메론'이라고 부르고 있다.

이 열매는 오이보다 메론에 가깝다. 하얗고 투명한 털에 싸여 있으며, 메론을 닮아서 살이 연하고 수분이 많다. 이것을 아라비아어로 예루살렘에서는 faggus, 시리아에서는 giththa라고 부른다. 오이와 메론을 혼돈한 예라고 할 수 있다.

　성경에서 히브리어 kishuim(민수기 11:5)이 '오이다' '메론이다' 하고
두 가지 해석이 나올 수 있었던 것은, 나름대로 이유가 있다. 오이는 인도
에서 3천 년 전부터 재배했던 식물로서, 고대 이집트 제12왕조 때(BC 1,
750년)에 벌써 그 곳에 들어가 널리 재배되고 있었다고 하므로, 오이라는
설도 무시할 수 없게 된다.

　이집트나 팔레스틴 등지에서는, 몇백 에이커씩 습기 있는 평야나 관개
시설이 된 땅에, 오이가 넓게 심겨져 있다. 오이는 하층계급 사람들에게
있어서, 여름철의 중요한 식량이며, 주로 날것으로 먹는다. 대개는 오이

메론

와 보리빵이 한 끼의 식사라고 한다.

고대 애굽의 노예였던 이스라엘 백성이, 그들의 일상식물이었던 오이를 그리워했던 것은, 애굽에서 체류했던 4백 년의 노예생활이, 애굽 하층계급의 식생활에 길들여져 있었기 때문이라고 여겨진다.

오이를 옛날 중국에서는 호과(胡瓜)라고 했다. 즉, 실크로드를 따라 6세기 경에 한(漢)나라의 장건(張騫)이 서역(이란)에서 가져 왔다고 하여 호과(胡瓜)라 했으나, 나중에 열매가 누렇게 익는다고 하여 지금은 황과(黃瓜)라고 부른다. 중국을 거쳐 우리나라에도 1,500년 전에 들어온 것으로 알려져 있다.

그런데 우리는 오이를 '물외'라고도 하고, 오이의 준 말인 충청도 사투리인 '외'라고도 부른다. 물외는 참외와는 구별된 이름이다.

아프리카에서 재배기원을 둔 메론은, 고대 이집트에서 발달한 메론이 그리스 로마를 거쳐 유럽에 퍼지면서, 우리가 흔히 말하는 서양계의 온실~노지메론으로 발전했다. 고대 인도로 퍼진 메론은, 동양계의 참외로 분화(分化) 발달했으며, 여기에서 다시 김치용 오이인 '월과'(越瓜), 다시 말해서 '김치박'(Oriental pickling melon)으로 분화 발달했다.

즉, 메론이 유럽에는 메론으로, 인도에는 월과로, 중국에는 참외로 발전한 것이다. 메론과 참외는 맛이 달고 생식하는 과일인 반면에, 월과는 단맛이 없어서 생식하지 않고 주로 저림용 채소로 쓰인다. 그러나 초기의 메론은 즙은 많아도 단맛이 적었다고 한다.

이사야서 1 : 8에, "딸 시온은 포도원의 망대같이, 원두밭의 상징막(원두막)같이, 애워싸인 성읍같이 겨우 남았도다."라고 한 원두막은, 유다의 멸망을 비유한 것이다. 이 원두막은 오이나 메론을 지키기 위해 짓는 초막으로서, 수확 후에도 방치해 두므로, 비바람에 씻겨 황폐하게 되는 것을 뜻한다.

여기에서 오이나 메론이 도둑이나 재갈 같은 동물에게서 지킬 가치가 있는 중요한 작물이었다는 것을 엿볼 수 있다. 지금도 팔레스틴의 오이나 수박 농원에는 원두막이 세워져 있는 것을 볼 수 있는데, 우리의 참외나 수박밭의 원두막을 연상하게 된다.

수박 : 민수기 11 : 5~6에 나오는 수박은, 열대 아프리카의 사막지대가 원산지이다. 그 곳에서는 신석기 시대에 이미 재배되었던, 역사가 오랜 식물이었다. 이집트에서도 4천년 전부터 재배되고 있었다는 것이, 오늘날 남겨져 있는 벽화에서 밝혀지고 있다.

이렇듯 재배 역사가 오랜 수박은, 지금 우리가 먹는 크고 달고 물이 많은 시원한 여름 과일의 대표라 할 수 있는 그런 맛은 아니었다고 한다. 태고 때는 단맛은 적고 수분이 많은, 잘다란 열매였다고 한다.

그리스에는 3천 년 전에 건너가 재배되었고, 로마에는 기원 초기에 전파되었는데, 지중해 연안에서 재배되는 과정을 거치는 중에 과일로 발달했다. 초기에는 열매도 시원한 음료식물로 이용했지만, 주로 씨를 식용했다고도 한다.

수박 역시 오이나 메론처럼 이집트나 팔레스틴, 중동지역에서 널리 재배되고 있다. 이집트인들에게는 식물인 동시에 음료이면서 또한 약이 되기도 했다. 가난한 사람들에게 있어서는 열을 식히는 단 하나의 수단이다. 잘 익은 수박의 즙을 짜서 마신다. 수박은 열대권에서는 일 년 내내 수확할 수 있는 과일로 재배된다.

유럽에는 16세기에 들어갔고, 중국에는 11세기에 들어갔으며, 서역에서 왔다고 해서 서과(西瓜)라고 한다. 우리나라에는 연산군 실록(燕山君實錄

수박

: 1450년)에 올라 있는 것으로 미루어, 500년 전부터 가꾸어진 듯하다.

수박은 히브리어로 avatihim이라 하고, 아랍어는 battih이며, 학명은 citrullus vulgaris schrad, 영명은 Watermelon이다. 우리는 박같이 생기고 물이 많다고 하여 수박이라고 부른다.

수박의 과육은 90% 이상이 수분이고, 과즙의 7.9%가 당질(糖質)과 소량의 능금산과 아루기닌을 함유하고 있으며, 홍색의 색소는 리코빈과 카로틴이다. 과육은 붉은 것 외에 노란 것도 있다.

씨에는 약 20%의 지방과 50% 이상의 단백질을 함유하고 있어서, 볶아서 소금을 뿌려 먹으며, 중국요리의 전채(前菜)로도 이용한다. 열매의 즙은 이뇨에 특효가 있어서 신장염에 약용한다.

들외(콜로신드) : 열왕기하 4 : 39~41에 나오는 들외는 무엇일까?

길갈에 흉년이 들어서 엘리사의 제자와 많은 무리들이 먹을 것이 없자, 한 사람이 들에 나가 야등덩굴을 보고 그 것에서 들외를 옷자락에 가득 따다가 썰어서 솥에 넣고 끓여 먹었는데 복통을 일으켜, 제자들이 사망의 독이 있다고 외쳤다. 그 때, 엘리사가 밀가루(재)를 가져오게 하여 솥에 뿌림으로써 해독시키는 능력을 행하였다. 여기에서, 독이 있다고 한 들외는, 덩굴성의 잡초이다. 아프리카~팔레스틴에 걸쳐서, 특히 네게브와 요단강 하류의 사막지대에 많으며, 그 곳이 원산지라고 한다.

흔히 들외를 콜로신드(colocynth)라 하는데, 학명은 citrullus colocynthis schrad, 영명은 wild gourd(야생박) 혹은 prophet's cucumber(예언자의 외)라고 한다.

들외는 다년초로서 잎이 수박처럼 찢어져 있고, 덩굴로 땅에 기듯 자라며 노란 꽃이 핀다. 열매는 10cm 크기로 사과나 오렌지만 하며, 수박처럼 노랑과 녹색의 무늬가 있는, 단단하고 동그란 열매이다. 익으면 노랗게 되고 과육은 흰 색이며 스폰지(해면)같으나 맛은 몹시 쓰다.

이 열매에는 citrullin이 함유되어 있어서 심한 설사를 일으킨다. 많이 먹었을 때는 탈수가 심해져서 죽는 경우도 생긴다. 아마 엘리사의 제자들은, 그것이 무엇인지 잘 모르고, 메론으로 착각했는지도 모른다.

성지의 유명한 전설에는 이 들외(열왕기하 4 : 39~41)의 경험 때문에, 엘리사가 박을 닮은 외무리 열매를 싫어하여 심하게 짓밟아 버리면서 노여워했다는 이야기가 있다.

갈멜산 꼭대기에는, 예전에 메론이었던 것이 엘리사의 노여움을 사서 돌로 변해버렸다는, 자그맣고 동그란 돌들이 굴러다니는 들판이 있다고 한다.

삼 (아마)

아마는 성경에 '삼' 또는 '세마포'로 표현되어 있는 섬유식물로서, 인류의 역사가 시작되면서부터 이용된 가장 재배역사가 오랜 식물 중의 하나다.

그것은 스위스의 호서유적(湖棲遺跡)에서도 발견되었으며 BC 5000년 경의 고대이집트에서 벌써 재배했었다고 추정되고 있다. BC 3000~2500년 경에는 이집트에서 아마포로 미이라를 쌌던 것이 증명되고 있을 정도로 이용된 역사가 오래다.

아마는 지중해연안이 원산지로서 유럽의 대표적인 섬유식물이다. 삼(大麻cannabis sativa)은 중앙아시아가 원산지로서 동양권에서 더 많이 이용된 같은 섬유식물이지만 전연 별개의 식물이다.

삼은 아랍어로 kanb라 하고, 아마는 히브리어로 pishtah라고 하여, 성서학자들은 성경에 기록된 것은 삼이 아니고 아마를 지칭한 것이라고 단정짓고 있다.

그렇다면 우리의 개역성경에 삼으로 기록된 것은 오역(誤譯)에 속한다. 그것은 중국에서는 명주와 삼베가 직물의 주종을 이루고 있어서, 삼베처럼 줄기껍질의 섬유로 직물을 만들지만 삼베만큼은 질기지 못하므로, 삼베 다음간다는 뜻으로 '버금 아'(亞)자를 붙여서 '아마'(亞麻)라 했다고 한다. 우리말로 번역될 때, 삼처럼 줄기껍질의 섬유로 직물을 만드는 데에 쓰기 때문에 실물(實物)을 알지 못하다 보니, 익히 알고 있는 삼(大麻)으로 번역된 것 같다. 아마가 우리나라에 들어온 것은 성경이 번역된 훨씬 뒤인 1945년 일제 말엽이었다.

아마(Linum Usitatissimum L.)는 저온에서도 잘 자라는 저온식물인 1년초이다. 가는 줄기가 1미터 남짓 자라고, 줄기의 안쪽 껍질에 희고 질긴 섬유가 있다. 이것을 물에 담구어 발효시켜서, 고무질을 분리가 쉽게 만들어 다시 건조시킨 다음, 두둘겨 비벼서 섬유질만 남긴다. 그것을 실로 만들어서 구두나 가방, 돛대 등을 꿰메는 튼튼한 실로 쓰기도 하고 노끈·밧줄·등잔이나 양초의 심지로도 쓴다.

가장 중요한 것은 아마로 천을 짰는데, 이 천을 아마포(亞麻布)라고 한다. 아마포를 리넨(Linen)이라 하여, 유럽에서는 흔히 마포(麻布)로 불리운다. 아마의 섬유는 가늘면서도 길기 때문에 부푸레기가 일지 않으며, 언제나 표면이 매끄럽고 광택이 있다. 또 수분의 흡수가 잘 되고, 반면에 발산건조가 빨리 되기 때문에, 여름의 의류용으로 매우 귀중하게 생각했다. 항상 시원한 청량감을 주며 촉감도 좋아서 유아나 여성의 속옷감·셔츠·손수건·침대시트·테이블 카바 등에 즐겨 쓰인다. 중세 때는 유럽에서 귀중한 혼수감이었던 시절도 있었고, 결혼 후에도 재산목록에 오를 정도였다고 한다. 목화가 유럽에 소개된 뒤에도, 리넨은 유럽상류사회의 사치의 상징으로 여겨지고 있다.

아마의 섬유는 지폐를 만드는 양질의 리넨지를 만드는 데에 쓰인다. 내구력이 있어서 돛대 방수포·천막·팩킹·유화 캠버스 등에 쓰이고 섬유 부스러기는 벽재·여과제로 쓴다.

그런가 하면, 보라색의 꽃도 아름답다. 씨에는 40%의 건성유(乾性油)가 함유되어 있어서 아마인유(亞麻仁油)를 짜서 약용과 공업용(비누·페인트·유화물감·인쇄잉크)으로 쓰이는 유지작물이기도 하다. 기름짠 깻묵은 가축의 사료가 되고 줄기는 연료로 쓰인다.

그래서 아마의 학명은 라틴어의 실(絲)이라는 뜻의 Linea라는 말을 종명에 붙여주고 있다. 어느 것 하나 버릴 것이 없는, 신이 축복한 유용한 식물이다.

아마가 중요 작물이었음을 성경에서 찾아보면, 출애굽기 9 : 31에 모세가 바로에게 이스라엘 민족을 내보내라고 할 때에 불응하여 받은 7번째 재앙인 우박이 쏟아지는 대목이 있다. 보리는 이삭이 피고 아마(삼)는 꽃이 피어 있었으므로, 그것들이 결단났다는 구절에서 보듯이, 아마는 보리와 같은 시기에 가꾸는 중요한 작물이었음을 알 수 있다.

또 여호수아 2 : 6에, 기생 나합은 여리고를 살피러 온 이스라엘 정탐꾼을, 지붕 위에 널어놓은 아마줄기(삼대) 속에 숨겨 두었다는 것으로도, 그곳에서는 누구나 아마를 심어 섬유를 채취하여 천을 짰음을 말해 준다.

사사기 15 : 14에 삼손을 묶었던 밧줄도 아마밧줄이며, 이사야서 42 : 3

의 상한 갈대도 꺾지 않으시고 꺼져가는 등불도 끄지 않으신다는 등불의
심지도 아마섬유로 만들었다. 또 출애굽기에 나오는 성막이나, 에봇을 만
드는 데에 쓰인 삼실도 아마실을 지칭한다. 솔로몬왕은 애굽에서 아마실
을 수입해다가 썼다고 기록에 남기고 있다.

에스겔 44 : 17~18에는 레위 제사장의 성막제사 때에 입는 옷도 아마포
로 만들었는데, 성막 밖에 나갈 때는 성막에 벗어 걸어두고 나가게 하여
그 옷 때문에 성결케 될 것을 경계했다. 그렇다면 아마천(리넨)은 정결의
대명사인 것이다. (요한계시록 19 : 8, 19 : 14)

그 당시는 의류가 동물의 가죽이나 양털로 짠 모직물과 아마직물이었는
데, 동물성은 공기유통이 나빠서 땀내가 나고 따라서 해충이 번식하기
쉽다. 그러나 아마는 땀의 흡수발산이 잘 되므로 항상 청결할 수 있어서,
아마포 옷은 구별된 사람들의 의류였음을 말해주고 있다. 또한 세마포 옷

은 부자나 귀족의 옷감이었다. (창세기 41 : 42, 누가복음 16 : 19)

아마직물이 귀히 여김을 받은 것은, 재배기간이 90일로 짧은 장점이 있는 반면, 연작(連作)이 안 되는 난점이 있기 때문이다. 한번 심은 뒤 7년 만에야 다시 심을 수 있어서, 넓은 재배면적이 필요한 것도 문제이다. 그러다 보니, 아마에 털실을 섞어서 짜는 혼방(混紡)이 생겼다.

신명기 22 : 11에는 양털과 아마실을 섞어 짠 옷을 입어서는 안 된다고 했는데, B.C. 1000년 경에는 양털과 아마실을 섞어서 세마포(細麻布)를 짜는 것이 유행했으며 그 천으로 옷을 만들어 입었었다.

레위기 13 : 47~18, 52, 59에는 문둥병이 옮았을 때에는 양털옷·삼베옷(아마포옷) 양털실·아마실까지도 불태우라고 했다. 여기에서도 혼방을 엿볼 수 있다. 그 때 시작된 아마의 혼방에서 지금은 합성섬유와의 혼방도 흔하게 되었다.

그 정결의 상징인 세마포는 아리마대 요셉과 니고데모가 예수의 시체를 가져다가 유태인의 장례법대로 향품과 함께 세마포로 쌌다는, 그 세마포가 아마포이다(요한복음 19 : 40 마태복음 27 : 59 누가복음 23 : 53). 유태인이나 애급인이나 모두가 아마 세마포로 시체를 싸는 장례풍습이 있었음을 알 수 있다.

그 때 쌌던 세마포는 예수님의 부활 후에 무덤에 남겨져 있었는데, 그(요한복음 20 : 5, 7) 세마포를 X-ray로 비쳤을 때에 예수님의 형상이 배어 있었다 하여, 한때 떠들썩했던 적도 있다.

쥬톤족의 신화에 의하면, 아마를 수확하여 실을 뽑아서 천을 짜는 기술을 맨 처음 인간에게 가르쳐 준 것은, 땅의 여신 '훌다'(Hulda)였다 한다. 목동이 사슴을 쫓아서 빙하(동굴)에 들어갔다. 그 곳의 여왕 훌다는 그 방에 가득한 보석을 가리키며 원하는 대로 주겠다고 했고, 여왕 손에 들려 있던 파란 꽃다발을 보고 신기해서 그것을 달라고 하자, 이를 기특히 여긴 여왕이 그 풀의 재배법과 수확 직조법까지 일러주었다 한다. 그래서 그 목동 부부는 가르침을 받은 대로 하여 아마직물을 만들게 되었다는 것이다.

그런데 이 '훌다'는 1년에 2번 지상에 나타나서 인간들이 자기가 베푼 은혜를 충분히 받고 있나 없나를 살핀다는 것이다. 첫번째는 여름에 꽃이 필 때 나타나서 작황을 살펴보고, 다음에는 겨울에 나타나 수확과 방직에 정성을 다하는가 살펴서, 일을 게을리한다고 판단되면 그 벌로 다음해의 수확량을 감소시킨다는 것이다.

이것은 아마가 얼마나 중요했던가를 대변해 주고 있다. 그래서 게을리 하면 벌을 받는다는 암시적인 신화다. 그것을 두려워할 수밖에 없었던 것은, 연작하면 지력(地力)이 뒤따르지 못하게 되어서, 입고병(立枯病)이 만연하고 결국은 수확 전에 죽게 되기 때문이다. 이러한 과학적인 규명이 없었던 시절의 지혜를 말해주는 실화다.

아마는 한때 지금의 돈처럼 지불수단이 되기도 했다. 그처럼 중요하게 여겼기에, 남의 밭의 아마를 훔쳐서 싣고 가면, 동일량의 물건이나 같은 값의 속죄금 외에도 600데나리온의 벌금을 물리는 법령까지 있을 정도였다.

목화

목화에서 열매 속의 씨에 붙은 긴 털(綿毛)을 뜯은 것을 '솜'이라 하며, '솜'에서 실을 뽑아 천을 짠 것을 무명(綿布 : cotton)이라고 한다.

성경의 에스터 1 : 5~6에 보면, 아하수에로 왕은 자기의 부와 위엄을 자랑하려고 잔치를 180일 동안이나 베풀었다. 그리고도 수산성 백성을 위하여 왕궁 후원에서 7일 동안 잔치를 베풀려고, 백색과 녹색과 청색의 장막을 금과 은 고리로 장식하고 대리석 기둥에 매었다. 이 때 연회장을 만드는 데에 쓰인 흰 장막의 천이 무명이었다.

목화는 성서 초기시대에는 이스라엘 땅에는 없던 식물이다.

페루샤왕 아하수에로는, 그 당시 인도에서 이티오피아까지 127주나 다스리던 왕이었으므로(B. C. 486~465), 그의 궁전에 흰 무명 장막을 친 것은 이상할 게 없다.

목화는 재배역사가 오랜 섬유식물이다. 인도가 원산지인 아시아면이 B. C. 3000~2750년 경에 이미 인도에서 실용적으로 쓰였음을 파키스탄 인더스 계곡의 유적에서 발견된 무명의복 조각이 입증하고 있다.

육지면은 옛 인카나 아스텍문화가 발달했던 B. C. 4500년 경에 페루와 멕시코의 유물에서 발견됨으로써 역사가 오랜 구세계의 섬유식물임을 말해 주고 있다.

마케토니아 알렉산더대왕이 시리아와 이집트를 점령하고, 인도까지 침공하여 바벨론에 개선할 때, 함께 종군했던 사람들이 페르샤에서 목화를 처음 보았다. 이 때는 인도에서 목화가 페르샤에 전파되어 있었던 때였다. 알렉산더 대왕은 인도에서 목화를 B. C. 330년에 가져 갔었다.

목화를 히브리어로 Karpas라 한다. 이 것은 산스크리트어(梵語)의 목화를 의미하는 Karpasi에서 비롯된 것이다. 아마(亞麻)를 그리스어로 Karpasos, 라틴어로 Carpasus라고 하는 것도, 같은 어원을 갖고 있기 때문이다.

B. C. 450년 경, 그리스의 역사가인 헤로도투스는 '인도 사람들은 양털

같으면서도 더 가늘고 질이 좋은 털이 열매에 나는 식물을 갖고 있는데, 그 털을 가지고 의복을 만든다.'고 적고 있다. 히브리어에 '쩨메르 게펜' (tzemer-gefen)이란 말이 있는데, 이것은 '포도 양털'이라는 뜻으로 목화를 지칭한 말이다. 잎이 포도나무처럼 생겼고, 털은 흰 양털같다는 데에서 붙여진 말이다.

이집트에서도 B.C. 1세기 경에 재배했다. 이사야 19 : 9에 보면, 이집트의 멸망을 예언하는 대목에, '세마포를 만드는 자와 백목을 짜는 자들이 수치를 당할 것이며.'의 백목은, 백포(白布)이다. 영어 성경은 아마포라고 번역하고 있으나, 이것은 무명을 짜는 자라고 풀이되고 있다. 공동번역 성경에서 '실을 뽑아 천을 짜는 자'라고 번역한 것도, 목화에서 실을 뽑아서라고 해석할 수 있다. 아마(亞麻)는 줄기 껍질에서 섬유를 체취하지 실을 뽑지는 않는다.

고대 이집트에는 이집트면(木綿)이 있었다고 알려져 있어, 이 백포는 무명이라고 생각해 볼 수 있다.

목화의 학명은 Gossypium이다. 라틴의 옛이름 gossum에서 비롯된 것이다. 이것은 종기라는 말에서 유래했으며, 열매에 솜이 꽉 차서 종기처럼 부풀어 있기에 붙여진 이름이라 한다.

목화는 약 40종이 있다. 그런데 그 중에서 아시아면(G. herbaceum)과 육지면(G. hirsutum)이 재배의 주종을 이루고 있다.

아시아면은 높이 1m로 자라는 1년초이지만, 원산지에서는 2m로 자라는 다년초다. 잎은 호생하며 3~7갈래로 얕게 갈라지고, 꽃은 엽액의 긴 꽃대 끝에 크고 아름답게 핀다. 빛깔이 노랗고 중앙에 붉은 빛이 도는 부용 같은 꽃이다. 열매는 삭과(蒴果)로, 익으면 3~5개로 갈라져서 흰 털로 덮인 씨를 내보인다.

이 털이 솜이다. 실로 뽑아서 무명을 짠다. 씨에는 반건성유가 들어 있어서, 이것을 면실유라 한다. 샐러드유, 라-드 대용, 인조버터, 비누, 양초 등의 원료로 쓰인다. 면실유는 올리브유 대용으로도 쓰인다.

중국에서는 송나라 때에 목화의 무역이 이루어져 이용되었다 한다. 재배는 원나라 때부터라고 한다. 우리나라에는 고려 공민왕 12년에 문익점

이 가져 왔다. 그 이전에도 무명은 알려져 있었으나, 식물인 목화의 도입은 중국에서(원나라) 엄격히 종자유출을 금하고 있어서, 그 동안 도입되지 못했었다. 문익점이 좌정언(左正言)으로 있을 때, 이공수를 수행하는 서장관(書狀官)으로 원나라에 갔었다. 그런데 그 곳에서 덕흥군 사건의 연루자라는 혐의를 받아, 교지(월남)로 유배되었다. 3년 만에 유배생활을 마치고 돌아올 때, 그 곳에 있는 목화씨를 따서 붓대롱 속에 10알을 숨겼다. 그렇게 국경에서의 엄격한 검사를 무사히 통과하여, 우리나라로 들여오게 되었다. 그 목화씨를 장인인 정천익에게 5개를 나누어 주고, 자기도 고향에 5개를 심었다. 그러나 재배방법을 몰라서 모두 죽이고, 다행히 1개만을 살려 내었다. 그것이 우리나라 목화정착의 시초가 되었다. 정천익은 호승 홍원에게서 베 짜는 기술을 배워다가 전파시켰으며, 문익점의 손자인 문래(文來)는 방추차를 만들었이므로 그 이름을 따서 물래라 했다. 그리고 문영(文英)은 베 짜는 법을 창시하였다 하는데, 그래서 그천 이름을 무영베라 한 것이 나중에 무명이 되었다고 전한다.

고려말에 한때는 무명으로서 통화(通貨)를 삼은 적도 있었는데, 이것을 면포화(綿布貨)라고 했다. 단위는 35자가 1필이요, 50필이 1동(同)이다. 그런데 목화생산이 그리 활발하지 못하여 생산량은 1,000동에 불과했다. 그 당시 재상이던 윤파평과 상인 몇몇이 무명을 1,000여 동씩 축적했다가 큰 화를 당한 적도 있었다.

조선조에 와서 무명은 통화의 단위뿐만 아니라, 일본으로의 무역품이 되었다. 중종 이후에는 보포(保布)·신포(身布)·군포(軍布)라고 하여 신역(身役) 대신에 무명을 납입하는 법이 생겼으며, 세종 중엽부터 국폐(國幣)로 인정되었다. 이러다 보니, 부패한 관원들의 수탈 대상이 되기도 했다. 연산군 때에 놀이터를 만들기 위해, 성종 때에 만든 서총대(瑞葱台)를 헐고, 군민을 징발하고 면포를 징수했다. 그것이 너무 심해서 옷 속의 솜까지 꺼내에 베를 짜서 수납하게 하였으므로, 치수도 모자라고 색도 검은 조악한 무명이 생겼다. 이것을 서총대포(瑞葱臺布)라고 했다.

문익점은 고려 충신이었다. 하지만 조선조의 세종 임금은 그가 가져온 목화가 국민의 의복재료에 혁명을 일으켜서 국가에 큰 유익을 주었으므로, 그 공덕을 영구히 기념하기 위하여, 온백성으로 하여금 남녀 귀천없이 모두가 저고리의 윗깃에 동정(同情)을 달라고 명했다. 그것이 오늘날까지 전래되어, 한복저고리 흰 동정의 맵시가 되고 있다.

목화가 도입되기 전 까지의 국민의 의복재료는 상류층은 명주, 모시, 털(가죽)이고 서민층은 겨울에도 삼베 옷을 입으며 떨고 살았던 것이다.

겨자

'겨자'는 일명 '게자'라고도 한다. '무우'나 '배추' '갓' '유채' '양배추'와 함께 겨자과(十字花科)에 속해 있는 1~2년생 초본이다.

겨자라고 하면, 일반적으로 톡 쏘는 매운맛의 향신료로 널리 인식되어 있다.

그러나, 기독교인의 관념 속에서 겨자씨는 아주 작다(잘다)는 개념도 갖고 있다.

신약성경에 예수님이 하늘나라를 비유하시면서 "겨자씨 한 알과 같으니 땅에 심길 때에는 땅 위의 모든 씨보다 작은 것이로되 자란 후에는 나물보다 커서 나무가 되매 공중의 새가 와서 그 가지에 깃들이느니라."라고 말씀하셨다. (마태복음 13장 31~32절, 마가복음 4장 31절~32절, 누가복음 13장 9절)

겨자는 지중해 연안이 원산지로 재배식물 중에서 가장 역사가 오랜 것 중의 하나에 속한다. B.C. 1600년 경, 이집트의 파피루스 문서에 기록되어 있을 정도다.

겨자는 몇 가지 종류가 있는데, 성경에 나오는 겨자는 흑겨자(Brassica nigra L.)일 것이라고 말하고 있다. 겨자라는 식물은 나무가 아니라 1~2년생 풀(초본)이며, 줄기가 1~2m로 자라고, 꽃은 장다리나 유채꽃처럼 노랑색의 4장 꽃잎인 십자화(十字花)를 내보인다. 열매는 길이가 2cm쯤되는 꼬투리(莢果)로, 그 속에 지름이 1~2mm의 흑갈색 잘다란 씨가 들어있다.

겨자씨는 '시니그린'(Sinigrin), 효소인 '미로신'(myrosine), 그리고 37%의 지방유(脂肪油)를 함유하고 있다. 그래서 씨가 그대로 있을 때는 아무 향기나 매운맛이 없지만, 씨를 가루로 만들어 따뜻한 물을 부어두면, 효소인 '미로신'(myrosine)에 의해 가수분해(加水分解)가 되어, 약 1%의 휘발성 겨자기름이 유리되면서 특유한 향기와 매운맛이 생긴다. 이것을 흔히 겨자라 한다. 이 때 꿀이나 식초를 함께 넣고 개어서 5~10분쯤 두면, 효소활성이 활발해져서 매운맛이 더욱 강해진다.

그런데 성경에는 겨자를 나무라고 표현하고 있으며, 새가 깃들 만큼 튼튼한 것으로 적고 있어서, 겨자를 나무로 오해하기 쉽다. 그러나 분명히 겨자는 1~2년생 초본이다. 그렇지만 중동지역에서는 3~5m씩 자라서 사람이나 말의 키보다도 큰 것이 숲을 이루고 있는 곳도 있다고 한다. 또 원줄기가 사람의 팔뚝만큼 굵은 것이 있고, 1~2년생 식물이지만 줄기가 목질화(木質化)하여 나무처럼 된다. 새들이 씨를 따먹으러 와서는 집을 틀어도 그 무게를 넉넉히 감당할 수 있어서, 예수님께서 나무라고 말씀하셨다고 이해해야 옳다.

겨자씨가 진정으로 모든 씨 중에서 가장 작은 씨냐고 하면 그것은 아니다. 현재 세계에서 가장 작은 씨는 먼지 같은 '난'(蘭)의 씨로 알려져 있다. 그러나 예수님 당시에는 밭에서 재배하는 곡식이나 채소류의 씨 중에 겨자씨가 분명히 가장 작은 씨였을 것이다. 그래서 겨자씨 같은 믿음을 비유하신 마태복음 17장 20절과 누가복음 17장 6절에, "만일 믿음이 겨자씨만큼만 있으면 이 산을 명하여 여기서 저기로 옮기라 하여도 옮길 것이요, 또 너희가 못할 것이 없으리라."고 하셨다. 영어로 'mastard seed'(겨자씨)라 하면 '큰 발전의 가능성을 간직한 작은 일'이라는 뜻으로 비유된다고 하니, 앞의 성경 말씀을 잘도 인용했다고 하지 않을 수 없다.

겨자는 중요한 향신료일 뿐만 아니라, 고대 그리스나 로마시대부터 그 씨를 이용하는 약초로도 널리 알려졌다. 어린 잎은 괴혈병(壞血病)의 약으로 모든 사람이 인정하고 있었다. 그뿐만 아니라 기억력을 높여주고, 나른한 권태감을 없애주며 기력을 자극하여 회복시키는 데 특효가 있다.

고대 그리스에서는 씨에 꿀이나 기름을 섞어서 피임약으로 썼다고 하며, 반대로 최음제(催淫劑)로 쓴 적도 있다고 한다. 겨자씨를 증류하여 얻은 기름을 동상, 만성 류마티스, 산통(疝痛)에 약으로 썼으며 좌골신경통, 중풍, 관절염, 호흡기 계통의 치료제로 썼다. 지금도 씨를 가루로 만들어, 물이나 식초로 개어서 폐렴, 관절염, 신경통, 류마티스 등에 찜질약으로 붙이면 효과가 있다.

씨를 다린 물은 해독의 작용이 있어서 버섯의 중독이나 짐승에게 물린 독을 해독하는 데 쓰인다.

겨자에서 가장 나쁜 기억은 1차세계대전 때에 독일군이 벨지움에 사용한 '겨자깨스'(mustardgas)이다. 이것은 강렬한 자극성과 발포성(發泡性), 그리고 극심한 냄새(激臭)를 갖은 독깨스였다. 오늘날 말하는 생화학무기로 쓰여진 것이다.

영명의 mustard는 로마인이 이 씨를 잘게 빻아서 새 포도주의 부향제로 사용한 데서 비롯된 것인데, 라틴어의 mustum(must : 포도즙)+ardens (burning : 강열한 매운맛)의 합성어라 한다. 로마인이 색슨족에게 이용법을 전한 것이다.

17세기까지도 겨자는 향신료로 거래될 때에 꿀로 버무려서 동그랗게 뭉쳐서 상품화했다 하며, 사용할 때에는 식초로 개어서 썼다 한다. 그 당시에는 이것이 최고품이었다. 그런데 1720년에 어떤 여자가 가루로 만든 겨자를 런던에 팔러 와서, 죠지1세가 먹어 본 후부터 가루겨자가 쓰이게 되

었다고 한다. 지금은 캐나다가 세계에서 제일가는 겨자 생산국이며 기계화된 대규모 재배로 세계시장에 수출하고 있다.

시판되고 있는 겨자 가루나 연겨자(갠 것을 튜브에 넣은 것)가 그것이다. 겨자의 노란색은 '터메릭'(Turmeric : 울금)으로 착색하고 있다. 또 겨자는 모조 '와사비'(wasabi japonica)의 매운맛을 내는 데도 쓰인다. 현재 시판되는 '와사비' 가루는 '호—스라리쉬'라는 와사비와 흡사한 맛과 향이 있는 무우 같은 뿌리를 갈아서 엽록소로 착색하고, 와사비의 향미는 쉽게 날아가 버리므로 겨자로 매운맛을 낸 것이다.

중국에는 B. C. 1200년 경에 이미 널리 재배되었다고 하며, 중요한 작물이었는데 김치(沮)를 담그는 향신료로 쓰였다고 예기(禮記)에 적고 있다.

우리나라에는 중국을 통해서 들어왔다. 고추가 도입되기 전까지는 생강, 마늘, 산초와 함께 중요한 향신료였다. 지금은 겨자채나 냉면의 향신료인 겨자 정도로 남겨져 있지만 예전에는 겨자깎두기, 겨자선, 겨자즙, 겨자채 등 독특한 음식이 있었다.

겨자에 얽힌 재미있는 고사인 '춘추좌시전'(春秋左市傳)을 보면, B. C. 600년 경 춘추전국시대 소공(昭公) 25년에 계평자(季平子)와 후소백(后昭伯)이 이웃해서 살고 있었다 한다. 하루는 양가에서 닭싸움 시합을 했다. 이 때 계씨는 겨자가루를 닭머리에 장치해 두어서 상대편 닭이 달려들면 겨자가루가 날려서 눈이 멀게 하여 싸움에 지도록 만들었고, 후씨 쪽에서는 닭의 발톱에 철을 씌워서 상대편을 상하게 하도록 장치해 두었다. 이러한 규칙의 위반이 원인이 되어서 양가는 심하게 다투게 되었다. 이 때 후소백의 편을 들어서 옳다고 했던 소공은, 얼마 안 가서 나라에서 쫓겨나는 신세가 되었다는 고사의 기록도 있다.

이것 역시 독깨스 못지 않는 나쁜 이용법이었다고 할 수 있다.

겨자에는 흑겨자와 백겨자가 있는데, 흑겨자가 더 자극성이 강렬하다.

깟(고수풀)·운향

이스라엘 족속이 그 이름을 '만나'라 하였으며, 깟씨 같고도 희고, 맛은 꿀 섞은 과자 같았더라(출애굽기 16 : 31). 그리고 만나는 깟씨와 같고 모양은 진주와 같은 것이라(민수기 11 : 7).

여기에서 '깟'은, 모세가 출애굽한 이스라엘 족속(장정만 60만명)을 이끌고 40년 동안 광야길을 갈 때, 하나님께서 주신 기적의 양식인 만나(manna)를 설명하는 데에 인용된 식물이다.

깟은 히브리어 gad를 그대로 옮긴 것이다. 학명은 Coriandrum Sativum L.이라 하며, 영명은 Coriander라고 하는데, '차이니스 파슬리'라는 별명도 주어져 있는 '고수풀'을 말한다. Coriander라는 이름은 그리스어의 Koris, 즉 빈대를 뜻하고, annon은 '아니스'씨 같은 향기가 있다는 뜻이다. 고수풀의 잎이나 어린 열매에서는 빈대 냄새가 나고, 열매가 익으면 아니스 같은 좋은 향기가 나기 때문에 붙여진 이름이다.

고수풀 : 지중해 연안, 시리아 등지가 원산지로 알려진 미나리과에 속한 1년생 초본이다. 키는 30~60cm로 자라고, 가는 줄기에 잎이 두 가닥으로 갈라지듯 더부룩하게 무더기로 나며, 잎이 잘게 찢어져 있어서 흡사 미나리를 작게 한 듯하다.

꽃은 여름에 흰색~연분홍색의 잔꽃이 줄기끝에 산형화서로 핀다. 꽃이 진 후에 3~5mm 크기의 동그란 열매가 맺힌다. 처음에는 초록빛이지만, 익으면 연한 황갈색~회색이 된다. 흡사 진주 같은 모양을 하고 있어서, 성경의 표현과 일치한다. 열매 속에 씨가 2개 맞붙어서 들어 있는데, 잘 부서지지 않는다. 이 열매에는 1%의 정유가 함유되어 있으며, 주성분은 리나롤(linalol)이 70%를 차지한다. 또 지방유도 함유되어 있다. 주성분은 53%의 '페트로세릭 산'(petroselic acid)이다.

고수풀의 잎, 줄기, 덜 익은 열매는 빈대 냄새가 나서 역하다. 하지만 익은 열매는 달콤하고, 톡 쏘는 매운 맛의 아주 향기로운 풍미를 지녔다.

따라서 이 방향성 때문에 가루로 만든 것을, 카레가루에 섞으면 향이 더욱 뛰어나서 즐겨 쓰인다. 소시지, 비스킷, 쿠키, 스프 등의 향미료로도 이용된다. 씨에서 뽑은 정유는 향수, 캔디, 빵제품, 육류제품, 릭큘이나 진 같은 주류의 부향제로도 쓰며, 오이의 피클에도 뺄 수 없는 부향제이다.

고수풀 씨는, 후추가 유럽에 전해지기 전까지는, 중요한 향신료(조미료)였다.

씨에는 건위소화, 구풍(驅風), 진해, 거담의 약효가 있기 때문에 약초로서도 중요하게 생각했다.

중세에는 미약(媚藥)이나 최음제(催淫劑)로도 이용했다. 아라비안나이트에도 사랑의 묘약으로 등장한다.

중국에서는 한나라 때 장건이 서역(이란)에서 씨를 가져왔다고 전해지

고수풀

고 있다. 한방에서 호유실(胡荽實)이라 하여 건위, 구풍, 진해제로 약용
한다. 옛날에는 이 씨를 먹으면 늙지도 않고 죽지도 않는다는 전설도 있었
으며, 입을 향기롭게 한다고 했다.

‘프리니’는 가장 좋은 고수풀이 이집트에서 난다고 적고 있는데, 고대
이집트에서 의약품으로 또는 향신료로 널리 이용했음을 알 수 있다. 즉,
출애굽기의 ‘만나’의 설명에 깟(한국어, 고수풀)을 인용할 수 있었던 것
은, 이 식물을 잘 알고 있다는 것을 말해 주고 있다.

고대 그리스나 로마에서도 가장 흔하게 쓰인 의약품의 하나였는데, ‘히
포크라테스’도 그 약효를 칭찬하고 있다. 깟의 씨는 탄수화물의 소화작용
이 뛰어나므로, 고대 로마 때부터 빵이나 케익을 구울 때에 함께 넣고 구
웠다. 또 복통의 치료제로도 썼으며, 빻아서 가루로 만든 씨의 향을 들이
마시면(흡입) 현기증이 고쳐진다고 했다. 강장효과가 뛰어나 유럽에서는
차나 스프를 만들어 병후의 환자에게 마시게 하고 있다.

이집트에서는 3000년 전부터, 묘에 ‘깟’의 가지를 시체와 함께 묻는 풍
습이 있는데, 이것은 고인의 저승길 여정을 지키는 부적의 뜻이 있다는 것
이다.

16세기에 스페인 정복자들이 라틴아메리카에 전했고, 미국에는 영국의
이주민이 전했으며, 인도와 중국에는 실크로드를 따라서 퍼졌다. 전세계
에서 가장 많이 쓰이는 향신료의 하나이며, 향신료 중에서도 가장 향기롭
고 달콤한 향신료의 하나가 된다.

멕시코나 페루에서도 고추와 함께 뺄 수 없는 향신료이고, 남미에서는
모든 요리에 넣을 정도로 즐긴다. 인도, 동남아, 아랍 등지에서는 잎을 육
류요리나 생선요리의 냄새를 없애고 맛을(매운맛) 내는 데 이용한다. 중
국에서는 잎을 향채(香菜)라 이름하여, 죽에 약미(藥味)로서 빠뜨리지 않
고 넣는다. 인도에서는 카레에, 태국에서는 수프에 향신료로 쓰고 있다.
그러나 우리나라에서는 빈대 냄새가 나기 때문에 역겨워서 즐겨 쓰지 않
으므로, 씨도 이용할 줄 모르고 있다. 그러나 유럽에서는 씨를 널리 이용
한다. 씨를 빻아서 생선, 고기류의 요리에 후추처럼 사용한다.

일본에서는 이 식물의 포르투갈 이름인 Coentro를 그대로 따서 ‘고앤도

로'라 한다.

깟은 생김새와 크기 때문에 '만나'의 설명에 인용되는 영광을 얻었지만, 성지에서는 어디에서나 흔히 볼 수 있는 재배식물이며, 탈무드에도 그 이름이 자주 나올 만큼 유태인이나 아랍인들에게는 귀중한 식물이다.

운향(芸香) : "화 있을진저 너희 바리새인이여. 너희가 박하와 운향과 모든 채소의 십일조를 드리되 공의와 하나님께 대한 사랑은 버리는도다. 그러나 이것도 행하고 저것도 버리지 아니하여야 할지니라."(누가복음 11 : 42).

운향은 성경에 단 한번 바리새인들의 외식하는 것을 꾸짖으시는 대목에 인용된, 채소류의 십일조로 드리는 식물로 기록되어 있다.

운향은 포기 전체에서 코를 감싸고 싶을 정도로 이상하고 독한 향이 난다. 지중해 연안과 남부유럽이 원산지인, 다년생 초본이다. 학명은 Ruta graveolens L.이라 하는데, 그리스어의 reuo, 즉 '자유롭게 한다.' 또는 '해방한다.' ruesthai '구한다.' 등의 뜻이다. 약효가 뛰어난 유명한 약초인 데서 비롯된 이름이다. 종명 graveolens는 강한 향기가 있다는 뜻이다. gravis '강한' olens '향기'의 합성어로 전체에서 독특한 향기가 있기 때문이다. 영명은 Rue(Common Rue)라 하며, 운향(芸香)은 중국명으로, 우리는 중국명을 그대로 쓰고 있다.

운향은 1m 크기로 자라며 줄기가 튼튼하다. 원산지에서는 밑둥이 목질화하여 관목처럼 되며 덤불을 형성한다. 잎은 호생하며 2회 우상복엽이다. 잔잎은 장타원형으로 청록색인데 유점(油点)으로 덮여 있다.

꽃은 6~7월에 가지 끝에 집산화서로 노란 꽃이 핀다. 꽃잎은 4~5장이며 꽃잎의 가장자리에 1cm길이의 술이 달려 있다. 중심부는 녹색이어서 묘한 모양의 꽃이다. 열매는 잘다란 삭과(蒴果)로, 속에 검은 씨가 들어 있다. 포기전체에 0.06%의 정유 및 후라본 배당체 '루틴'(Rutin)을 함유하고 있어서, 강한 냄새(향기)와 쓴맛을 지닌다. 현대의학에서는 루틴을 추출하여, 제2차 세계대전 중에, 고혈압의 치료제로 썼다. 히스테리 같은 신경질환, 복통, 기침, 류마티스 등에 달여서 먹기도 했다.

많은 양은 해로우므로, 함부로 사용하는 것은 금물이다. 다만 방충효과가 뛰어나기에 꽃다발로 묶어서 문 위에 걸어 놓으면 파리를 막을 수 있고, 책갈피에 넣어 두면 좀이 쓸지 않는다. 옛날에는 이나 벼룩을 없애는 데도 사용했던, 중요한 방충제다.

 운향은, 고대 로마에서는 '은총의 풀'(Herb of grace)이라는 별명도 갖고 있는데, 주일날 교회에서 사제가 운향의 줄기로 성수(Holy water)를 뿌리는 관습이 있었기 때문이다. 그러나 옛날부터 그 강한 향기가 마취제, 자극제로 쓰였다. 다분히 벽사의 주술적인 의미가 강했던 식물이다.

운향은 그 불유쾌한 냄새(향기)로 해서 모든 액(厄)을 물리치는 신통한 마력이 있다고 믿었으며, 마녀의 저주를 물리치는 향초로까지 알려져 있다. 그리스 신화에는 '메르큐리'(Mercury)가 '유리시스'(Ulysses)에게, 마녀 '커루케'(Circe)의 저주(마술)를 물리칠 수 있는 풀이라 하며, 운향을 건네주어 그것을 먹고 마법을 풀어서 자기 부하들을 구했다는 이야기이다. 그래서인지 고대 그리스인이나 로마인들은 벽사의 부적으로 운향을 중요하게 생각했다. 집의 마룻바닥에 문질러 두면 그 냄새(향기) 때문에 악마(마녀)를 물리칠 수 있고, 문이나 처마 끝에 걸어 놓으면 악마나 병마의 침입을 막을 수 있다고 믿었다.

또, '파세리'와 함께 둥글게 틀어서, 몸에 지니고 다니는 부적으로 삼았다 한다. 그 마력을 믿는 위력은 대단해서, 지금도 이탈리아의 어떤 지방 사람들은 작은 주머니에 운향을 담아 가지고 부적으로 몸에 지니고 다닌다고 한다. 마귀도 피해 간다고 믿은 민속이 발전하여, 처녀가 이것을 지니면 귀찮게 쫓아다니는 남자를 피할 수 있다고 전해져서 애용되기도 했다.

14세기까지만 해도 운향은 만능약이라 했다 한다. 약효는 아침에 딴 것이라야 효력이 있고, 정오가 넘어서 따면 오히려 독초가 된다고까지 했다.

운향의 약효에는 미신적인 것이 많았다. 구충, 통경, 홍분제로서의 효능이 있지만 옛날에는 시력회복의 특효약이라 했다. 그리고 독이 있는 짐승에 물린 상처나 독버섯, 부자(附子)같은 것의 해독제로서 존중했다.

'프리니'(pliny)는 쪽제비가 이것을 먹고 독사뱀의 해독(害毒)에서 면역을 얻는다고 했다. 또 벌에 쏘였을 때, 잎의 즙액을 바르면 독을 중화할 수 있다고 믿었다.

옛날에는 해독제뿐만 아니라, 경련이나 경기에 잎을 달여서 차로 마시면 낫는다고 했고, 양쪽 손목과 양쪽 발목에 운향의 잎을 감아 놓아서 마귀의 장난을 물리치려고 했다고 한다.

16~17세기 유럽에 페스트가 대유행을 했는데, 일반 가정이나 법정에도 마력이 있고, 살균력이 강한 운향의 잎을 뿌려서 병의 전염을 막으려고 했다. 운향은 전염병균을 막는 효능이 있다 하여 순회재판의 판사는 항상

운향을 휴대하고 다니며 죄수에게서 전염병이 옮을 것을 예방했다고
한다.

영국의 올드베이리에 있는 중앙형사재판소의 피고석에 운향이 뿌려져
있었다. 이 풍습은 전염병이 유행한 1750년 이후부터라 한다. 지금도 판사
에게 운향과 향기로운 향초를 꽃다발로 선물하는 것은 그 이유에서 비롯
된 것이다.

마르세이유에서 전염병이 유행했을 때, 네 명의 도둑이 살균력이 있는
향료식물을 섞어서 만든 비네갈(향료식초)을 몸에 칠하고 환자집에서 도
둑질을 했는데, 전염되지 않았다고 한다. 그 후, 이 식초를 '4인의 도둑식
초'라 하여 유명했다. 그 식초의 재료 중에 운향도 포함된다.(세이지, 타
임, 로즈마리, 라벤다 등)

운향의 뿌리는 적색 염료로 쓰인다.

성서에 십일조로 드리는 식물이라고 명시하고 있지만, 그 용도는 알려
져 있지 않으므로, 약효나 마력적인 신통력 때문인지는 알 길이 없다. 현
재는 향신료로서 중요하게 생각되고 있다.

몰약 (沒藥)

몰약은 유향과 함께 성경에 등장하는 중요하고 귀한 향료의 하나다.

몰약의 귀중한 가치를 말해 주는 것으로, 마태복음 2 : 11에 '동방박사 세 사람이 귀한 예물을 가지고 별을 따라 아기예수님이 계신 곳에 이르러 엎드려 경배하고 보배함을 열어서 황금과 유향과 몰약을 예물로 드렸다고 한 것'으로 알 수 있다.

또, 출애굽기 30 : 23에 "여호와께서 모세에게 일러 가라사대 너는 상등 향품을 취하되 액체 몰약 500세겔과 그 반수의 향기로운 육계 250세겔과 향기로운 창포(향초) 250세겔과 계피 500세겔을 성소의 세겔대로 하고 올리브유 1힌을 취하여 그것으로 거룩한 관유를 만들되 향을 제조하는 법대로 향기름을 만들찌니 그것이 거룩한 관유(灌油)가 될찌라."라고 했다. 이 기름은 성별(聖別)하는 기름으로서 회막과 증거궤 등 성소와 기물들을 성결케 하는 데 쓰일 뿐 아니라, 아론과 그 아들들에게 모세가 기름을 발라 거룩하게 하고(성별) 제사장 직분을 행하게 할 때에도 쓰였다. 단 일반 백성이 사용하면 죽는다고 경고하고 있는, 아주 귀한 것이었음을 알 수 있는데, 오래도록 종교의식에 쓰였다.

몰약이란 어떤 식물인가?

학명을 Commiphora abyssinica ENGL이라 하고, 영명은 myrrh, 히브리명은 mor, 그리스명은 murra라 한다. 어원은 아랍어의 mur, 즉 '몹시 쓰다'는 뜻에서 비롯된 것이라 한다. 이 식물은 아라비아, 이디오피아, 소말리아 등 동부아프리카 해안이 원산지로서, 대개는 암석지대나 석회암의 구릉지대에서 자라는 관목(灌木)이다. 굵고 단단한 가지와 가시가 있으며 잎은 3장이 복엽(複葉)을 이루며 열매는 계란꼴인 타원형으로 자두처럼 생겼다.

목재와 수피(樹皮)에 강렬한 향기가 있다. 자연적으로 줄기나 가지에서 기름기 있는 고무 같은 수액(樹液) 방울이 분비된다. 이 수액은 처음에는 말랑하고 흰 색이지만, 땅으로 떨어지면 노랑빛을 띤 갈색으로 변하며 굳어져서 나무진이 된다.

이 나무진을 수집한 것이 상품의 몰약인데, 그 맛이 쓰고 톡 쏘는 자극성이 있으며 향이 매우 짙다. 그래서 쓰다는 뜻의 이름이 생겨났다는 것이다.

마태복음 27 : 34과 마가복음 15 : 23에는 '예수님을 십자가에 못박고자 골고다로 끌고가서 몰약을 탄 포도주를 드렸으나 드시지 않으셨다.'는 기록이 있는데, 마태복음에서는 그 맛이 얼마나 쓴가 하는 것을 쓸개 탄 포도주로 표현하고 있다.

몰약은 뜨겁게 하거나 태우면 강렬한 향기를 풍긴다. 이 향기는 악취를 제거해 주며, 진통과 방부(防腐)의 약리작용이 있다고 해서, 옛부터 수렴성 강장제로 사용했다.

예수님이 그 몰약을 탄 포도주를 드셨더라면 진통작용이 있으므로 그 고통을 조금이라도 잊으실 수 있으셨을 텐데, '내 뜻대로 마옵시고 아버지(하나님)의 뜻'을 따라, 우리 인류의 고통을 담당해 주셨던 것을 생각하면 송구스럽고 감사할 뿐이다.

몰약의 향기는 청정제(淸淨劑)로서도 귀중하게 여겼으며 많은 사랑을 받았음을, 다윗왕이나 솔로몬왕을 통해서 알 수 있다.

잠언 7 : 17에 "내 침상에는 화문 요와 애굽의 문채 있는 이불을 폈고 몰약과 침향과 계피를 뿌렸노라." 또 아가서 1 : 13에 "나의 사랑하는 자는 내 품 가운데 몰약 향낭이요." 아가서 3 : 6에는 "연기 기둥과도 같고 몰약과 유향과 장사(商人)의 여러 가지 향품으로 향기롭게도 하고 거친 들에서 오는 자가 누구인고 이는 솔로몬의 연이라." 또 아가서 4 : 6에는 "날이 기울고 그림자가 갈 때에 내가 몰약 산과 유향의 작은 산으로 가리라." 시편 45 : 8에는 "왕이 정의를 사랑하고 악을 미워하시니 왕의 하나님이 즐거움의 기름으로 왕에게 부어(관유) 왕의 동류보다 승하게 하셨나이다. 왕의 모든 옷은 몰약과 침향과 육계의 향기가 있다."고 했다.

몰약은, 자연적으로 수액이 분비되지만 인공적으로 줄기에 상처를 내면 수액의 분비가 증가되므로, 많은 양을 수확하기 위하여 일부러 상처를 냈다고 한다.

즉, 이것은 값 비싼 몰약은 귀한 상품이었기 때문이다. (무역품)

지금의 소말리아는 옛날의 '시바'지방으로서 몰약과 유향의 주산지
였다.

몰약은 유태인만 종교의식에 쓴 것이 아니라, 고대 애굽인도 사원에서
훈제로 피웠고, 태양신의 제단에 매일 정오에 피웠던 향이었다고 한다. 또
죽은 시체의 방부보존에도 사용했는데, 미이라를 만들 때에 사용한 향품
이라 한다.

유태인도 몰약을 시체 방부보존에 사용했음을 알 수 있다. 요한복음 19
：39에서 '니고데모가 몰약과 침향 섞은 것을 100근쯤 가지고 와서 예수의
시체를 가져다가 유태인의 장례법대로 그 향품과 함께 세마포로 쌌더라. '
고 한 것으로, 몰약의 방부제 역할을 입증하고 있다.

값 비싼 수입품이었던 몰약은 향료뿐만 아니라, 치료와 향수(화장품)로도 높이 평가받았다. 고대의 그리스인이나 고대 로마인도 유태인 못지 않게 많이 애용했으며, 고대 페루샤(이란)의 역대 왕은 왕관 속에 몰약을 넣어 가지고 있었다고도 한다.(자극성 강장제로서)

에스더 2 : 12에는, 에스더가 아하수에로왕에게 나아가기 전에 여자에 대하여 정한 규례대로 여섯 달은 몰약 기름을 쓰고 여섯 달은 향품과 여자에게 쓰는 다른 물품을 써서 12개월 동안 몸을 정결하게 하는 기한이 있었던 것으로 미루어, 몸을 정결하게 하는 화장품이었음도 아울러 알 수 있다.

몰약이 생겨난 데에 대한 옛 신화가 있다. 앗시리아왕의 딸 myrrha는 아폴로디테를 경배하라는 것을 거절한 죄로 신들의 노여움을 사서 징벌로서 아버지와의 근친상간을 강요당했다. 아버지 왕은 자기의 불륜을 알고 딸을 미워하여 내쫓아 버렸다. 그 딸은 불모지 사막에서 죽을 지경이 되자, 신들에게 눈물로 애원하게 되었다. 신들은 그 참회를 받아들여 그녀를 몰약나무로 만들어 주었다고 한다. 그 후 몰약나무에서는 그 딸이 뉘우쳐 흘리는 참회의 눈물이 유액 방울로 되어 흐르게 되었다고 전하며, 그래서 향기를 풍긴다는 것이다.

영국에서는 죠지3세의 통치시대(1760~1820)까지 몰약이 유향과 함께 왕실의 예배당에서 의식 때에 피운 향의 하나로 사용되었다고 하니, 몰약은 옛부터 근세까지 의식에 귀하게 쓰인 향료의 자리를 지켜 가고 있는 것이다.

창세기33 : 25에 "한 떼의 이스마엘 족속이 길르앗에서 오는데 그 약대 등에 향품과 유향과 몰약을 싣고 애굽으로 내려가는지라."라고 하였고, 창세기43 : 11에 "이땅의 아름다운 소산을 그릇에 담아가지고 내려가서 그 사람에게 예물로 삼을지니."라고 하였다. 이들 대목의 가장 귀한 그 지방의 소산물 중에 끼여 있는 몰약은 어떤 것일까?

성경 여러 곳에 몰약이 나오는데 이것은 myrrh, 즉 히브리어 mor를 말한다. 아라비아, 이티오피아, 소말리아 등지가 원산지인 향료(수지)로서 이스라엘에서는 나지 않는 귀하고 값비싼 수입품 향료다.

그런데 위에 열거한 몰약이라고 번역된 lot는 팔레스틴, 시라아산으로서 이스마엘 족속이 길르앗에서 애굽으로 팔러 가는(수출) 상품이다. 야곱이 아들들을 구하려고 잃어버린 아들인 요셉이 애굽총리가 된 줄도 모르는 채, 그에게 자기 지방 최고의 진귀한 소산물을 진상품(예물)으로 보냈는데, 이 때의 몰약도 진짜 몰약이 아니라 lot라는 것이다.(성서학자들의 주장이다.)

히브리어 lot는, 지중해 연안 특히 갈맬산에 많이 자라고 있는, 반일화 (半日花)과에 속한 rock Rose(cistus villosus L.)의 잎에서 분비되는 끈적거리는 나무진의 향료를 말한다.

이 나무진을 라틴어로 Ladanum이라 한다. 앗시리아어 ladanu에서 비롯된 것으로, 북아프리카에서는 이 나무진을 latai라 하는데서 어원을 찾고 있다.

반일화라고 한 것은, 꽃이 아침에 피었다가 몇 시간이 지나면 곧 시들어 버리기 때문에, 반나절밖에 피지 못한다 하여 붙여진 것이다. 이 식물은 석회암지대의 주로 암석지대에 스스로 나며, 꽃이 장미(들장미)꽃과 같아서 영명을 Rock Rose라고 한다. 그러나 일반적으로는 라틴명인 Ladanum 으로 통용된다.

반일화속에 반일향 나무진(lot)을 채취하는 것이 몇 종 있는데, 핑크색 꽃이 피는 C. Creticus (C. incanus)는 높이 30~50cm의 작은떨기나무로, 지름 4.5~6cm의 주름이 많은 5꽃잎이 핀다. C. Salviifolius L.는 높이 70 ~100cm의 관목으로서, 특히 석회질 땅에서 잘 자라며 꽃은 흰 빛인 점이 다르다.

공통점은 줄기가 더부룩하게 무더기로 나서, 들어갈 수 없을 정도로 꽉 찬다는 것이다. 잎에 거친 털이 있다. 봄에서 여름에 걸쳐, 잎이나 어린가지에서 분비되는 끈적끈적한 점액질의 나무진을, 가죽으로 만든 갈퀴 모양을 한 도구를 이용하여 수집한다. 이 나무진은 뜨거운 햇볕 아래에서는 말랑말랑하게 되므로, 사이프러스섬의 양치기들은 이 잎을 양들이 뜯어 먹게 하여, 이 때 양의 털이나 수염에 붙은 나무진을 빗질하여 채집하기도 한다. 긴 털과 거친 털이 잎에 섞여 나는 털복숭이 식물이다.

반일화 나무진은 발삼(Balsam : 향유) 같은 짙은 향기와 쓴맛이 있다. 이 나무진을 옛날에는 자극제, 거담제, 장염 등에 쓰는 유용한 약제이기도 했다. 그러나 지금은 주로 향료로 쓰인다.

반일화는 꽃의 수명이 짧지만, 매일 새롭게 많은 꽃이 계속해서 피므로, 지금은 관상용으로 개량하여 유럽에서 널리 가꾸어지고 있다.

유향

기독교인은 12월만 되면 예수 그리스도의 탄생을 축하하는 성탄절의 기쁨에 가슴이 설레인다.

동방박사 세 사람이 귀한 예물 가지고 별을 따라서 아기 예수님이 계신 곳에 이르러, 엎드려 경배하고 보배함을 열어서 황금과 유향과 몰약의 세 가지 귀한 예물을 드렸다는, 마태복음 2 : 11의 기록처럼 가장 귀한 분께 가장 귀한 예물로 드렸던 유향은 성경에 20여 회나 등장하는 귀한 향료이다.

같은 향료로서 몰약은 방부제로 장례에도 쓰였지만, 유향은 여호와가 기뻐하시는 향기로운 제물로서 주로 제사의식의 분향제로서 화제나 소제에 쓰이는 거룩한 향료였다.(레위기 2 : 1, 2, 15, 16)

레위기 5 : 11에는 속죄제로도 쓰이고, 24 : 7에는 안식일에 드리는 이스라엘 자손을 위한 영원한 언약의 떡 위에 정결한 유향을 두어 기념물로 삼았으며, 출애굽기 30 : 34~35에는 여호와의 회막안 증거궤 앞에 두는 지극히 거룩한 가루향을 만들 때에 다른 향품들과 유향을 동량(同量)으로 섞어 만들어서 그 향기를 가장 거룩한 것으로 다루었다.

사사로이 이 향을 즐기려고 만드는 자는, 그 백성 중에서 끊겨진다고 엄히 경고할 정도로 귀중하게 여겼다. 또 유향은 죄악을 생각하게 하는 의심의 소제에는 쓰지 못하게 하여, 그 거룩함을 말해 주고 있다.(민수기 5 : 15)

그 밖에도 유향은 성소에 쓰는 기물이나 소제물들과 함께 귀중한 보물처럼 다루어지고 있다.(역대상 9 : 29, 느헤미야 13 : 5, 9, 아가 4 : 14, 이사야 60 : 6, 요한계시록 18 : 13 등)

이토록 귀한 유향은 이스라엘에서는 나지 않는 것으로서, 주로 무역에 의해 값비싼 상품으로 조달하고 있다.(아가 3 : 6, 이사야 43 : 23, 에스겔 27 : 17, 창세기 37 : 25~28)

값비싼 귀한 유향은 선물이나 진상품이 되기도 했다. 창세기 43 : 11에 이스라엘이 요셉에게 보내는 선물에 포함되어 있고, 예레미야 6 : 20에는 시바에서 유향을 가져오고 있으며, 열왕기상 10장에는 시바의 여왕이 솔로몬왕의 총명함을 듣고 그를 만나러 올 때에 많은 향료를 바쳤다고 한다. 그 시바 지방은 지금의 소말리아 지방으로서 유향과 몰약의 주산지이다.

이토록 귀한 유향은 대체 무엇일까?

유향(乳香)은 학명을 Boswellia Carteii Birew라고 하고, 영명은 Bible Frankencense, 히브리명은 lebonah로서 남아라비아, 동부아프리카, 소말리아, 인도 등에 자생하는 감람나무과의 상록 소교목인 유향수(乳香樹)의 가지나 줄기에서 분비되는 방향(芳香) 고무수지(樹脂)를 말하는 것이다.

이 나무는 키가 3~10m로 자란다. 줄기 껍질은 단단하며, 잎은 8~10쌍의 잔 잎으로 된 기수우상으로, 흡사 마가목 잎 같다. 꽃은 분홍색의 별 같은 잔 꽃이 총상화서(總狀花序)로 핀다. 줄기나 가지에서 자연분비 되는 액(液)은 고무처럼 말랑하고 투명하며 동그랗게 방울이 진다. 이 액이 공기에 닿으면 굳어져서 광택이 나며, 마찰하면 가루가 나와서 백색 반투명체가 된다.

유향의 색깔은 흰색, 황색, 황갈색 등이며 백색유향이 가장 좋은 것으로 손꼽힌다. 줄기에서 유백색의 액이 나오는 모양이, 젖(乳)과 같다 하여 유향(乳香)이라는 이름이 붙여졌다.

유향은 맛이 쓰며 분향료로 태우면 검은 연기를 낸다. 처음에는 향기가 엷으나 나중에는 흰 연기가 나면서 아주 향기로운 짙은 향기를 풍긴다.

유향의 수지에는 휘발성 정유(精油)가 함유되어 있다. 그 성분에 기분을 온화하게 진정시키는 작용이 있으므로, 향기요법의 치료 목적으로도 쓰이는데, 이 향기를 흡입하면 고요하고 안정된 침착한 상태가 된다.

예레미야 8 : 22에는 "길르앗에는 유향이 있지 아니한가. 그 곳에는 의사가 있지 아니한가. 딸 내 백성이 치료를 받지 못함은 어찜인고."라고 기록하고 있다. 성서적인 해석이 아니고도 옛날부터 치료제로도 쓰였음을 알 수 있다. (창세기 37 : 25에 한 떼의 이스마엘 족속이 길르앗에서 오는데, 그 약대들에게 향품과 유향과 몰약을 싣고 애굽으로 내려가는, 그들에게 요셉을 팔았다는 그 길르앗이다.)

현대에 와서는, 목욕재로서 목욕물에 유향유(油)를 다섯 방울쯤 떨군 다음, 10분쯤 몸을 푹 담그고 나오면, 심신의 피로가 말끔히 걷히고 평안함을 얻을 수 있어서 즐겨 쓰인다. 이밖에 향료로도 높이 평가되고 있다.

유향수는 자연 분비되는 유향 외에, 수확량을 증가시키려고 나무 줄기에 상처를 내면 분비액이 많아지므로 이렇게 하여 채집한다.

유향은 몰약과 함께 이스라엘 백성뿐만 아니라, 이집트에서도 옛날부터 귀히 쓰인 향료로도 값비싼 무역품이었다.

유향은 오늘날 로마 정교회의 의식에서 향료로 쓰고 있다.

지중해 연안 및 남유럽에 자생하는 '야곱의 유향'이라 하는 pistacia lentiscus L은 영명을 Mastick이라 하며 1~3m로 자라는 옻나무과에 속한 상록의 관목이다. 가지에 상처를 내면 테레핀질의 고무 같은 수액이 분비되는데, 황백색의 반투명 방울로 향기로워서, 이 수지를 유향이라고도 한다. 이것은 길르앗에도 나므로 창세기 43 : 11에 이스라엘(야곱)이 요셉에게 보내는 그곳에 나는 중요한 산물로서 선물목록에 포함되어 있다.

중국에서는 이것을 양유향(洋乳香)이라 하며, 수렴작용이 있어서 의약품 및 향료로 이용된다. 옛날 사람들은 이나 잇몸을 튼튼하게 해 준다고 높이 평가하여, 지금의 껌처럼 씹었다고 한다.

육계(시나몬)·계피(카시아)

시나몬 : 계피(桂皮)는 우리에게 한약재나 향신료로 무척 친숙하지만 육계(肉桂)라는 말은 생소하다.

그러나 이들 둘은 조금씩 차이점은 있으나, 흔히 계피라는 말로 통용하고 있어서, 성경에 '육계'라는 대목이 무엇을 지칭한 것인지 어리둥절하게 된다.

더욱이 중국어 성경(한자성경)과 개역한글 성경을 비교해 보면, 에스겔 27 : 19에 통상무역품 중의 하나로 향료로서의 육계를 들고 있는데, 중국 성경은 이것을 계피로 기록하고 있다. 계시록 18 : 13에도 역시 값비싼 무역상품으로서 계피를 들고 있는데, 육계와 계피는 녹나무과에 함께 속해 있는 혼돈을 빚기 쉬운 비슷한 식물이다.

그러나 성경은 분명히 이들 둘이 다른 것임을 출애굽기 30 : 22~24에서 말해 주고 있다. 하나님이 모세에게 성별(聖別)하는 기름인 관유를 만드는 재료로 액체몰약 500세겔과 그 반수의 향기로운 육계 250세겔, 향기로운 창포 250세겔, 계피 500세겔을 성소의 세겔대로 하고 감람유(올리브유) 1힌을 취하였다. 그것으로 관유를 만들어 회막과 증거궤와 성소의 모든 기명에 발라서 거룩하게 하고, 아론과 그 아들들에게 그 기름을 발라 거룩하게 하여, 제사장의 직분을 행하게 했던 아주 귀한 향품의 하나다.

그렇다면 육계와 계피는 어떤 차이가 있을까? 성경에서 육계는 다른 향품의 절반의 분량을 쓰도록 할 만큼 향기로운 것이 특색이다.

그런데 육계와 계피가 혼돈된 것은 중국에서 계수나무 껍질을 벗겨 외피(外皮)를 제거하고 건조시킨 것 중에, 새로 나온 어린가지로 지름이 1cm이하의 연한 나무 껍질을 벗긴 것을 계피(桂皮)라 하고, 다소 굵은 가지나 줄기의 껍질을 벗긴 것을 육계(肉桂)라 했기 때문에 이러한 오류가 생겼다고 할 수 있다.

육계는 일반적으로 시나몬(Cinnamon) 또는 시론 시나몬(Ceylon Cinnamon)이라는 영명으로 통용되며, 히브리어로는 Kinnamon으로 학명은 Cinnamomum Zeylanicum(C. Verum)이다. 육계는 스리랑카가 원산지인 열대성 상록수이다. 높이 10m까지 자라며, 길이 15~20cm에 폭 6cm의 큰 잎에 세 줄의 굵은 엽맥과 광택이 있는 것이 특징이다. 가지 끝의 엽액에서 황백색의 잔꽃이 많이 피며 1cm 정도의 둥근 열매가 맺히게 된다.

이 나무의 포기에서 새로 나오는 어린가지를 골라서 그 껍질을 벗겨 외피를 제거한 후에 건조시킨 것이 시나몬(시론계피), 즉 육계(Cinnamon Bark)인데 담황갈색의 종이처럼 매우 얇은 껍질이다. 이 것을 몇 장씩 포개어서 돌돌 만 것이 'Quill'이라는 가장 고급품의 계피이다. 이 육계는 고상한 향이 있으며 씹으면 상쾌한 맛과 단맛이 있으나, 우리가 흔히 쓰는 계피 같은 매운맛이 없는 것이 특징이다.

따라서 육계(시나몬)는 옛부터 향료, 향수, 향미료, 약용 등에 아주 귀하게 쓰인 값비싼 무역상품이었다.(에스겔 27 : 19, 잠언 7 : 17, 아가 4 : 14, 계시록 18 : 13, 시편 45 : 8) 지금도 시나몬은 유럽에서 후추, 크로우브(丁香)와 함께 3대 스파이스로 손꼽히는 유명한 향신료로 가장 뛰어난 제과용 향미료이며 카레요리의 향신료로도 쓰인다.

또 약용 효과로는 감기나 생리통을 완화시키는 데에 좋으며, 수렴작용이 있어서 설사약으로도 쓰인다. 시나몬 수피나 잎에서 증류한 계피유는 항균성이 있어서 대장균, 포도상구균, 간지다균 등의 발육을 억제하는 작용이 과학적으로 인정되고 있는 훌륭한 약초다.

계피와 육계는 성서시대에 먼 길을 건너온 귀중한 무역상품으로서 아주 값진 귀한 것으로 다루어졌음을 성경에서 알 수 있다. 이 상품들은 페니키아인과 아랍인에 의해 이스라엘로 무역되었으며, 이스라엘뿐만 아니라 그리스나 로마 시대에도 역시 아주 값비싼 귀한 향품이었다.

시나몬은 인도, 중국, 이란(페루샤)을 경유하여 실크로드를 따라 시바 왕국의 중심시장인 아라비아를 거쳐 수입되었다. 처음에는 생산지를 속여, 시바 지방(소말리아)이 무역의 중심지이므로, 이 곳에서 생산되는 것으로 얼버무렸다. 그러던 것이 15세기 향신료 획득을 위한 대항해 시대가 열리면서, 포루투갈이 시론에서 유럽으로 무역하여 아랍상인의 상권을 빼앗는가 하면, 다음에는 식민지 쟁탈전으로 이 섬이 화란인의 손에 들어가서 그들의 생산제한에 의한 가격조정으로 고가를 유지하는 대상 상품이

되었다. 그 후, 영국인이 점령하여 같은 수단을 썼는데, 고율의 수출세를 부과하여 가격의 유지를 꾀했던 고가정책 표본식물의 하나였다.

시나몬이나 카시아는, 중국이나 인도에서 아주 옛날부터 귀한 약제 및 향료로 사용했으며, 스리랑카에서는 그 땅의 왕이 남획방지를 위해서 뿌리째 뽑는 것을 금하고 있었을 정도다. 그것은 수피뿐 아니라 잎, 꽃, 열매, 뿌리에서도 계피유를 채취하여 사용하고 있었기 때문이다.

이렇듯 값비싼 것은, 귀한 것인 양, 에피소드가 생겨나게 마련이다.

시나몬의 귀함을 조작한 일화가, B. C. 500년 경의 그리이스 사가(史家) '헤로도도스'의 기록에 남겨져 있어 옮겨 본다.

아랍상인과 페니키아인들은 시나몬이 아주 먼 섬나라에서 나는데, 그 섬에서도 큰 모험을 해야 구할 수 있는, 흔하지 않은 귀한 것이라고 했다. 즉, 시나몬은 큰 육식조류(고기를 먹는 새)가 둥지를 트는 데에 쓰이는 재료라고 했다. 시나몬을 채취하려면 큰 고깃덩이를 미끼로 이용한다. 그러면 새는 고깃덩이를 가져가는데, 둥지는 고깃덩이의 무게에 눌려서 이내 부서져 땅에 떨어지게 된다. 이것을 주워 모은 것이 시나몬으로, 희귀성과 그 가치가 높다고 기록했다. 황당한 이야기이다.

계피: 우리가 흔히 계피라고 하는 중국명 桂, 桂樹는 히브리명이 Kiddah요, 학명이 Cinnamomum Cassia로서, 흔히 카시아(Cassia) 또는 Chinese Cinnamon이라는 영명으로 통용된다. 중국 남부와 인도, 베트남 등이 원산지이다. 높이 15m로 자라며 잎의 길이가 12~15cm로서 시나몬보다 작으나, 잎맥은 역시 세 개가 있다. 이 나무의 껍질을 벗긴 계피는 외피를 제거하고 건조시키는 것 등, 제조 방법이 시나몬과 동일하지만, 계피(카시아)는 매운 맛이 있는 대신에 단맛이 적고 향기도 시나몬보다 떨어진다. 이것이 육계와 계피의 차이점이다. 그러나 현재 카시아를 시나몬 대용으로 세계 시장에서 거래하고 있다.

계피(카시아)는 한방에서 가지, 잎 등을 증류하여 계피유(Cassia Oil)를 만들어서 약용과 향료로 쓰고 있다. 계피는 건위, 발한, 해열, 진통제로 중추신경 계통의 흥분을 진정시키며 수분대사(水分代謝)를 조절하는 탁월

한 효능이 있으므로 한방에서 감기나 신체의 동통 등에 쓰고 있다. 덜 익은 열매를 'Cassia Buds'라고 하여 향신료로서 고급 과자에 쓰인다. 계피떡, 계피사탕, 수정과 등에 특수한 맛을 내는 향신료이다.

계피는 유럽인들에게는 귀한 상품으로서 동경의 대상이었을지는 몰라도, 우리에게는 달 속에 있는 계수나무로 여겨졌으며, 그 귀한 나무를 옥도끼로 찍어내어 초가삼간 집을 짓고 효도하겠다는 소박하고 아름다운 꿈을 키웠던 나무였다. 그러나 지금은 달을 여행하는 시대에 살다 보니, 계수나무의 아름다운 꿈은 사라지고 말았다.

계피(카시아)

창포 (향기새, 진저 그라스)

'창포'라고 하면, 우리는 5월 단오날에 창포 잎을 삶은 물(창포탕)에 머리를 감아서 액막이 하는, 오랜 전통의 민속에 얽혀 있는 창포(菖蒲 : 白菖)로 인식하고 있다. 이 식물은 주로 북반 구의 온대에 분포하고 있는 창포과에 속해 있는 다년초로서 학명은 Acorus calamus L.이라 한다. 그리스어로는 Calamos, 영명은 Calamus 또는 Sweet Flag, Sweet Root라 하며, 중국명 은 '백창포'(白菖蒲)라고 한다. 향료를 뽑는 향초이자 약초이다.

그러나 성경에 창포로 번역된 히브리어 카네(Kaneh)라는 식물은, 벼과 에 속해 있는 향기로운 다년초인 '새(Cymbopogen)'를 지칭한 것으로서, 주로 아시아의 열대와 아프리카에 분포하고 있다. 따라서 성서 식물 학자 들은 Kaneh는 창포가 아니라 '향기새(진저 그라스 : Ginger grass)'라고 주장하고 있다.

그렇다면 창포로 번역된 '향기새'에 대하여 살펴보고자 한다.

출애굽기 30 : 23~25에 "너는 상등(上等) 향품을 취하되 액체 몰약 500 세겔과 그 반수의 향기로운 육계 250세겔과 향기로운 창포 250세겔, 계피 500세겔을 성소의 세겔대로 하고 감람유(올리브유) 한 힌을 취하여 향을 제조하는 법대로 거룩한 향기름 관유를 만들라."고 한, 성막에 쓰이는 거 룩한 기름 관유(灌油)를 만드는 향기로운 식물에 포함되어 있다. 그런데 이 때는 '크네 브셈(히 : knei bosem)'이라 하여, 향기로운 줄기(sweet cane)라고 했다.

에스겔 27 : 19에는 "위단과 야완은 길쌈하는 실로 네 물품을 무역하였 음이여, 백철과 육계와 창포가 네 상품 중에 있었도다." 또 아가 4 : 14에 는 "나도와 번홍화와 창포와 계수와 각종 유향목과 몰약과 침향과 모든 귀 한 향품이요."라고 한 창포는, 단순히 Kaneh로 기록되어 있어, 향기로운 귀한 향료인 '향기새'(진저 그라스)를 지칭한 것으로 보고 있다.

예레미야 6 : 20에는 "시바에서 유향과 원방에서 향품을 내게로 가져옴 은 어쩜이뇨. 나는 그들의 번제를 받지 아니하며 그들의 희생을 달게 여기

지 않노라."고 한, 번제물에 쓰이는 향품으로 번역된 '향기새'는 '가네 하
토브(히 : Kaneh hatov)'로 향기로운 줄기, 즉 sweet cane을 뜻한다.

그런데 출애굽기 30 : 23의 '향기새'를, 개역 성경은 향기로운 창포로 번
역했고, 공동 번역 성경과 새번역 성경은 향기 좋은 향초 줄거리로 번역했
으며, 아가 4 : 14과 에스겔 27 : 19은 모두 창포로 번역했다. 또한 이사야
43 : 24과 예레미야 6 : 20은 향품 또는 향료로 번역하고 있다. 그러나 중국
어 성경과 일본어 성경은 모두를 창포(菖蒲)로 번역했으며, 영어 성경은
창세기 30 : 23에 향기 나는 줄기(sweet smelling cane)로, 아가서는 창포
(Calamus)로, 예레미야나 에스겔에서는 향료(spice)로 번역하고 있어서
해석이 얼마나 혼돈되어 있는가를 알 수 있다.

이 향초(香草)는 잎을 비벼보면 짙은 향기가 나는 것이 특징인데, 그 향
기에 따라서 이름이 각각 다르게 붙여져 있다.

학명의 Cymbopogen은 그리스어의 Cymbos(속이 비었다)+pogen(수
염)의 합성어이다. 줄기의 속은 비어 있고, 뿌리는 수염같이 많이 난다는
뜻이다. 대개가 다년초이고, 키는 1~2m로 자란다. 잎은 넓이 1.5~2cm이
고, 길이는 50~90cm로 선형(線形)이다. 잎은 대개 칼집 모양으로 줄기를
싸고 있는 잎꼭지에 뭉쳐서 난다.

이 잎이나 줄기를 베어서 수증기로 증류하면 휘발성의 방향성정유(芳香
性精油)를 채취할 수 있다. 이 향초유는 구약시대에 향료, 화장품, 조미
료, 의약품 등으로 일상생활에 이용되었다. 먼 인도나 그 이웃나라에서 중
동으로 수입하였으므로, 값비싼 중요 무역품이었음을 성경의 기록으로 미
루어 알 수 있다.

향초(향기새)의 중요한 점을 살펴보면, 잎에서 장미향이 나기 때문에
영명을 Rosha grass 또는 palmarose grass라고 한다. '로사 그라스'는 학
명을 Cymbopogen martinii stapf라고 하며, 잎에서 '팔마로사'유
(palmarosa oil)를 채취하여 향료로 쓴다. 로사 그라스의 변종에 생강같이
달콤하면서도 상쾌한 향기가 나는 진저 그라스(Ginger grass)가 있다. 학
명을 Cymbopogen martinii wats, var Sofia라고 하는데, 잎에서 '진저 그
라스'유(Zinger grass oil)를 채취하여 향료로 쓴다. 로사 그라스나 진저

그라스는 인도와 인도네시아가 원산지로서, 지금도 널리 재배되고 있으며, 옛부터 이들 향유는 중요한 무역품이었다.

성경의 향기 나는 줄기, 즉 '향기새'는, 진저 그라스라고 보고 있다. 진저 그라스는 특히 가축들이 즐겨 먹는데, 이것을 먹으면 고기, 젖, 버터에까지 향이 옮겨지는 특징이 있다. 그래서 향료 및 향신료로 즐겨 쓰였다.

레몬향이 나는 레몬 그라스(Lemon grass)는 학명을 Cymbopogen citratus stapf라고 한다. 잎에서 '레몬 그라스'유(Lemon grass oil)를 채취하여 향료로 사용한다. 이밖에 잎을 향신료로, 스프나 카레의 부향제로 조리에 이용한다. 중국에서는 향모(香茅)라고 하여 식물 전체를 약용한다. 감기의 두통, 위통, 관절통 등에 쓴다. 인도네시아에서는 잎을 월경 불순이나 식욕 부진에 약용한다. 레몬 그라스는 인도가 원산지이지만, 팔레스틴의 게네사렛에서도 발견되었다고 보고되고 있으며, 스리랑카에서는 채유를 위해 널리 재배되고 있다.

'억새'를 닮아서 '향수억새'라고도 하는 시트로넬라 그라스(Citronella grass)는, 학명을 Cymbopogen nardus L.이라 한다. 잎에서 '시트로넬라'유(citronella oil)를 채취하여 향수의 원료, 비누, 방충크림 등의 향료로 이용한다. 이 식물의 향은 모기가 싫어하므로 모기 쫓는 향수를 만드는 데 쓰인다. 지난해 5월, 모 일간지에 구문초(驅蚊草)라고 하며, 모기 쫓는 식물이라고 소개된 적이 있는데, 식물의 교배종에 쓰인 시트로넬라가 바로 이 식물이다(시트로넬라에 아프리카산 센뎃트제라늄을 이종교배(異種交配)하여 새로운 식물을 탄생시킨 것이라고

기사화되었었다).

카멜그라스(camel grass:camel-hay)는 학명을 Cymbopogen Schoenan-thus spreng이라 한다. 북아프리카~북인도가 원산지인 건조지에 자생하는 다년초이다. 잎, 줄기 등에 상쾌한 향기가 있으므로 여기에서 향유를 채취한다.

이들 향초유의 사용을 입증이나하듯이, 1881년에 이집트에서 매장된 지 3,000년이 지난 20~21대의 이집트왕조의 파라오 왕릉을 발굴하였을 때, 카멜 그라스의 강한 향기를 맡을 수 있었다고 한다. 이것으로써 매장용 향료로도 사용되었음을 알 수 있다.

우리 나라에도 향기새속 식물에 속하는 '개솔새'가 있는데, 향기는 없고, 뿌리로 솔을 만들었던 솔새와 비슷하다 하여 그 이름을 얻었다.

박하

마태복음 23 : 23에, "화 있을진저 외식하는 서기관들과 바리새인들이여, 너희가 '박하'와 회향과 근채의 십일조를 드리되, 율법의 더 중한 바, 의(義)와 인(仁)과 신(信)은 버렸도다. 그러나 이것도 행하고 저것도 버리지 말아야 할지니라."라고 했다.

누가복음 11 : 42에는, "화 있을진저 너희 바리새인이여 너희가 '박하'와 '운향'과 모든 채소의 십일조를 드리되, 공의와 하나님께 대한 사랑은 버리는도다. 그러나 이것도 행하고 저것도 버리지 아니하여야 할지니라."라고 했다.

바리새인들이 채소류에까지 십일조의 규정을 두어 종교적인 열심을 자랑하면서, 오히려 율법의 참정신에서 벗어난 것을 꾸짖으시는 예수님의 비유의 말씀에 등장하는 식물이다.

박하는 꿀풀과에 속한 1년초~다년초이다. 북반구 온대지역에 널리 분포하며 약 40여 종이 알려져 있다. 대개는 정유(精油)를 함유하고 있어서 잎을 향료식물·약용식물로 재배 이용된다.

이스라엘에서 자라는 박하류는 3종인데, 그 중에서 가장 흔한 것이 긴박하(Mentha longifolia L)이다. 성경에 나오는 것이 이것일 것이라고 주장하고 있다.

박하는 히브리명으로는 becaim(베카임)이라 하고, 영명은 Mint인데, 이 종은 Horse mint라 하여 성지의 물 가나 늪지대 등 습지에서 흔히 자란다. 긴박하는 40~100cm로 자라는 다년초이다. 줄기가 네모지며 곧게 자란다. 전체에 작은 털이 덮여 있고, 잎은 잿빛 바탕에 푸른 빛이 섞였으며, 피침형으로 가장자리에 톱니가 있다.

위쪽에서 가지가 갈라져서 가지 끝과 원줄기 끝에 잘다란 연보라색 꽃이 층층으로 다닥다닥 달려 피므로, 전체가 수상화서(穗狀花序)같이 보인다. 박하에 비하여 잎이 길기 때문에 긴박하라 한다.

긴박하는 주로 구풍제(驅風劑)나 자극제 제조에 이용되며, 두통이나 일반 통증을 없애는 의약으로 사용된다. 이 특징 있는, 달콤하면서도 상쾌한 향의 정유는, 음식물의 조미료로 맛없는 음식을 맛있게 만드는 데에 이용되었다. 또, 유태인들은 향료로 사용하였는데, 회당의 마루에 박하 잎을 깔고 그 위를 걸어다녀서 향이 퍼지는 것을 즐겼다는 기록도 있다.

탈무드 등 유태인의 율법서 속에 향료식물, 약용식물 등의 십일조를 회당에 바치는 규정이 있다. 그런데 그 중에 박하는 품목에 들어 있지 않다고 하니, 예수님이 외식하는 바리새인을 지적하여 나무라신 것을 알 수 있다.

박하는 B. C. 1550년 경에 이집트에서 재배했다는 기록이 있고, B. C. 1200~600년대에 고대 이집트의 오래된 무덤에서도 발견되었다고 전해진다. 인류가 가까이에 두고 이용한, 역사가 오랜 향료식물이다.

박하의 속명(屬名)인 Mentha는 로마신화에서 비롯된 이름이다. 지옥의 하신(河神) '코키투스'(cocytus)의 딸인 님프 '멘타'(mentha)를 '플루토'(pluto)왕이 사랑했는데, 이를 질투한 그의 처 '페르세포네'(persephone)가 멘타를 이 풀로 만들어 버렸다는 이야기이다. 그래서 그녀의 이름을 따서 '멘타'(mentha)라 하게 되었다. 강가에 즐겨 나는 것도, 하신의 딸이었기 때문이라는 것이다.

일반적으로 박하라 하면 우리나라의 박하를 연상하기 쉽다. 그러나 박하는 동양종과 서양종으로 크게 나눌 수 있다. 동양종은 동아시아, 즉 한국, 일본, 중국, 시베리아, 사할린, 코카서스 등지가 원산지인 '박하'(Mentha arvensis L.)를 말한다. 박하뇌(薄荷腦 : menthol)라는 결정체(結晶體)를 생산하는 약초로, 박하뇌는 상쾌한 향기와 청량감이 있으며 방부와 살균작용이 있다. 위나 장의 정장효과도 알려져 있어서 약용, 화장품, 과자 등에 이용하며 결정체를 분리시키고 남은 박하유는 향료로 이용한다.

서양박하는 유럽이 원산지로서, 자극성의 풍미가 후추를 연상하게 하므로, '페퍼민트'(pepper mint : 후추박하)라 한다. 주로 향료나 향미료 등으로 쓰이며 약초로도 쓰이는, 서양박하 중에서 가장 역사가 오래되었으며 수요도 가장 많은 박하다.

페퍼민트(Mentha piperita L.)는 정유 중의 유리멘틀이 동양종보다 적으나, 향미는 월등하며 쓴맛이 없다. 다만 박하뇌를 결정체로 분리시킬 수 없는 것이 특징이며, 그대신 pepper mint oil을 생산하는 식물로서 큰 비중을 차지하고 있다. 이 잎을 씹으면 처음에는 톡 쏘는 듯하지만 입 안이 차차 상쾌해진다.

페퍼민트는 여러나라의 약전(藥典)에도 올라 있는 귀중한 약초이다. 위장병, 두통, 콜레라, 설사, 히스테리, 신경통, 류마티스, 치통, 산욕통, 산통(疝痛) 등의 약으로서 항염, 진통, 발한제 및 방부제로 쓰인다. 옛날에는 감기나 위장병의 약으로 달여서 페퍼민트차(茶)를 만들어 마셨으며, 가을부터 매일 마시면 겨울에 감기를 앓지 않는다. 또 여름에는 냉차로도 마신다.

페퍼민트 오일은 과자나 젤리, 껌, 릭큘주(酒)에도 이용하고 화장품, 치약 등에도 쓰인다. 또 구취(口臭)를 방지하는 효과가 뛰어나므로, A. D. 6세기 경부터 이를 닦는(치약) 재료로 이용했다. 또 지성(脂性) 머리의 린스에도 적합하며, 이것은 옛날부터 비듬을 없애는 목적으로 식초와 섞어서 이용했다.

페퍼민트는 피곤할 때나 취침 전에, 잘게 썬 생잎 1숟갈을 끓는 우유 200CC에 넣어 5분쯤 두었다가 뜨거울 때에 마시고 자면, 단잠을 이룰 수 있으며 피로가 말끔히 가신다. 또 쥐는 박하(mint) 냄새를 싫어하므로, 식품창고에서 쥐를 퇴치할 때에도 사용한다.

서양박하 중에서 페퍼민트와 함께 수요와 경제성이 가장 높은 '스피아민트'(spear mint)는, 약 2,000년 전부터 이용된, 역사도 오랜 박하다.

스피아민트(Mentha spicata L.)는 유럽이 원산지이다. 꽃이 수상화서로 피지만, 가늘어서 흡사 창(槍)같다 하여 spear라는 이름이 주어졌는데, 동양박하나 페퍼민트와는 전혀 다르게 달콤하고 상쾌한 향기를 지닌다. 스피아민트의 잎에는 멘톨이 전혀 함유되어 있지 않으며, 잎에 있는 정유에는 50%의 불포화 '카본'(carvone)과 '리모넨'(Limonene)이 함유되어 있다.

옛날부터 긴히 쓰인 약초였다. 고대 그리스 사람들은 생잎이나 스피아민트 오일을 목욕물에 넣으면, 신경이나 근육을 이완시켜 주어서 진정·진통효과가 크므로 널리 이용했다. 또 옛날에는 딸꾹질을 멎게 하는 데도 이용되었으며 통풍제(通風劑), 소화불량 및 배멀미와 메스꺼운 데에도 진정효과가 크다고 하였다. 잎의 즙은 상처난 데, 벌에 쏘인 데, 입안이 헤진 데, 손발이 튼 데에 약용했다.

또 담배 냄새를 없애는 향유(mint otto)의 원료로도 쓰인다. 방충·살균 효과가 뛰어나므로 실내에 뿌리기도 하고, 방충용으로 양복장 서랍에 향주머니를 만들어 넣기도 하였다. 유럽에서는 지금도 널리 애용된다.

스피아민트는 요리의 부향제로 가장 많이 쓰이는 박하다. 육류, 생선, 채소 등의 요리에 없어서는 안 될 향료로 항시 뜰에 심어 두고 이용한다. '가든민트', '피민트'(콩류), '생선민트' 등 별명이 많다. 특히 양고기 요리에는 필수적이며, 민트소스는 과일샐러드에도 과일의 맛을 더 돋우어 주므로 환영을 받는다. 또 릭큘주, 과자, 시럽, 껌, 젤리, 비네갈, 포플리 등 용도가 많다. 이밖에도 유용한 박하가 많아서 박하의 인식을 새롭게 해 준다.

번홍화 (사프란)

번홍화는 성경에 단 한 번밖에 나오지 않지만, 각종 아름다운 과수와 모든 귀한 향품과 함께 다루어진 가장 값진 것에 포함되어 있는 식물이다.

아가 1 : 13~14에 "네게서 나는 것은 석류나무와 각종 아름다운 과수와 고벨화(헨나)와 나드초와 나드와 번홍화(사프란)와 창포와 계수와 각종 유향목과 몰약과 침향과 모든 귀한 향품이요."라고 했는데, 번홍화가 얼마나 귀한 향품인가 살펴보고자 한다.

번홍화(番紅花)는 히브리어로 Karkom, 아랍어로 Kurkum, 또는 Zaparan이라 하는데, 일반적으로는 영명인 사프란(Safron Crocus)으로 통용된다.

학명은 Crocus sativus L.이라 하며 봄에 아름다운 꽃이 피는 관상용 크로커스(Crocus purpureus L.)와 구별하기 위해, 사프란 또는 사프란 크로커스(Saffron Crocus)라 부른다.

학명의 Crocus는 그리스어의 Croce, 즉 '실'이라는 뜻으로서, 암술이 실처럼 가늘어지기 때문에 붙여진, 그리스어의 옛 식물명이다.

사프란이라는 영명의 어원은 노란색이라는 뜻의 아랍어 Sahafaran에서 비롯된 것인데, 이것은 이 식물이 황금색의 염료라는 것을 말해주고 있다. 히브리명 Karkom 역시 유태교 법전에 꽃을 색깔과 치료의 목적으로 모으는 모든 식물을 가르킨다고 풀이하고 있다고 한다. 그러므로 번홍화, 즉 사프란은 염료식물로서 그 귀중함이 강조된 것을 알 수 있다.

사프란은 그리스, 소아시아의 남동부 지중해 연안이 원산지인 붓꽃과에 속한 다년생 구근 식물이다. 9월에 심어서 10월에 솔잎 같은 잎이 10~15센티로 자라면서 꽃도 함께 핀다. 불과 2~3주가 되면 꽃을 볼 수 있는 식물이다. 깔대기 모양을 한 8센티 크기의 연보라색 아름다운 꽃이 알뿌리 1개에서 2~3 송이씩 핀다.

이 꽃의 수술은 노란 색이고, 암술은 붉은 색으로 끝이 셋으로 갈라져 있다. 붉은 암술이 꽃잎보다 길게 나와, 드리워져 있어서 이채롭다. 암꽃

술은 매우 독특한 향기를 지니는데, 이 머리를 따서 염료 및 약용으로 쓴다. 개화기간이 2주밖에 안 되며, 잎은 겨울에도 생육을 계속해서 다음 해 5월에는 시든다.

사프란은 나리과의 구근과는 달라서 지상부의 숫자만큼 땅속에서 나누어진다. 구근이 잘 불어나는 식물이지만, 충실한 암술을 따기 위해서는, 1개의 알뿌리에서 3송이 이상은 꽃을 피우지 못하게 곁순을 따버린다.

세계에서 가장 값비싼 향신료(香辛料)가 사프란이다. 최근까지도 사프란의 무게는 금의 무게와 대등한 값으로 매겨졌다 한다. 1개의 구근에서 2~3송이의 꽃이 피고, 그 한 송이 꽃에서 3갈래로 갈라진 1개의 빨간 암술이 개화하는데, 다음날에 따서 그늘에서 말린 것이 '사프란'이다. 사프란은 마르면 실같이 가늘어진다. 1그램의 사프란을 얻으려면 500개의 암술을 따서 말려야 하며, 대개 160개의 구근에서 꽃이 핀 것을 따서 말린 무게라는 것이다. 더욱이 일일이 하나씩 손으로 암술을 따야 하므로, 수고비(인건비)가 가중되어서 금값처럼 비싼 것이다.

고가인 사프란은 향기로운 황금색의 아름다운 염료로서, 로얄칼라라 하여, 고대 그리스나 로마시대에는 왕실의 영예와 고귀함의 상징으로 삼아 왕실의 의상을 염색하는 데 쓰였다. 고상한 향기는 유태에서 귀한 항료로도 존중받았다. (아가 1 : 14)

이 식물의 재배 역사는 아득히 거슬러 올라간다. 크레타섬의 옛 크노스 궁전의 벽화에 사프란을 따는 사람의 그림이 그려져 있는 것이 이를 입증하며, 그 중요성을 말해주고 있다. B. C. 1553년 경에 기록된 데-베 출토의 파피루스에는 약초가 열거되어 있는데, 그 중에 사프란도 끼어 있어서, 염료뿐 아니라 약초로서의 비중도 아울러 말해 주고 있다.

사프란의 염료는 의류뿐만 아니라, 음식물의 착색제 및 향미료로 과자, 술, 음료수 및 여러 가지 요리에 쓰인다. 그러므로 유럽 음식문화에 없어서는 안 될 식물이다. 또 화장품의 향료로도 쓰인다. 사프란은 이란에서 인도로 건너간 값비싼 교역품의 하나로, 카레의 착색제였으며, 인도나 그리스에서는 최음제(催淫劑)로 썼고 우울증의 치료제였다.

사프란은 옛부터 귀중한 약초이기도 했는데 진정, 진경, 통경, 지혈, 방

향성 약품 등으로 쓰이며 고대에는 부인병의 냉증이나 월경불순의 통경제
로 특효가 있어서 중용했다. 천연두의 약이었다고도 하며, 빈사상태의 환
자라도 사프란차를 먹으면 죽음에서 벗어날 수 있다고 했을 정도로 약효
를 높이 평가했다.

한방에서도 번홍화라 하여 우울증 치료에 썼는데, 아랍에서는 지금도
실내에 두고 우울증을 없애는 데 이용한다. 즉, 풋프리(pot-pourri)와 같은
목적의 방법이다.

사프란은, 향기가 기분을 명랑 쾌활하게 만들기 때문에, 가슴이 뛰고 현
기증이 나는 것을 막아주는 효과도 있다.

사프란은 상품으로 거래될 때에 분말로 만들어져 있어서, 처음으로 유
럽에 전해질 때는 상품의 실체를 몰랐다고 한다. 그래서 어떤 순례자가 미

리 지팡이의 머리에 구멍을 파두었다가 사프란 1개(구근)을 숨겨서 영국에 가져가서 재배에 성공했다는 일화가 영국에 전해지고 있다.

그 당시는 사프란은 금수품이었으므로 붙잡히면 사형감이었다는 것이다. 한 애국자가 목숨을 걸고 국익(國益)을 위해서 모험했던 아름다운 이야기이다. 우리나라의 문익점이 중국에서 목화씨를 붓대롱 속에 몰래 숨겨 가지고 들어와서 우리나라에 목화를 퍼트린 것과 같은 이야기가 된다.

그런가 하면, 사프란이 사람의 목숨도 앗아갔다. A.D. 1세기 때에 로마의 박물학자 '프리니'는 사프란에 가짜가 많아졌다고 경고했다. 중세에 와서 유럽에 사프란의 수요가 많아지자, 가짜 사프란을 만드는 사람들이 생기게 되어, 14세기에 독일에서는 가짜 사프란을 만드는 자는 사형에 처한다고 포고할 정도였다. 15세기 중엽에 위반자가 적발되어 두 사람이 사형에 처해졌다. 그 후, 극형인 사형에서 벌금형으로 대신했다 하며, 수입품에 엄격한 검사가 1797년까지 계속될 정도로 귀중하게 여긴 무역품이다.

프랑스에서도 헨리2세(1550년)가 사프란 재배를 권장하면서, 가짜를 만드는 자에게는 체벌에 처한다고 포고령을 내렸다고 한다. 이토록 사프란은 귀한 향신료였다.

그런데 너무 값이 비싸다 보니 대용품이 등장했다. 역시 황색(황금색) 염료로 쓰이는 인도 원산인 울금(테메릭 : Turmeric)과, 서남아시아가 원산지인 홍화(잇꽃 : Carthamus tinctoriuse)는 Safflower라하여 염료로서 의류나 음식물의 착색제로 널리 사용되나 향미는 사프란에 못 미친다. 잇꽃은 B.C 3500년 경부터 이집트에서 재배했으며, 미이라를 매장할 때 입히는 의복을 염색하는 염료로 주로 쓰였다고 한다(엉겅퀴같이 생긴 꽃송이를 이용). 울금은 생강 같이 생긴 뿌리를 이용하는데, 가루로 만들어 카레의 맛과 색깔을 내는 데 쓰며, 이 두 가지 모두 약용으로도 쓰인다.

사프란 염료가 값이 비싸지자, 지금은 합성의 '아니린'이 만들어져서 염료로서의 가치를 잃었으나, 여전히 약미(藥味) 향미(香味)식물로 식용색소(착색제)로는 약해(藥害)가 없는 무공해 색소로서 그 위치를 지키고 있다. 사프란의 색소 주성분은 카로지노이드계 색소 Crocin이다.

사프란의 주생산국은 스페인과 폴튜갈, 네덜란드 등이며 값이 비싸서 주로 최고급 요리의 향신료로 쓰인다. 보통 외국요리의 황색 착색제는 테메릭(울금)이 주로 쓰이고 있다.

사프란이 너무 비싸다 보니, 이것을 쓸 수 없는 계층에서 시기하게 되었다. 그래서 사프란의 불타는 저녁 노을 같은 색을 '반역자 수염의 색'이라고 빗대어, 동생을 죽인 '카인'과 예수를 판 '유다'의 수염색이라고 했다 한다. 얼마나 증오하고 얼마나 선망했으면 이런 말이 생겨 났을까, 다시 한 번 사프란을 생각하게 된다.

침향·나드

시편 45 : 8에, "왕의 모든 옷은 몰약과 침향과, 육계의 향기가 있으며" 잠언 7 : 17에 "몰약과 침향과 계피를 뿌렸노라." 아가 4 : 14에, "나도와 번홍화와 창포와 계수와 각종 유향목과 몰약과 침향과 모든 귀한 향품이요." 요한복음 19 : 39~40에, "일찍 예수께 밤에 나아왔던 니고데모도 몰약과 침향 섞은 것을 백근쯤 가지고 온지라, 이에 예수의 시체를 가져다가 유태인의 장례법대로 그 향품과 함께 세마포로 썼더라."

위의 성경구절에서 보듯이, 언제나 몰약과 함께 기록되어 있는 침향은, 과연 어떤 향품일까?

침향(沈香)은 옛날부터 유명한 향료이다. 다른 향료와는 달리, 나무의 진이 스며 나와서 향기를 전하는 향목(香木)을 침향이라 한다. 침향이 되는 원료 식물이 몇 가지 있으나, 그 대표적인 것이 침향수(沈香樹)이다. 학명을 Aquilaria agallocho Roxtb.라 한다.

침향수는 인도동부~동남아시아가 원산지로서 피침형의 잎이 호생하며 흰 꽃이 산형화서로 핀다.

목재는 매우 향기롭다. 이 심재부(心材部)가 땅속에 묻힌 후, 수지가 스며나와 오랜 세월을 경과하면서 나무 전체가 향기로운 침향이 되는 것이다.

침향(沈香)이라는 이름은, 비중이 커서 물에 나무가 가라앉기 때문에, 붙여진 이름이다. 좋은 침향일수록 비중이 더 크다고 한다.

침향의 성분은 벤질아세톤, 고급알콜, 테레빈 등으로 이루어진 수지(樹脂)가 약 50% 함유되어 있다. 그렇기 때문에 불태우면 매우 독특한 향기를 내므로 종교의식의 훈향제로 쓰였다고 한다.

성경의 침향은 값비싸고 아주 귀한 무역향품이다. 유태인의 장례법에, 시체를 귀한 향품으로 발라서 방부처리할 때에 쓰이던 향료의 하나였음을, 예수님의 시체를 니고데모가 몰약과 침향을 사용하여 방부처리한 후에 세마포로 썼다는 것으로도 알 수 있다.

이렇듯 값비싼 침향이다 보니, 인도에서는 인위적으로 줄기에 상처를 내어서 땅속에 묻어 두고 침향을 만드는 경우도 많았다 한다. 침향에는 땅에 묻혀 있는 기간에 따라서, 질의 좋고 나쁨이 결정되기도 하였다. 그래서 자연산 침향은 귀하고 값도 비쌌다고 한다.

침향을 산스크리트어로 aguru라 하며, 히브리어는 ahaloth, 영명은 aloes wood라 한다. 일명 Eagle wood라고도 하는데 aloes가 aloe(알로에)로 오역되는 바람에 침향이 '알로에 베라'로 오해되어, 일본어 성경에서조차 알로에로 오역되었다는 것이다.

침향은 방부제 외에 약용으로 사용한다. 천식, 구토, 복통, 허리나 무릎의 냉증 등에 쓰이며 진정, 피로회복의 효과가 있다.

그런데 민수기 24 : 6의 발람이 지은 노래 속에서 '여호와의 심으신 침향목들 같고 물가의 백향목들 같다.'고 하였다. 그것은 침향목은 원산지가 인도 지방이므로, 여기에 언급된 침향목은 테레빈나무(상수리나무로 번역되어 있음)일 것이라고, 성서 식물학자들은 주장하고 있다.

나드 또는 나도(Nard) : 마가복음 14 : 3~9와 요한복음 12 : 3~8에, 순전한 나드는 값비싼 향유라는 것을 말하고 있다. 그 값은 1옥합(향수병)에 300데나리온이라고 적고 있는데, 그 당시 1데나리온은 노동자의 1일 품삯에 해당된다 하니, 300데나리온이면 약 1년치의 품삯에 맞먹는 값비싼 것이었음을 알 수 있다.

박물학자 프리니는, 나드 향유의 원료가 되는 나드초의 뿌리 1파운드(453g)의 가격이, 100데나리온이었다고 기록하고 있다. 이것으로 기름을 짰으므로 10~15배의 높은 값이었을 것이라고 짐작할 수 있다.

그 당시에 로마나 히브리인들은 귀한 손님을 맞을 때, 화환을 손님의 머리에 씌울 뿐 아니라, 값비싼 향유를 머리에 붓는 풍습이 있었다고 한다. 또한 시체를 장사할 때에도 향유를 발라서 방부처리를 하는 풍습이 있었다.

마리아는 예수님께 아주 귀한 손님(오빠 나사로를 죽음에서 소생시킨 분)으로 값비싼 나드 1옥합을 깨뜨려서 머리에 부었는데, 가룟 유다는 값진 것을 낭비했다고 책망했으나, 예수님은 십자가의 죽음을 아시고 당신의 장사를 미리 준비한 것이라고 칭찬하시며 기념하라고까지 말씀하셨다.

솔로몬은 아가 1 : 12에서 "왕의 상에 앉았을 때에 나의 나도 기름이 향기를 토하였구나."라고 하였고, 또 아가 4 : 13에서 "네게서 나는 것은 석류나무와 각종 아름다운 과수와 고벨화와 나도초다."라고 하였으며, 아가 4 : 14에 "나도와 번홍화와 창포와 모든 귀한 향품이요."라고 했다.

이에 열거된 것들은 모두가 값지고 귀한 무역상품들로서, 왕이나 부자 또는 귀족들만 쓸 수 있는 것들임을 알 수 있다. 그토록 값비싼 나드는 무엇일까?

나드는 히말라야 산맥의 3,000미터 고지에 자생하는 마타리과에 속한 다년초다. 히말라야, 부탄, 네팔, 티베트, 인도동부 등이 원산지이다. 인도산의 다른 향료나 약제와 함께 중동지역으로 거래되던 역사가 오랜 진귀한 향료였다.

나드는 학명을 Nardostachys Jatamanse DC라고 하며, 영명은 Spikenard, Indian Nard라고 한다. 산스크리트어의 향기를 풍긴다는 뜻의 말인 nalada가, 히브리어 Nerd, 그리스어 Nardos, 라틴어 Nardus, 시리아와 페루샤어는 Nardin으로 변했다.

그러나 아랍인들은 나드 향료를 Sunbul hindi(Indian spike), 즉 이삭같이 생긴 인도산이라는 이름을 붙이고 있어서, 나드초의 생김과 원산지를 말하고 있다.

나드초는 키가 15~30센티미터로 자란다. 잎이 크고 꽃은 연분홍색 잔꽃이 꽃대 끝에 뭉쳐서 핀다. 근경에는 털이 덮여 있어

나드

서, 피기 전에는 이삭처럼 보인다. 근경 밑 쪽에 굵은 뿌리가 있다.

이 뿌리와 근경에 강렬한 방향(芳香) 정유성분이 있다. 잎이 벌어지기 전에 뿌리와 근경을 파내어서 건조시킨 것을, 나드 뿌리(Nardus Root)라 하여 약용한다. 약초일 때는 주로 이뇨·위장약으로 사용하며 복통·두통 등에도 쓴다.

그러나 향료로 만들 때는, 근경을 파내어서 바로 방향성분을 증류하여, 다른 기름과 섞어서 나드 향유를 만든다. 휘발하기 쉬우므로, 옥합(아라 파스티제 향료병)에 넣어 밀봉하여서 먼 나라 팔레스틴으로 수출했는데, 사용할 때는 이것을 깨뜨려서 사용해야 했다. 그 향이 얼마나 강한지, 방에 향이 가득했다고 적고 있다.

나드 향유는 지금도 인도에서 여자들의 머릿기름의 향유로 쓰인다고 한다. 고대 유럽에서는 그토록 값비싼 향유로 즐겨 쓰이던 것이, 지금은 향이 너무 짙기 때문에 향료로는 쓰이지 않게 되어 버렸고, 다만 신경 안정제로 나드 향유를 이용할 뿐이다.

고벨화 (헨나)

아가 1 : 14에, "가슴에 품은 유향꽃송이 같은 내 사랑 엔게디 포도원에 핀 헨나 꽃송이어라."(공동번역 성경) 개역 성경에는, "나의 사랑하는 자는 내 품 가운데 몰약 향낭이요, 내게 엔게디 포도원의 고벨화 송이로구나." 또 아가 4 : 13~14에, "네게서 나는 것은 석류나무와 각종 아름다운 과수와 고벨화와 나드초와 나도와 번홍화(사프란)와 창포와 계수(육계, 계피)와 각종 유향목과 몰약과 침향과 모든 귀한 향품이요."라고 표현하여, 사랑하는 이를 비유하였다. 여기에서 극찬한, 향기롭고 귀한 향품에 포함되어 있는 고벨화를 살펴보자.

고벨화는 동북 아프리카, 아라비아, 페르시아, 시리아, 레바논, 팔레스틴(이스라엘), 인도 북부에 걸쳐서 널리 분포한다. 옛부터 긴히 쓰인 잎에서, 적황색(오렌지색)의 염료를 얻는, 귀한 염료식물이다.

고벨화는 히브리어로 Kopher(코펠), 아랍어로는 el·Henna라 하며, 영명은 이에서 따서 Henna plant라하고, 중국명은 지갑화(指甲花)이며, 학명은 Lawsonia inermis L.이다.

그런데 성경에는 히브리명인 '고벨'(코펠)이라 번역했으나, 일반적으로는 아랍명인 '헨나'를 통용명으로 사용하고 있으므로, 공동번역 성경의 헨나로 번역한 것이 무리가 없어서 무난하다고 할 수 있다.

헨나(고벨화)가 어째서 그토록 사랑을 받았을까? 식물학적으로 헨나는 부처꽃과에 속한 열대성 관목으로서 키는 1~4m로 자란다. 위쪽에서 가지를 많이 치며 가지끝에 작은 가시가 있다.

잎은 대생한다. 계란형 또는 둥근타원형으로 끝이 뾰족하고 매끄러우며 연한 녹색이다. 봄에 가지끝에 흰색~연한 노란색의 7mm 크기의 잔꽃이 원추화서로 이삭져서 꽃이 피는데 매우 향기롭다. 그 향기는 진동하듯 멀리 퍼진다.

열매는 완두콩만한 삭과(蒴果)가 맺힌다. 속에 씨가 많이 들어 있다. 열대지방에서는 생울타리로 즐겨 심는데, 그 재배 및 이용의 역사는 고대 이집트까지 거슬러 올라간다.

헨나 잎을 말려서 가루로 만든 것을 '헨나염료'라고 한다. 고대 이집트에서는, 이 가루에 물을 쳐서 묽은 풀처럼 만들어, 화장품으로 이용했다. 주로 손톱이나 발톱, 머리카락의 염색에 이용했으며 몸의 일부분을 염색하는 데도 사용했다.

이슬람교도의 여인들이 즐겨서 염색했다. 이것은 태고 때부터 내려온 그들의 풍습이었다. 이것을 뒷받침하는 것에, 애굽의 미이라 손톱이 붉게 물들여져 있는 것으로써 알려져 있다.

이 염색 풍습은 유태인의 풍습은 아니었음을 짐작하게 하는 것이, 신명기 21:12에 포로 중에 아리따운 여인이 있어서 아내로 삼고자 할 때는, 머리를 밀고 손톱을 베고 포로의 옷을 벗고 1개월간 그 부모를 위해 애곡한 후에 부부가 되라고 했다. 그런데 이방 여인의 염색한 머리와 손톱을 없이하여, 레위기 14:8,9에 머리를 밀면 정결하게 된다고 한 계명대로, 더럽혀진(염색) 머리털과 손톱을 제거한 것을 보게 된다. 즉, 염색은 유태 지도자들에게 이단시 되었음을 알 수 있다.

그런데 아가서에는 헨나 꽃송이를 칭송하고 있다. 여기에서는 애굽 풍속과 전혀 다른, 염료가 아닌 향료인 헨나를 손꼽는 것이다.

헨나의 꽃에는 흡사 장미꽃 향기를 닮은 향기로운 휘발성 정유(精油)가 함유되어 있다. 이 향기로운 기름을 증류(蒸溜)한 것을 mehendi oil이라 부르며, 종교적 축제에 향료로 사용했다. 솔로몬은 아가서에서 헨나꽃의 향기로운 냄새를, 사랑하는 이에 비유했던 것이다.

헨나꽃 향기는 유태인뿐만 아니라, 아랍 여인들도 즐겨 사용했다. 목욕물에 헨나꽃 다발을 담그어서, 그 향기로 몸을 단장하여 남편을 맞을 준비를 하는, 풍습이 있을 정도다. 인도나 네팔에서는, 사원에 바쳐지는 향기로운 제물의 하나로, 헨나꽃이 쓰인다. 네팔의 타라이 지방에서는 결혼식 때, 부와 길조의 식물이라 하여, 헨나로 손발을 곱게 무늬지게 염색하는 풍습도 있다.

아울러 회교도의 종교의식에도 헨나꽃은 귀중한 위치를 차지하고 있다. 또 중동지방에서 헨나꽃 다발의 선물은, 친구에게 주는 최상의 선물이라는 것이다.

중국어 성경에는 봉숭아로 번역되어 있다(1955년 개역판). 한(漢)나라 때에 들어와서 손톱에 물들이는 식물이라 하여, 지갑화(指甲花)라고 했던 것인데, 손톱에 물드리는 점만을 강조하여 봉숭아로 번역한 것은 오역이다.

헨나 염색법은 물에 탄 헨나를 손톱이나 신체일부에 바르고, 하룻밤 지난 뒤에 씻으면 오렌지색이나 붉은색으로 물들여져 있게 된다. 이 착색은 대개 3~4주간 지속되므로, 3~4주에 한번씩 다시 물들인다. 메니큐어의 시초라고 할 수 있다. 헨나 염색은 의류의 염색에도 쓰였으며 안료(顔料)로도 쓰인다.

근래에는 유럽에서 오렌지 화장품(Orange Cosmetic)이라 하여, 헨나로 백발을 금발로 염색하는 데 이용한다. 이 때는 뜨거운 물이나 진한 커피에 타서 레몬을 몇 방울 떨군 후, 머리칼에 바르고 2~3시간 지난 뒤에 염색되면 씻어내고 다시 린스하면 된다.

이 때 백발은 금발로, 흑발은 적갈색으로 자연스럽게 염색된다. 또 헨나 린스는 무공해 린스로서 머리 결을 부드럽게, 아름답게, 향기롭게 만든다. 그뿐만 아니라, 영양공급의 효과도 있으며 피부병 예방의 효과도 있어서, 옛사람의 지혜가 오늘날 다시 새롭게 빛을 보게 된 셈이다.

중국이나 아랍에서는 헨나 잎이 피부병의 예방효과가 있음을 알고 예방 및 치료약(외용)으로 종기, 화상, 타박상, 피부염에 사용했다.

옛날에는 엔게디의 헨나가 유명했는지 몰라도, 지금은 헨나 염료가 모든 아랍국가의 도시 시장에서 흔히 팔리고 있으며, 헨나 꽃다발을 파는 것도 흔한 일이다. 이스라엘에서도 널리 재배되며 아랍권에서도 즐겨 재배하는 염료식물이 되고 있다.

소합향 (서양때죽나무, 나타프향)

"여호와께서 모세에게 이르시되 너는 소합향 (蘇合香)과 나감향과 풍자향의 향품을 취하고 그 향품을 유향에 섞되 각기 동일한 중수로 하고."(출애굽기 30 : 34)에 등장하는, 하나님과 만날 회막 안 증거궤 앞에 두는, 지극히 거룩한 향의 재료 중에 하나가 소합향이다. 개역 성경, 새번역 성경, 일본어 성경, 모두 소합향으로 번역하였다. 그런데 공동번역 성경은 때죽나무로 번역했고, 영어 성경은 Stacte(몰약)로 번역하고 있다. 이것은 70인역 성서에 몰약으로 번역했기 때문에 이에서 비롯된 듯하다.

소합향으로 번역된 히브리어는 Mataf로서, 성서식물학자들은 이것이 서양때죽나무의 나무진을 지칭한 것으로, 의견이 일치되고 있다.

서양때죽나무는 학명을 Styrax officinalis L.이라 한다. 때죽나무류는 유라시아대륙에서 말레이지아지역, 미국 난대지역에 약 130종이 분포하고 있다. 그 중에서 지중해 연안에서 서남아시아에 걸친 지역에는, 서양때죽나무 1종만 분포하고 있다.

서양때죽나무는 두터운 수피에서 수액(樹液)이 분비되는데, 이것이 농축되어 고무같이 된, 향기로운 나무진을 모은 것을 '나타프(Nataf)'향이라 한다. 이 나무진을 아랍어로는 Abhar라 한다. nataf라는 뜻은 '떨어지다(물방울이)'라는 말로, 물방울처럼 떨어지는 나무진을 뜻한다. 우리 나라에 자생하는 때죽나무 수피에서는 고무수액이 분비되지 않으므로, 서양때죽나무에서도 수액이 분비되지 않는 것으로 오해한 한국 학자도 있다.

이 고무수지(나타프)는 향기가 강하여서, 옛날에는 이것을 Storax라고 하여 약용과 향료로 사용했는데, 나타프는 지금도 향수로서 높이 평가되고 있다.

Storax는 안식향(安息香)의 그리스 옛 이름이다. 서양때죽나무의 영명은 Storax 또는 Ture Storax Tree라고 한다.

Storax는 말레이지아에서 나는, 때죽나무의 일종인 안식향(Styrax Benzoin Dryand)의 수지를 의미한다. 그런데 이 나무의 줄기에 상처를 내어서 안식향 수지를 채취하여 약용 및 향료, 방부제로 사용한다.

서양때죽나무에서 수집하는 나무진 '나타프'향은 현대의 시장에서는 완전히 자취를 감추어 버렸다. 그대신 지금 액체 모양의 나타프향으로 알려진 것은, 소합향(학명 : Liquidamber Orientale Miller)나무의 나무진이다. 소합향은 성경의 나타프와는 전연 상관이 없으나, 성지에서는 나타프의 생산이 극히 적으므로, 소합향을 수입하여 상품명 '나타프(Nataf)'라고 부르며 거래한다. 따라서 성경에 소합향으로 번역된 것도 이에서 비롯된 듯하다.

서양때죽나무는 높이 3~7m로 자라는 낙엽수이다. 불규칙하게 가지를 치며 어린 가지는 양털같다. 잎은 호생하며 길이 5cm 크기의 난형(卵形)이다. 앞면은 암록색으로 매끄럽고, 뒷면은 비로드 같은 흰 털이 덮여 있어서 은백색이다. 꽃은 봄에 3cm 크기의 종처럼 생긴 아름다운 흰 꽃이 성글게 집산화서로 이삭져 피어난다.

꽃의 모양이나 향기가 오렌지나 레몬을 닮아서 매우 아름답고 향기롭다.

열매는 동그란 석과(石果)로, 녹색이었다가 나중에 노랗게 익는다. 열매는 잘다. 주로 구릉지의 암석지대에 더부룩하게 무더기로 난다. (갈멜산, 타볼산, 길르앗 등지)

소합향은 영명을 Oriental Sweet Gum이라 하고, 중국명은 소합향(蘇合香)이라 하므로, 우리도 소합향으로 옮긴 것이다. 이 나무는 풍나무(Liquidamber Formosana Hance : 楓香樹)의 한 종류이다. 서남아시아에 분포하는 소교목으로서, 높이 10~12m로 자라며, 잎은 손바닥을 편 듯 끝이 갈라졌다. 풍나무보다는 잎이 잘다. 수피가 두터우며 여기에서 채취하는, 끈적이며 향기롭고 자극성 있는 나무진을, 소합향(蘇合香 또는 楓香樹)이라 하여 향료 및 약용한다. 소합향은 거담작용이 있으며 피부의 염증이나 감염증, 베인 상처 등에 쓰인다.

서양때죽나무는 출애굽기 30 : 34-38에서 보는 바와 같이, 여호와 하나님을 위한 거룩한 향이어서 '이 향을 맡으려고 이것을 만드는 자는 백성

중에서 끊쳐진다.'(죽는다)고 말한 엄한 경고 탓으로, 이 나무를 신성하게 생각하여 절대로 벌채해서는 안 되는 것으로 지금도 민간에 유포되어 지켜지고 있다.

한편으로는, 모세가 애굽의 바로왕에게서 도망갈 때, 가지고 간 지팡이가 이 나무로 만들어진 것이라 한다. 또 모세가 이 지팡이를 땅에 꽂으니 싹이 났다고 전해져 오고 있기 때문이라고도 한다.

화석류 (미르투스)

화석류는 히브리명을 Hadas라 하며, 학명은 Myrtus Communis L.이다. 지중해 연안, 즉 팔레스틴, 레바논, 베들레헴, 헤브론, 칼멜산, 타볼산에 자생하는 향기로운 상록관목이다. 우리나라는 물론, 중국에도 없는 식물이다 보니, 이 식물의 번역에서 많은 오류를 발견하게 된다.

개역 성경에는 '화석류'(花石榴)로 번역했고, 공동번역 성경에는 '소귀나무'로 번역하고 있으며, 새번역 성경은 이사야서에서 '화석류'라고 하였다. 그리고 느헤미야서에서는 '소귀나무'라 하여 혼용하고 있다. 중국어 성경에서는 번석류수(番石榴樹)로 번역했고, 일본어 성경은 미르토스(ミルトス)라 하여 학명을 사용했으며, 영어 성경은 Myrtle로 미르투스의 영명을 사용하여 바르게 번역하고 있다.

그런데 미르투스를 도금량(桃金孃)으로도 통용하고 있는데, 식물학적으로는 엄격히 말하면 미르투스의 중국명은 香桃木이다. 番石榴는 학명이 Psidlium Guajava이고, 도금량은 Rhodomyrtus Tomentosa이다. 이렇게 볼 때, 중국어 성경의 번역도 잘못된 것을 알 수 있다. 일본에서는 미르투스를 '은매화(銀梅花)'라고 이름부른다.

화석류는 번석류의 오류인 듯하며, 도금량이라 통용하는 것도 중국명으로 본다면 잘못된 것이다. 하지만 도금량과에 속해 있으므로, 도금량이라는 번역은 무방하다고 할 수 있다. 그런데 소귀나무라는 번역의 출처를 이해할 수 없다. 소귀나무는 학명을 Myrica Rubra라고 하며 중국명은 양매(楊梅)이다. 우리나라 제주도 서귀포의 표고 300m 이하에 자생하는 상록교목이다. 이 나무의 열매를 식용하는 것은 미르투스와 같으나, 열매 빛깔이 붉으며 핵과(核果)이므로 전혀 다른 식물이다. (일본과 중국에도 자생함)

Myrtus는 그리스어의 옛말 Myrtos(도금량)로서 발삼 또는 미루타 나무진이라는 뜻에서 유래한 것이다. 이것은 몰약처럼 향기롭다고 하여 그리스어의 몰약을 뜻하는 Myron이 라틴어화하여 Myrtus가 되었다고 한다.

히브리어 hadas는 '사랑스럽다', '아름답다'는 뜻으로 에스터 2 : 7에 '에스터'를 '하닷사'(Hadassah)라고 부르고 있다. 이것은 에스터가 아름답고 바르기 때문에 미르투스, 즉 하다스에 비유한 것이다. 아랍어로도 hadas라고 부른다.

미르투스는 아담이 낙원을 쫓겨날 때, 하나님께서 가져가게 허락하신 3가지 식물 중의 하나이다. 식량으로는 밀을, 과일로는 대추야자를, 향기로운 꽃으로는 미르투스를 허락받았다는 전설이 있는 가장 향기로운 식물이다. 그래서 미르투스는 하나님의 관대하심의 상징으로 여긴다.

느헤미야 8 : 15에 "또 일렀으되 모든 성읍과 예루살렘에 공포하여 이르기를, 너희는 산에 가서 '감람나무'(올리브나무)가지와 '들감람나무' 가지와 '화석류'(미르투스) 가지와 '종려나무'(대추야자) 가지와 기타 무성한 나무가지를 취하여 기록한 바를 따라 초막을 지으라 하라하였는지라." 라고 한, 초막절 첫날에 사용토록 명령한 4종의 나무 중 하나다. 레위기 23 : 40에 초막절에 무성한 나무로 초막을 지으라고 한 것도 미르투스를 지칭한 것이다.

유태인은 지금도 초막절에는 미르투스 가지를 사용한다. 그들은 초막절에 신명기 16 : 14의 규례대로 노비나 과부, 고아, 나그네들을 즐겨 받아들여서 그들의 슬픔을 위로하고 하나님을 만나서 기뻐하라고 함께 잔치를 벌이며 즐긴다.

유태인들은 미르투스를 평화와 감사의 상징으로도 여기며, 저주받은 상태의 회복을 상징해주는 식물로 생각한다. 이사야 41 : 19에 "내가 광야에는 백향목과 싯딤나무와 화석류(미르투스)와 들감람나무를 심고 사막에는 잣나무와 소나무와 황양목을 함께 두리니"라고 하였다. 그리고 이사야 55 : 13에는 "잣나무는 가시나무를 대신하여 나며, 화석류는 질려(쐐기풀)를 대신하여 날 것이라. 여호와의 명예가 되며 영영한 표징(表徵)이 되어 끊어지지 아니하리라."라고 하였다. 또 스가랴 1 : 8, 10, 11에는, 스가랴가 본 환상 중에 여호와께서 보내신 홍마, 자마, 백마를 탄 사자들이 화석류 나무 사이에 섰다고 기록이 되어 있어서 용기와 소망, 그리고 평화를 말할 때에 쓰였음을 알 수 있다.

고대 그리스에서는, 상록수이기 때문에 불사(不死)의 표징으로서, 죽음과 부활의 약속으로 삼았다. 이 나무를 얼마나 중요시했는가 하면, 다른 곳으로 이민갈 때에는 반드시 이 나무를 가지고 갔다는데, 오래된 식민지가 새로 부흥하기를 기원해서라고 한다. 또 사랑과 미(美)의 상징으로 삼아서 의식(儀式), 예술, 시회(詩會) 등에서 중요하게 생각하였으며, 미와 사랑의 여신인 아프로디테의 신목으로서 그녀에게 바치는 꽃이기도 했다.

아테네에서 미르투스는 권위와 영광의 상징으로서, 사제와 영웅 및 뛰어난 위인에게 이 나무의 가지로 관(冠)을 엮어서 씌워 주었다. 나중에는 너 나 할 것 없이 무슨 일이 있을 때마다, 이 나뭇가지로 엮은 관을 즐겨 썼기에, 이 나무의 수요가 엄청나게 많아져서 시장의 한켠에 이 나무의 전용취급장까지 만들어져 있을 정도였다.

고대 로마에서는 비너스의 신목(神木)으로서, 비너스의 신상을 장식하는 나무였으며, 신전 주위를 이 나무로 숲을 이루게 심도록 했다. 또 고대 로마인은 공공의 광장에는 제일 먼저 미르투스를 심어서 미래를 점쳤다고도 한다.

로마인에게 이 나무는 승리의 상징이 되기도 했는데, 전쟁터에서 무혈의 승리를 했을 때, 월계수와 섞어서 엮은 관을 씌웠다는 것이다. 나중에 월계수만을 쓰는 월계관으로 발전했다.

고대 이집트에서도 이 나무는 사랑과 환희의 상징으로서 사랑과 기쁨의 여신 히돌에게 바치는 꽃이었다.

고대신화에는 미르투스에 얽힌 많은 전설이 있다.(생겨난 데에 얽힌 이야기)

유럽에서는 다산과 평화와 순결의 상징으로서, 오렌지꽃이 쓰이기 전까지는 결혼식의 꽃다발에 널리 사용했으며, 유태에서도 결혼의 상징으로 약혼식장을 장식했다.

미르투스는 쉽게 뿌리가 내리지 않으나, 일단 뿌리가 내리면 다른 식물이 접근할 수 없을 만큼, 잘 퍼지고 무성해진다. 로마인은 이 나무를 애정의 상징으로 삼았는데, 이 나무의 습성이 다른 감정은 비집고 들어갈 틈을 주지 않는 것과 같다고 해서, 일편단심의 애정과 결부시킨 것이다.

미르투스는 상록의 관목으로서, 높이가 1~2m 정도 자라며 환경이 좋은 곳에서는 7~10m까지도 자란다. 가지가 많이 나와 무성해지며, 자연적으로 아름다운 나무모양이 된다. 잎은 대생하지만 때로는 세 장씩 윤생하는 경우도 있다. 짙은 녹색의 가죽질로 광택이 있으며, 길이 4cm의 피침형으로 끝이 뾰족하며 향기롭다.

꽃은 여름에서 가을에 걸쳐서 엽액에 한 송이씩 위를 보고 피는데, 지름이 2cm로 흰색이며 꽃잎이 5장이다. 특히 실 같은 긴 수술이 많아서 두드러진다. 꽃도 매우 향기롭다. 꽃진 뒤에는 청흑색의 흰 가루를 쓴 듯한 장과(漿果)가 맺힌다. 열매의 크기는 14~16mm이다. 열매에도 달콤하고 짙은 향기가 있어서, 날로 먹는 외에 건조시켜 저장식도 만든다. 술, 음식물의 부향제로 쓰는가 하면 방부·진통의 약효도 있어서 약용한다.

아랍인은 이 열매를 함브라스(Hamblas)라고 하는데, 도금량의 장과(漿果)라는 뜻의 사투리라고 한다.

꽃과 잎, 열매를 증류하여 방향성 정유 미르테놀(Myrtenol oil) 오일을 추출하여 약용 및 향수원료로 쓴다. 이 나무진은 점착력(粘着力)이 강하다.

수피와 뿌리는 최상질의 터키 가죽이나 러시아 가죽을 이기는 데에 쓰인다. 이 때, 독특하고 고상한 향기가 가죽에 옮겨지게 된다.

지금도 유태인뿐만 아니라, 여러 나라에서 미르투스는 행운을 가져다주는 운반자라고 믿고 있으며, 또 보헤미아에서는 장례 때에 영생을 바라는 뜻에서 이 꽃나무 가지를 관 위에 놓는다고 한다.

중동지방의 우화에, 장미가 향기로운 꽃의 왕자 자리를 미르투스에게 물려주고, 그 앞에 머리를 숙인다는 이야기가 있을 정도로, 향기로운 식물의 으뜸이다. 향료뿐만 아니라, 정원수와 절화로서도 수요가 많다.

우슬초 (마조람)

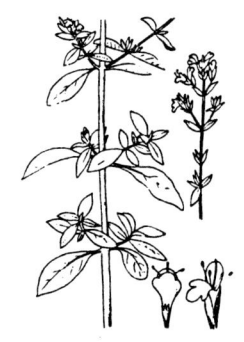

제목을 우슬초라 하지 않고 '마조람'이라 한 것은 오역을 지적코자 함이다.

우리말 성경에는 '우슬초'라는 식물명이 여러 곳에 등장한다.

성경에 우슬초라고 번역된 히브리어 'ezov' 란 말은, 다발로 뭉쳐진 식물을 뜻한다고 한다. 그 줄기는 피를 뿌리는 의식에 쓰이는 것으로서, 모세가 이스라엘 모든 장로를 불러서 가족대로 어린 양을 유월절 양으로 잡고 우슬초 묶음으로 그 피에 적셔서 문의 인방과 좌우설주에 뿌리라고 일렀다.

하나님이 애굽의 장자를 치시는 재앙을 내릴 때, 죽음의 사자가 피가 묻어 있는 집은 건너 뛰어서, 이스라엘 집의 장자는 죽음을 면했다는 출애굽의 사건(출애굽기 12 : 21~27)이 있다. 그리고 문둥병에서 정결함을 받을 때, 피를 찍어 뿌릴 때에도 우슬초가 쓰였다(레위기 14 : 4~6, 49, 51, 52).

속죄제의 의식에 쓰일 재를 만들 때에나 멍에 매지 않은 암송아지를 태울 때에도 백향목과 우슬초와 붉은 실을 던져서 함께 태웠는가 하면(민수기 19 : 6), 죽은 자를 만진 부정한 자를 정결하게 하는 의식에도 정한 물과 재를 우슬초로 찍어 뿌려서 정결하게 했다. (민수기 19 : 18), 그리고 언약의 피뿌림 의식으로 정결하게 할 때에도 우슬초가 쓰였고(히브리서 9 : 19~20), 시편 51 : 7에는 다윗이 죄씻음으로 정결하게 되기 위해서 우슬초가 사용되고 있다. 이렇게 볼 때, 우슬초는 정결(淨潔)의 표상이 되고 있는 신성한 식물이다.

그런데 우슬초와 성경의 'ezov'(마조람)은 전혀 별개의 식물이다.

우리나라 식물명 우슬초(牛膝草)는, 일명 '쇠무릎'이라 한다. 학명을 Achyranthes japonica NAKAI라고 하는 비름과에 속한 다년초이다. 한국과 일본·중국 남부에 분포한다. 그 줄기는 엉성하여 다발지지 못하고, 피를 찍어 뿌릴 만큼 되지도 못할 뿐더러, 마디가 굵어져 있어서 흡사 소무릎 마디 같다고 하여 쇠무릎이라는 이름이 주어져 있다. 이 풀은 뿌리를 한방에서 이뇨제로 쓰는 들풀에 불과하여, 성경의 쓰임새처럼 소독이나 살균작용도 없고 향기도 없는 잡초에 지나지 않는다.

성경의 ezov를 히솝(Hyssop)이라고 외국 성경에는 관습적으로 번역되어 있다. 식물학적인 히솝은 ezov와는 다른 식물인 Hysspus officinalis L 이다. 약용 및 식용(향신료)으로 쓰이는 다년초로서, 이스라엘이나 시나이 지방에는 자생하지 않으며, 유럽에 자생하고 있다. 이 식물에 '히포크라테스'가 '히솝'이라는 이름을 붙였다고 전해지고 있다.

히솝의 발음이 ezov과 비슷하다 보니, 어느새 성서 번역에 ezov이 히솝으로 정착하여 굳어져 버렸다고 한다.

그렇다면 성경의 ezov은 우슬초도 히솝도 아닌 것이 분명하다. 그것은 지중해 연안·북아프리카·서남아시아가 원산지인 '마조람'(Origanum marjoram)이라고 성서 식물학자들은 주장하고 있다. 즉 ezov은 시리안히솝(Origanum Syriacum L : Majorana Syriaca)이라는 것이다.

열왕기상 4 : 33에서, 솔로몬왕의 지혜가 많음을 말하는데, 레바논의 백향목에서 담에 나는 우슬초(마조람)까지라고 했다. 지금도 예루살렘의 「통곡의 벽」의 돌틈에, 키가 작은 품종(25cm)의 마조람이 피고 있다.

오래가늄속(屬)은 중동지역에 20여 종이 분포하고 있어서, 키가 큰 것은 80cm쯤 자라는 것도 있다. 요한복음 19 : 28~30에, 십자가에 달리신 예수님께 신포도주를 머금은 해융을 우슬초에 매어 예수의 입에 대니 예수께서 신포도주를 받으신 후에 "다 이루었다."하시고 영혼이 돌아가셨다. 이 대목의 마조람은 시리안히솝이지만, 키가 십자가의 예수님께 미칠 만큼(2m쯤)은 되지 못하므로, 마태복음 27 : 48과 마가복음 15 : 36에 "갈대에 꿰어 마시우거늘"이라고 되어 있는 것처럼 마조람을 갈대에 묶어서 마시우게 하여 죽음에서 정결하게 하던 옛 의식의 뜻이 담겨져 있다고 할 수 있지 않을는지…. 성서적인 해석은 언급을 피한다.

다만 유태인들에게는 오랜 옛 적부터 정결하게 하는 데, 마조람이 쓰였던 습관이 있었다고 생각이 드는 것은, 출애굽의 유월절 양의 피를 문설주에 뿌린 마조람이다. 그 때 애굽에 있던 유태인은 약 200만 명. 3만3천 가족이라고 추측되고 있다. 그들이 갑자기 하룻밤 사이에 그 많은 마조람을

구하기는 어려웠을 것이고, 만약 그것을 뜯으려고 그 많은 사람이 일시에 들로 나갔다면, 그 소란을 애굽인이 눈치 챘을 것이다. 이렇게 볼 때, 평소에 유태인들은 마조람을 베어다가 다발로 묶어서 추녀에 매달아서 말려 두고는 종교의식에 사용했었다고 생각된다.

마조람은 말려 두어서 10여 년이 지나도, 그 향기나 약효가 없어지지 않고 그대로 남아 있기 때문이다.

오래가늄속(屬)은 박하같이 상쾌하면서도 달콤한 향기를 풍긴다. 잎과 꽃에 정유(精油)가 함유되어 있어서, 이 성분은 살균·소독·보존(保存) 작용이 있으므로, 성경에 정결하게 하는 데 쓰였던 식물임이 확실해진다.

Origanum이란 말은, 이 식물의 옛 그리스 이름으로서, 그리스어의 oros (산)과 ganos(기쁨)이라는 뜻의 합성어이다. 원산지에서는 산비탈을 이 식물이 온통 뒤덮듯이 피어 있어서, 그 싱그럽고 달콤한 향기가 공기를 정화하여 맑게 해 주므로, 즐겁게 해 준다고 하여 붙여진 이름이다.

마조람의 일종인 오래가늄(Origanum vulgare L)은 지중해 연안·이란·히말라야·중국·대만에도 분포하고 있으며, 마조람보다 더 향기가 짙어서 일명 '꽃박하'라고도 한다. 마조람처럼 약용 및 향신료로 쓰인다. 이 식물을 중국에서는 우지(牛至)라는 이름으로 부르므로, 혹시 이것이 우슬(牛膝)로 잘못 번역하지 않았을까 생각된다.

마조람은 꿀풀과에 속한 다년초로 원산지에서는 관목(灌木)이다. 키는 대개 30~60cm로 자라며 줄기에 털이 있고 잎은 달걀꼴로 마주 난다. 여름에 줄기 끝에 흰 색에 가까운 연분홍색의 잘다란 꽃이, 집산화서(集散花序)로 이삭처럼 뭉쳐 피므로, 피를 찍어서 뿌릴 만하다.

마조람의 정유성분은 살균·소독·보존성뿐 아니라, 진정작용과 최면효과도 뛰어나고, 소화기능을 촉진하여 차를 달여 먹으면 배멀미를 예방할 수 있다. 또 류마티스에는 찜질약으로, 신경성 두통이나 오한에도 잘 듣는가 하면, 목욕재로 이용하고 강장효과도 있는 훌륭한 약초이다. 한편으로는 요리에 흔히 쓰이는 서양의 향신료인데, 고대 로마 때부터 육류의 냄새를 없애는 부향제(賦香劑)로 즐겨 쓰였다. 지금도 유명한 향료(香料)로서 피자파이나 토마토 케찹에 뺄 수 없는 향신료 식물이다.

아랍인들은 zaatar이라 하여 지금도 차나 요리의 향료로 즐겨 이용하고 있다. 유태인뿐 아니라, 고대 그리스나 로마 시대부터 마조람에는 신이 깃들어 있어서, 그 위력이 행복을 가져다 준다고 믿었다. 그 때문에 결혼식 때에 신랑 신부의 화관을 이 식물로 만드는 풍습도 있었다고 한다.

회향(시라) · 소회향(근채) · 대회향(검정풀)

마태복음 23 : 23에, "화 있을진저 외식하는 서기관들과 바리새인들이여 너희가 박하와 '회향'(시라)과 '근채'(소회향)의 십일조를 드리되 율법의 더 중한 바, 의와 인과 신은 버렸도다. 그러나 이것도 행하고 저것도 버리지 말아야 할지니라."라고 하였다.

이사야 28 : 25, 27에는, "지면을 이미 평평히 하였으면 '소회향'(커민 : Cummin)을 뿌리며 '대회향'(검정풀 : Black Cummin)을 뿌리며", "'소회향'(小茴香)은 도리깨로 떨지 아니하며 '대회향'(大茴香)에는 수레바퀴를 굴리지 아니하고 '소회향'은 작대기로 떨고 '대회향'은 막대기로 떨며."라고 적고 있다.

성경에 나오는 회향, 소회향, 대회향에 대하여 살펴보고자 한다.

회향(茴香, 시라) : 휀넬(Fennel)을 지칭한 중국의 생약명(식물명)이다. 생김새와 쓰임새(약효, 향신료 등)가 '시라(蒔蘿 : Dill)'와 비슷하다. 그래서 중국어 성경으로 번역될 때에 시라가 회향으로 오역하게 되었는데, 우리말로 번역될 때에는 중국 번역을 그대로 도입하여 우리말 성경 모두(개역, 표준, 새번역, 공동)에 회향으로 기록되어 있다. 그러나 영어 성경은 Dill(시라)로 번역했으며, 일본어 성경도 'イノンド'(시라)로 번역하고 있다.

'시라'(蒔蘿)라는 이름은 중국명이다. 이 식물이 인도, 페루샤(이란)에서 송나라 때에 중국에 들어왔고, 그 이름은 페루샤어에서 유래되었다 한다. 우리는 중국명을 그대로 쓰고 있다. 시라의 히브리명은 Sebet(Sheveth)인데, 이는 아랍어 Sabth와 동일한 것으로, 미슈나(Maasroth 4 : 5);(후성서문서)에는 시라가 십일조의 대상이 되어 있다. 그들은 성서에 명기되어 있지 않은 것까지도 십일조의 규정을 확대 해석하였다. 이로써 마태복음 23 : 23의 회향으로 번역된 것은 시라라는 것이 확실하므로, 시라로 바로잡는 것이 옳다고 본다.

시라의 학명은 Anethum graveolens L.이라 한다. 원래 그리스에서는 시라(Dill)를 Anethon이라 불렀다 한다. 로마시대에도 지금의 학명인 Anethum이라고 라틴어로 표기했는데, ana는 '젖어든다'는 뜻이고 aithein은 '탄다'는 뜻으로, 열매의 맛을 나타낸 것이다. 종명의 graveolens는 gravis(강한)+olens(향기로운), 즉 열매의 강렬한 향기에서 비롯된 이름이다.

시라의 열매를 시라실(蒔蘿實)이라하여 한방에서 방향성구풍제, 거담제, 건위제, 홍분제로 이용하고 있다. 그러나 시라는 5,000년 전의 고대 이집트의 고분에서 재배 사용한 기록이 발견된, 옛부터 중요한 약초 및 향신료였다.

고대 유럽에서는 이 향기가 마녀의 주력(呪力)을 물리치는 신통력이 있다고 믿어서, 마녀의 주술에 걸리지 않으려고 집안에서 태워서 훈증하기도 하고, 말려서 문 위에 걸어놓기도 했다 한다. 반면에 마녀도 주문을

회향(시라)

외워서 마법을 걸 때, 시라를 이용하여 그 힘을 빌렸다고도 한다. 이것은 시라의 열매에 함유된 정유가 진정 최면의 효과가 뛰어나기 때문이다.

딜(Dill)이라는 이름은 옛 스칸디나비아어의 Dilla에서 비롯된 것인데, '진정시킨다' 또는 '달랜다'라는 뜻을 갖고 있으며, 이 씨의 진정효과를 옛날부터 높이 평가하여 믿고 있었음을 말해주고 있다. 한밤중에 갑자기 우는 젖먹이에게 이 씨를 달여서 그 물을 먹이면 신통하게 울음을 그치고 잠든다는 것이다.

시라의 씨를 천에 싸서 향기를 흡입하면 딸꾹질이 멎으며, 기분이 언짢은 것을 고치고, 뱃속의 가스나 복통을 없앤다고 적고 있다. 17세기에는 'Meeting House Seed'라고도 한 적이 있는데, 교회의 예배가 길어져서 지루해질 때에 사람들은 시라씨(Dill Seed)를 씹으면서 시장기나 지루함을 잊었다고도 한다.

시라씨는 소화, 구풍, 진정, 최면의 효과가 뛰어나며 구취제거, 동맥경화의 예방에 좋다. 그리고 당뇨병 환자나 고혈압인 사람들이 먹는, 소금기 적은 음식의 풍미를 내는 데에 긴히 쓰인다. 또 어른들의 불면증에는 취침 전에 차로 마셔도 되고, 잎이나 씨를 말려서 베개 속에 넣고 베고 자면 잠이 잘 온다.

시라는 지중해 연안과 남부유럽, 인도, 이란 등에 걸쳐서 자라는 1년초이다. 회향이 다년초인 점과 구별된다. 키는 50~100cm로 자라며 회향(2m)보다 작다. 가지를 많이 치며, 잎은 3회 우상복엽으로 찢어졌다. 잎이 실처럼 가늘다. 5~6월 경이면 가지에 꽃대가 나와서 노란 잔꽃이 복산형화서로 피어나기에, 마치 양산을 편 듯하다. 회향도 꽃빛, 꽃 핀 모양, 잎의 생김이 비슷하다.

꽃진 뒤에는 동글납작한 열매(길이 3~5mm)가 맺혀서 황갈색으로 익는다. 열매 주위에 좁은 날개가 있다. 씨는 매우 향기롭고 가볍다. 포기 전체에도 향기가 있어서 열매를 약용하는 외에 소스, 카레가루 혼용, 케익, 쿠키, 빵의 부향제, 향신료로 쓰며 어린 잎은 스프, 소스, 피클의 부향제와 드레싱으로도 이용한다.

　소회향(小茴香, 커민) : 마태복음 23 : 23에 '근채'로 번역되어 있다. 이 것 역시 중국어 성경에 근채(芹菜)로 번역한 것을, 그대로 우리말 성경에다가 옮긴 것이다. 영어 성경과 일본어 성경은 '커민'(Cumin)으로 번역하고 있다.

　소회향은 학명을 Cuminum Cyminum L.이라 하는, 미나리과에 속한 1년초이다. 지중해 연안, 이집트, 시리아, 레바논 등지가 원산지로서, 히브리명을 Kammon이라 하는데 아랍어 Kemum, 아카디어 Kemum에서 비롯된 것이라 한다. 따라서 영명을 Cumin 또는 Cummin이라 표기한다.

　소회향은 회향을 닮았으나, 작다고 해서 소회향이라고 붙인, 중국 이름이다.

　소회향은 머슈나(Demai 2 : 1)에서 십일조의 대상으로 삼을 것을 명한 식물이라 하니, 마태복음 23 : 23의 근채를 소회향으로 바로잡는 것이 옳을 것이다.

　소회향은 키가 30cm 정도로 자란다. 잎이 실처럼 가늘게 찢어지는 2회 3출 우상복엽으로, 연약한 느낌을 주며 잘 넘어진다. 여름이면 가지끝에 흰색~연분홍색의 잘다란 꽃이 복산형화서로 핀다. 열매는 가는 타원형인데 길이 4~7mm, 폭 2mm의 갈색이다. 소회향 씨에는 2.5~4%의 정유가 함유되어 있으며, '구미날'이라는 성분이 타는 듯이 톡 쏘는 매운맛의 성분이다. 옛날 이집트, 그리스, 로마시대부터 육류(양고기, 쇠고기, 조류) 요리의 향신료로 후추처럼 썼다. 중세에 와서는 가장 일반적인 향신료의 하나가 되었다.

　이사야 28 : 25, 27에서, 농사짓는 법과 추수하는 방법을 설명하여 하나님의 교훈을 받으라고 했다.

　소회향은 막대기로 톡톡 치면 쉽게 낱알이 떨어진다.

　그러므로 도리깨로 두들기면 씨가 부서져서 향유가 날아갈 것을 염려했음을 알 수 있다.

소회향(근채)

소회향은 고대 이집트 B.C. 1500년 경의 파피루스에 기록된 800종의 약초 중에 들어 있을 정도로, 중요하게 생각한 식물이었는데 미이라를 만들 때에 방부제로 쓰기도 했다. 옛날에는 이디오피아산이 최고라고 했고, 그 다음이 이집트산이라고 했다는 것이다. 지금도 북아프리카 연안, 중근동 지방, 인도 등에서 재배하고 있다. 특히 인도에서는 카레가루의 혼합제로서 뺄 수 없는 향료로 널리 재배되고 있다.

열매의 정유성분은 홍분과 구풍제로 쓰인다. 자극성 풍미는 카레뿐만 아니라, 각종 요리에 부향제 및 향미 향신료로 사용한다. 릭큘, 치즈, 피클, 스프, 스튜, 빵, 케익 등에도 넣는다. 특히 소화를 촉진하고 장 속에 가스가 차는 것을 막아준다.

대회향(大茴香, 검정풀) : 이사야 28 : 27에서 수확할 때에 수레바퀴를 굴리지 아니하고 작대기로 떤다고 기록된 식물이다.

이것은 소회향의 씨가 쉽게 탈곡되므로 막대기로 쉽게 탈곡할 수 있지만, 대회향의 씨는 크고 두꺼운 삭과(蒴果) 속에 들어 있어서 튼튼한 작대기로 두들겨서 탈곡해야 한다.

대회향은 미나리아제비과에 속한 1년초이다. 학명은 Nigella Sativa L. 이라 하며, 히브리명은 gesah라 하는데, 아라비아어의 Kazha와 연관되어 있다고 보고 있다. 대회향의 씨가 검기 때문에 영명은 Black Cummin이라 한다. 대회향(大茴香)은 이 식물에 붙인 중국이름이며, 우리말 성경에도 그대로 번역되었으나, 공동번역 성경에는 '검정풀'이라고 번역하고 있다.

대회향은 지중해 연안과 남유럽, 시리아, 이집트, 북아프리카 등이 원산지이다. 잎이 회향처럼 깊이 찢어져서 실 같으며, 키는 30cm 정도로 자란다. 가지가 갈라진 끝에 다섯 장의 꽃잎을 가진 청백색(연보라색) 꽃이 핀다. 이 꽃에는 많은 수술이 있다.

열매는 크며 5실(室)을 지닌 두터운 삭과(茴果)로 되어 있는데, 각 실마다 검고 잘다란 씨가 많이 들어 있다. 이 씨에는 매운맛이 있는 자극성이 강한 방향성 정유가 함유되어 있다.

옛날부터 아랍인들은 식욕자극제로서 대회향의 잘다란 씨를 각종 식품

대회향(검정풀)

의 조리에 사용했다. 빵이나 케익에는 참깨와 함께 섞어서 뿌리기도 하고, 후추가 알려지기 훨씬 이전부터 후추처럼 조미료로 이용했다.

인도네시아에서는 대회향 씨를 Jinten Hitam이라 하여 과자의 향료 및 약용(최유, 자극, 강장제)으로 이용한다.

백향목 (柏香木)

백향목은 구약성서에 70번이나 등장하는 귀한 나무로서, 사자를 동물의 왕으로 여겼듯이, 백향목을 수목의 왕으로 숭앙했음을 알 수 있다.

백향목은 레바논시다(Cedrus Libani Loud)라 하며, 레바논 산맥 표고 1,500~2,000m의 눈 덮인 높은 산에 자라는 장대한 교목으로서, '튼튼하게 뿌리를 뻗는 강인한 수목'이라는 뜻의 고대 아랍어가 어원이라 한다.

이 나무가 얼마나 큰가 하면, 높이가 40m에 줄기의 지름이 3m씩 자라는 웅장한 침엽수이다. 달걀 같은 솔방울이 달리는, 큰 나무이면서도 나무 모양이 매우 아름답다. 어릴 때에는 피라미드꼴이지만, 자라면서 가지가 수평으로 넓게 퍼져서, 우산을 편 듯이 수려한 외관으로 사람을 압도한다. 더욱이 수명이 2,000~3,000년씩이나 되므로 수목의 왕으로 여김받아도 손색이 없다.

특히 백향목은 짙은 향기를 풍겨서 향기롭고, 나무진이 많아서 충해가 없을 뿐더러, 방부력(防腐力)도 있어서 내구력(耐久力)이 뛰어나다. 게다가 아름답게 광을 낼 수도 있어서 가장 귀중한 건축재였으며(시편 104 : 16) 선박재, 악기재, 조각재, 관재로도 쓰였다.

특히 백향목은 추운 곳에서 자라기 때문에 재질이 굳다. 또 곧바로 높고 크게 자라므로 큰 건축재를 얻을 수 있어서, 레바논과 인접한 여러 나라의 지배자들이 그들의 궁전을 짓는 데 건축재로 많이 이용했다.

성경에서 백향목을 얼마나 위대하게 비유해서 표현했는가 하면

- 레바논의 영광 : 이사야 35 : 2, 60 : 13
- 억센 힘(力) : 시편 29 : 5
- 장대함(巨高) : 열왕기상 19 : 23, 이사야 2 : 13
- 위엄(威嚴) : 열왕기상 4 : 33, 열왕기하 14 : 9, 스가랴 11 : 1, 등의 심볼로 다루고 있다.

백향목이라 하면, 궁전을 짓는 건축재였음을 가장 먼저 떠올리게 되는

것은, 앞에 말한 장점들이 높이 평가되어 중용되었기 때문이다. 구약성서의 열왕기, 역대기, 사무엘서 등에서 레바논시다의 재목이 건축재로서 다른 모든 재목보다도 귀중하게 여긴 것을 뚜렷이 전하고 있다.

사무엘하 5:11에서, 다윗의 집을 짓기 위해 두로왕 히람이 사자들과 백향목과 목수와 석수를 보내어 집을 짓게 했고, 솔로몬이 예루살렘 성전을 짓기 위해 두로왕 히람과 상거래의 계약을 맺고 원하는 대로 백향목과 잣나무를 벌채해 가고 그 댓가로 곡물과 기름을 주었다는 기록이 있다.

7년 걸려서 건축한 예루살렘 성전역사에 동원된 인력은, 이스라엘인이 3만 명이나 징발되어서 레바논으로 보내졌고, 일꾼이 15만 명이 소요되었으며 감독관 3,300명이 파송되었다. 산에서 벤 목재는 해로로 욥바에 보내어지고, 다시 육로를 통하여 예루살렘으로 운반되어서 성전의 중요한 부위에 쓰였음을, 열왕기상 5장, 6장, 역대하 2장 등에서 알 수 있다.

또 열왕기상 7장에는 13년씩 걸려서 건축한 솔로몬 왕궁의 건축에도, 레바논의 백향목이 중용되었음을 적고 있다. 또 에스라가 성전을 수리할 때에도 레바논의 백향목을 사용했다(에스라 3:7).

백향목은 이스라엘 사람만 사용한 것이 아니었다. 고대 이집트 사람들은 백향목을 선박재로 썼으며, 특히 미이라를 만들 때에 뛰어난 내구력을 높이 사서 관재(棺材)로 사용했다. 이 나무에서 채취한 수액(樹液), 즉 기름을 시체에 발라서 부식을 방지했다. 고대 로마에서도 이 기름을 서책이나 글씨를 쓰는 종이에 칠해서 좀이 스는 것을 방지했다. (Numa의 고문서들)

고대 앗시리아 사람도 백향목을 벌채 운반하여다가 궁전을 지었다고 비문에 새겨서 남기고 있다.

백향목을 다루면서 꼭 지적하고 싶은 것은, 이 엄청난 남벌이 가져다 준 결과에 대해서이다.

옛날에 그토록 울창했던 광활한 레바논의 백향목 대삼림이 지금은 간 곳이 없고, 단지 레바논산맥의 한 계곡에서만 존재한다고 한다. 레바논의 영광이라고 했던 백향목, 그 나라의 국화이며, 국기와 우표, 돈에도 도안이 되어 있는 레바논시다는 저를 학대한 이기적인 인간에게 보기좋게 복수를 했다. 솔로몬왕 시대부터 3,000년간, 오늘까지 문명이라는 이기심 때문에 자기의 탐욕을 채우려고 자연을 파괴하고서 인간이 얻은 것은, 야생의 동식물이 멸종되고 자연의 균형이 붕괴되어 짐작하지 못했던 결과를 초래하게 된 것이었다. 개척한 경사지는 홍수로 인하여 침식됨으로써 표토가 유실되고 모래먼지만 남은 사막으로 변모되었다.

이것은 하나님이 창조하신 젖과 꿀이 흐르는, 대추야자가 무성하던 땅은 분명 아니다. 창조주에게 기도 드릴 성전을 건축하려고 창조주가 만들고 심히 아름답다고 하신 삼림을 인간의 손으로 약탈하기 시작한 것을 아이러니라고 해야 할지 모르겠다.

하박국 선지자는 '레바논에 행한 포학'이라고(하박국 2 : 17) 지적하고 있다.(삼림의 벌채)

우리는 여기에서 자연보호의 중요성을 깨달아야 한다.

원시림이 남벌로 황폐화된 뒤, 일부만이 남아 있는 곳에 12 그루의 큰 교목이 있어서 신성하게 여기고 있다는 것이다. 회교도들은 성자의 화신(化身)이라 하여 신성시하고 숭앙하며, 유태인은 '솔로몬의 12친구'라고 부른다. 그리고 기독교에서는 '예수의 12사도'라 하여, 매년 8월 6일을 예수의 변화산에서의 변용(變容)된 기념일(마태복음 17 : 2~8)로 삼아, 아루메니아 교회나 그리스 동방정교회나 몰몬교 등의 신자들이 이 나무를 찾아서 순례를 온다고 한다.

전설에는 아담이 임종하게 되자, 아들 '셋'을 에덴동산에 보내어 동산지기 천사에게 '생명나무'의 수액을 조금만 얻어와서 마실 수 있게 해달라고 부탁했다. 천사는 수액 대신에 한 나무밑둥에서

나온 작은 가지를 잘라서 '셋'에게 주었다. 얼마 안 가서 아담은 숨을 거두고, 그의 무덤에 에덴동산에서 꺾어온 나뭇가지를 심었더니, 자라서 3갈래의 큰 가지를 이루었다. 그것이 백향목과 싸이프레스와 올리브나무였다 한다. 이 나무들은 5,000년 뒤, 예수가 십자가에서 인류의 죄를 대신지실 때, 쓰인 바로 그 십자가의 재료들이었다. 기둥은 백향목, 가로지른나무는 싸이프레스, 유대왕이라고 쓴 명찰은 올리브나무로 만들어졌다고전해지고 있다.

또 다른 전설이 있다. 한 천사가 무서운 폭풍을 만나, 백향목 밑에서 난을 피할 수 있었다. 천사는 하나님께 이 나무는 향기가 좋고 나무그늘이안전하였으므로, 장차 인간에게 행복을 갖어다 주는 유익한 열매가 달리게 해달라고 빌었다 한다.

그래서 이 열매에서 난 백향목이 예수그리스도의 성상(聖像 : 이콘)을만드는 재목으로 쓰이게 되었다고 하는데, 그 후 성상은 언제나 백향목으로 만들게 되었다. 지금도 옛 고분에서 백향목으로 조각한 것이 원형대로발견되고 있어서 이를 증명한다. 아울러 내구력의 뛰어남도 말해 주고있다.

잣나무(이태리편백) · 전나무(스닐전나무)

"갈릴리 땅의 성읍 이십을 히람에게 주었으니, 이는 두로왕 히람이 솔로몬에게 그 온갖 소원대로 백향목(레바논시ー다)과 잣나무와 금을 제공하였음이라."(열왕기상 9 : 11)

"백향목 널판으로 전의 안벽, 곧 전 마루에서 천장까지의 벽에 입히고 또 잣나무 널판으로 전 마루를 놓고."(열왕기상 6 : 15)

"이에 솔로몬에게 기별하여 가로되 당신의 기별하신 말씀을 내가 듣고 내 백향목 재목과 잣나무 재목에 대하여는 당신이 바라시는 대로 할지라."(열왕기상 5 : 8)

"레바논아, 네 문을 열고 불이 네 백향목을 사르게 하라. 너 잣나무여, 곡할지어다. 백향목이 넘어졌고 아름다운 나무가 훼멸되었도다. 바산의 상수리나무여, 곡할지어다. 무성한 삼림이 엎드려졌도다."(스가랴 11 : 1~2)

"내가 광야에는 백향목과 싯딤나무와 화석류와 들 감람나무를 심고 사막에는 잣나무와 소나무와 회양목을 함께 두리니."(이사야 41 : 19)

개역성경에 잣나무로 번역된 식물의 히브리명은 '버로쉬'(berosh)이고 복수일 때에는 '버로쉼'(beroshim)이며, 학명은 Cupressus Sempervirens L.이고, 영명은 Evergreen Cypress:Italian Cypress.라 한다. 공동번역 성경은 '전나무'로 번역했고, 새번역 성경은 '잣나무'로 번역하고 있다. 중국어 성경은 송목(松木) 또는 송수(松樹)라 했고, 일본어 성경은 실삼나무(イトスギ)로 번역하고 있다.

그런데 버로쉬는 잣나무가 아니라, 팔레스틴에 자생하는 '이태리편백'을 지칭한 이름이라고 보고 있다. 성경에 30여 회나 기록된 버로쉬는, 화분(花粉)을 분석해서 얻은 결과와 고고학적 발굴의 출토품에 건축재와 가구재로 사용한 것이 나타남으로써, 이 나무임을 증명해 주고 있다.

학명의 Cupressus는 편백나무의 라틴어이며, 그리스어일 때는 Cyparisos라고 하는데, 영명의 Cypress(편백)를 말해 주고 있다.

사이프레스(Cypress)의 어원을 살펴 보면, 지중해의 사이프러스섬에 고대 페니키아인이 들어가 살면서 그 섬에 많이 자생한 크고 아름다운 이 나무를, 여신 Beroth의 화신이라 하여 숭배했다. 그러므로 여기에서 사이프러스섬의 이름이 생겼으며, 이 나무의 이름 Cypress도 이에서 비롯된 것이라 한다.

잣나무

잣나무 : 한국, 중국 동북부, 아무르 등 아한대가 원산지로, 소나무과에 속한 침엽교목이다. 잣(열매)을 얻는 것이 목재만큼이나 중요한 식물이다. 성지에 잣이 열리는 '돌소나무'(Stone pine : 학명 pinus pinea L)가 있기는 하나, 성경에는 이사야 44 : 14에 단 한번 히브리명 디르사(Tirzah)로 기록되어 있을 뿐, 성경의 버로쉬는 이태리편백임이 틀림없다는 것이다.

이태리편백은 측백나무과에 속한 상록교목이다. 팔레스틴에서는 높이 20~25미터씩 자라며, 나무모양은 끝이 좁아진 빗자루를 세운 듯한데, 가지가 위를 향하고 가지와 잎이 빽빽하다. 또 장대하면서도 모양이 수려하여, 지금도 관상수로 사랑받고 있다.

편백나무류는 유럽, 북미, 아시아에 약 22종이 분포하고 있다. 이태리편백은 동부 지중해연안~남부 유럽이 원산지이다. 이 나무는 편백나무류의 특징인 잎이 비늘 같은 인엽(鱗葉)이며, 강한 향기가 있다. 구과(球果)는 2~3cm 크기의 구형~타원형으로, 결실한 다음해에 익는데, 마르면 거북이 등처럼 갈라져서 씨가 나온다.

나무의 재질은 굳고 치밀하며, 향기가 좋고 붉은 빛을 띤다. 내후력(耐朽力)이 뛰어나서 벌레가 먹지 않는 등 많은 장점이 있다. 건축재, 가구재, 기구재, 관재, 선박재 등에 중요하게 쓰였다. 또 가지에서 편백유(oil of cypress)를 채취하여 향료로 이용하며, 진해제로도 약용한다. 사이프러스의 향기는 공기를 맑게 하므로, 옛날에는 폐병에 좋다고도 했다.

솔로몬왕은 이 나무를 성전의 건축재로 사용했다. 레바논시—다(백향목)에 뒤지지 않는 향, 빛깔, 내구력 등이 있는 자국 생산의 이태리편백을 존중했을 것으로 짐작할 수 있다.

그 예로, 이 나무로 만든 콘스탄티노플의 성문이나 로마의 성베드로 성당의 문 등은, 1200년이 지난 지금도 부식된 곳이 한 군데도 없을 정도로 훌륭히 보존되어 있다.

이러한 장점 때문에 관(棺) 재료로도 즐겨 사용했는데, 고대 이집트인 미이라의 관 재료로 즐겨 썼으며, 고대 아테네 영웅의 관도 이 나무로 만들었다. 지금도 그리스인은 관 재료로 사용하고 있다. 또 가구나 기구재로

도 널리 썼는데 쥬피터의 신상, 홀, 헤라크라스의 지팡이 등을 만들었다
한다. 그리스의 철학자 플라톤은, 후세에 남길 법전(法典)을, 황동이 아
닌 이태리편백 나무판에 조각했다고 한다.

선박재로는, 페니키아인, 크레타인, 그리스인 등이 널리 이 나무로 배
를 지었으며, 알렉산더 대왕의 군선단(상선단)의 선박도 이 나무로 만들
었다.

그런데 창세기 6 : 14의 노아가 방주를 만든 잣나무는, 히브리어 gopher
이라 하며 gopher wood(영명)인데 이 나무 역시 이태리편백, 즉 버로쉬를
지칭한 것이라 한다. 이렇게 볼 때, 이태리편백의 사용가치는 아득한 옛날
여호와께서 이미 인정하셔서 노아에게 명한 중요한 선박재였음을 알 수
있다.

전설에는 아담이 임종이 가깝게 되자, 아들 '셋'을 에덴동산에 보내어,
동산지기 천사에게 '생명나무'의 수액을 조금만 얻어다가 마시게 해 달라
고 부탁했다. 그런데 천사는 수액 대신에 한 나무 밑둥에서 나온 작은 가
지를 잘라서 '셋'에게 주었다. (일설에는 씨 3개를 주었다고 함) 얼마 안
가서 아담은 숨을 거두고, 그의 무덤에 에덴동산에서 가져온 나뭇가지를
심었더니, 자라서 세 갈래의 큰 가지로 자랐다. 그것이 바로 백향목(레바
논시—다)과 이태리편백(cypress)과 올리브나무였다 한다.

이 나무들은, 5000년 후에 예수가 인류의 죄를 대신 지실 때에 쓰인, 십
자가의 재료들이었다 한다. 기둥은 백향목, 가로지른 나무는 이태리편백,
유태왕이라고 쓴 명패는 올리브나무로 만들어졌다고 전해지고 있다.

전나무 : 레바논에서 전나무(Cilician Fir : 학명 Abies ciliciea Carr)를
아카디아어로 burasu라고 한다는 것에서 비롯되었다. 레바논에서는 이태
리편백(버로쉬)이 발견되지 않는 반면, 지금도 레바논시—다와 혼합림으
로 남아 있는 스닐 전나무가, 솔로몬왕이 두로의 히람왕에게서 수입한 목
재, 즉 백향목과 전나무(잣나무)를 지칭한 것일 수도 있다는 견해도 적지
않다.

전나무류는 북반구의 난대~아한대에 약 40종이 분포하고 있다. 우리가

생각하는 동양종의 전나무는 강도가 약해서, 고급 건축재는 못 되고 내장재나 펄프재로 쓰이므로, 성경의 전나무와는 차이가 있다.

스닐 전나무는 높이가 20~30m, 지름이 60~76cm나 되어 훌륭한 건축재로 쓰인다. 시편 104 : 17과 에스겔 27 : 5, 31 : 8, 역대하 2 : 8의 잣나무는 스닐 전나무를 지칭한 것이라고 보고 있다.

버로쉬에 또 하나 포함시켜야 한다고 주장하는 나무는, 레바논에서 brotha(부로다)라고 하는 스닐향나무(Eastern Savin : 학명 Juniperus excelsa M.B)이다. 이것 역시 아카디아어로 burasu라고 하는데, 측백나무과에 속한 침엽수이다. 레바논시―다(백향목)와 비슷한 큰 나무로, 지금도 스닐산에 백향목과 함께 섞여 자라고 있으므로, 백향목을 수입할 때에 이 목재도 함께 수입했을 것으로 보고 있다.

전나무

스닐향나무는 높이 20m씩 자라며, 가지가 위나 옆으로 향해 퍼져서, 피라밋 모양이 되어 아름답다. 인엽은 대생, 침엽은 윤생하여, 한 나무에 두 가지 잎이 난다. 아가서 1 : 17의 잣나무 석가래로 사용한 berosh의 복수인 berothim이, 스닐 향나무의 이름이기 때문이다.

이렇게 볼 때 잣나무, 또는 전나무로 번역된 버로쉬(berosh)는 이태리편백, 스닐전나무, 스닐향나무의 종합 명칭이라고 보는 것이 타당하다. 성서 사전에는 이것을 이태리편백으로 묶고 있다. 이것은 레바논에서 수입했을 때, 팔레스틴에 있는 이태리편백과 같은 나무라고 생각하여 같은 이름인 버로쉬를 붙였다는 것이다.

아무튼 분명한 것으로, 잣나무와 전나무로 번역된 식물은, 우리가 알고 있는 한국의 잣나무나 전나무가 아니라, 이태리편백이라는 식물이다.

오목 · 백단목

오목(烏木 : 黑檀) : 구약성경 에스겔 27 : 15 에, "드단 사람은 네 장사가 되었음이여. 여러 섬이 너와 통상하여 상아와 오목을 가져 네 물품을 무역하였도다."라고 한, 값비싼 사치품인 상아와 함께 등장하는 오목 역시 값비싼 사치품 수입 목재 중의 하나다.

오목은 히브리어 hobnim, 학명은 Diospyros ebonum koenig. 이라 하며, 영명은 Ebony인데 중국명은 오목(烏木)이라 한다. 우리도 중국명을 그대로 도입하여 '오목'이라 번역하였으나, 이 나무는 학술적으로 흑단(黑檀)이 올바른 이름이므로, 흑단으로 고치는 것이 옳다고 본다. 단(檀)자는 박달나무처럼 단단하다는 뜻이다. 그래서인지 공동번역 성경은 오목을 박달나무로 크게 오역하고 있다. 다행히 표준새번역 성경은 흑단으로 고쳐져 있어서, 올바른 번역이라고 지적할 수 있다.

흑단이라 함은, 심재(心材)가 칠흑 같은 검은색이므로, 흑단(黑檀)이라 한다. 중국에서는 까마귀처럼 검다 하여 까마귀 오(烏)자를 써서 오목(烏木)이라 했다. 영명은 True Ebony 또는 Black heart wood라는 별명도 주어져 있다.

흑단은 감나무속에 속해 있어서 학명이 Diospyros이다. 이는 그리스어의 dios(신)+pyros(과실)을 짝지은 말로서, 열매가 맛이 있어서 붙여진 이름이며, ebonum은 칠흑같이 검다는 뜻이다.

감나무속은 세계의 열대와 아열대에 약 500종이 있다. 흑단처럼 유용한 용재(用材)가 되는 것도 있고, 감이나 단감처럼 열매를 식용하는 과수가 있는가 하면, 탄닌의 원료가 되는 과실을 생산하는 것 등 다양하다. 그 중에서 용재로서 심재가 검은 것의 대표적인 것이 흑단이다. 이 나무는 인도, 스리랑카가 원산지이므로 Ceylon ebony, Bombay ebony라고도 하는데 마래이어를 사용하는 지역에서는 kayu malam, K.hitam, K.arang이라 한다.

흑단은 암수꽃 다른 그루의 상록교목이다. 높이 6~7m씩 곧게 자라며,

잎은 감나무잎처럼 10cm 크기의 장타원형 가죽질로서 두 줄로 호생한다. 꽃은 종 모양이다. 엽액(葉腋)에 끝이 넷으로 갈라진 녹색의 잔꽃이 핀다. 2cm 크기로 감처럼 생긴 장타원형의 살이 많은 열매가 맺힌다. 재목은 지름이 50cm 이상 되는 것이 없다. 처음에는 희고 연하지만 늙으면서 단단해진다.

대개 변재(邊材)는 회색에 검은 무늬가 있으며, 심재(心材)는 새까맣게 되기 때문에 장식목 중에서 최고의 귀중품으로 여겼다. 심재의 특징은 검은색일 뿐만 아니라, 무겁고(비중 0.80~1.20) 단단하며, 치밀하고 뒤틀리지 않는다는 것이다. 문지르면 광택이 나서 더욱 아름답고 가공이 쉽다. 따라서 고급 가구, 기구, 악기(피아노 건반), 조각, 자, 로구로, 상감, 기둥 등에 쓰이는 고급 장식재이다. 에스겔은, 백색인 상아를 새까만 흑단의 안측에 대면 훌륭한 대조를 이루는 장식품이 되는 것을, 암시해 주고 있어서 흥미롭다.

고대에는 아시아나 아프리카 상인들이, 인도나 스리랑카에서 수입하였다. 그리고는 페니키아인, 바벨론 사람, 애급 사람들과 무역하였다. 그들은 흑단으로 고급 가구 외에도 우상(아폴로나 여러 여신상 등)을 조각하는 데에 사용했다고 한다.

중국에서는 흑단(오목)의 나무 부스러기(조각할 때 나오는)를 약용했는데 해독의 효과가 있다고 알려져 있다.

우리나라 먹감나무(黑柿)의 재목도, 흑단에는 미치지 못하나, 고급 장식용재로 귀중하게 여긴다.

백단목(白檀木 : 紫檀) : 열왕기 상 10 : 11~12에, "오빌에서부터

오목

금을 실어 온 히람의 배들이, 오빌에서 많은 백단목과 보석을 운반하여 오매 왕이 백단목으로 여호와의 전과 왕궁의 난간을 만들고 또 노래하는 자를 위하여 수금과 비파를 만들었으니, 이같은 백단목은 전에도 온 일이 없었고 오늘까지도 보지 못하였더라."라고 하였다.

역대하 9 : 10, 11에도, "후람의 신복들과 솔로몬의 신복들도 오빌에서 금을 실어 올 때에 백단목과 보석을 가져온지라, 왕이 백단목으로 여호와의 전과 왕궁의 층대를 만들고 또 노래하는 자를 위하여 수금과 비파를 만들었으니, 이같은 것들은 유다 땅에서 전에는 보지 못하였더라."라고 기술하고 있다.

역대하 2 : 8에는, "또 레바논에서 백향목과 잣나무와 백단목을 내게로 보내소서. 내가 알거니와 당신의 종은 레바논에서 벌목을 잘하나니 내 종이 당신의 종을 도울지라."라고 하였다.

솔로몬왕이 성전과 왕궁을 짓기 위해서 수입한 건축재 속에 포함되어 있는 백단목은, 자단(紫檀)이 오역된 것임을 바로잡고자 한다.

우선 개역 성경이나 표준새번역 성경에는 모두 백단목(白檀木)으로 번역되어 있으며, 공동번역 성경에는 오동나무(악기를 만든다는 데서?)로 번역되어 있다. 일본어 성경은 백단(白檀)이라 번역했고, 중국어 성경은 단향목(檀香木)이라 번역했다. 단향목은 백단목의 중국명이므로 동일한 번역이라 할 수 있다. 그런데 백단목이 어떤 나무인가를 살펴보면, 오동나무라 한 것이나 백단목 모두가 앞에 인용된 성경 구절의 나무와는 큰 차이가 있어서, 잘못 번역된 것을 알 수 있다.

이 나무의 성경구절의 히브리어는 almuggim(almug), 혹은 algumin(algum)인데, 영명은 히브리명을 그대로 음역하여 Almug wood라 부른다. Almug(Algum)은 백단향유를 지칭한다.

백단목

백단목은 학명을 Santalum album L.이라 하는데, 이 것은 이 식물의 아라비아어 ssandal에서 전화(轉化)된 것이다. 말레이어는 isjendan이라 하며 종명의 albus는 '백색의'라는 뜻이다. 백단목의 영명은 Sandal wood라 하는데, 인도가 원산지인 상록소교목으로서 높이 3~10m로 자라며 줄기의 지름이 큰 것이라야 25~30cm가 고작이다.

이 나무의 특징은 목재(木材)에 좋은 향기가 있어서 훈향제로서 유명하다. 심재(心材)가 담황색~백색이어서 백단목이라 한다. 굳고 치밀하여 불상이나 미술조각, 로구로, 작은 상자, 상감, 목세공품 등의 제조에 쓰인다. 뿌리(根材)는 더 향기로워서 심재와 함께 가루로 만들어 증류하여 휘발성 Sandal oil(백단향유)을 추출한다. 그것을 약용, 향수원료, 비누나 화장품의 부향제로 사용하는데에 향이 지속성이 있어서 쉽게 없어지지 않는 특징이 있다.

백단목으로 정제한 향료를 '단향'(檀香)이라 하여, 불교의 경전에도 등재되어 있을 정도로, 양질의 향으로 귀중하게 여긴다. 어느 정도인가 하면, 백단목을 거래할 때에 부피로 하는 것이 아니라, 저울로 달아서 무게로 거래할 정도로 높은 값의 나무이다.

인도의 힌두교에서는 종교의식에 이 기름을 이마나 상체에 바르며, 부자는 시신을 화장할 때에 백단목을 장작으로 쓰며 관도 만든다.

이렇게 볼 때, 백단목은 건축재가 아니며 악기를 만드는 나무도 아님을 알 수 있다.

솔로몬왕이 성전과 왕궁을 짓기 위해 수입한 Almug가 자단(紫檀)이라고, 이스라엘의 히브리대학 성서식물학자 '마이켈 조하리'(Michael zohary)는 지적했다. 유태인의 전승에는 이것이 자단을 지칭한 것이라고 하고, 이 목재를 계속해서 소망했다는 기록도 있어, 성전의 대지에서 앞으로 고고학적으로 입증되기까지는 Almug(Algum)은 자단이라고 부언하고 있다.

그렇다면 자단은 어떤 식물인가? 자단은 학명을 pterocarpus santalinus L.이라 한다. 그리스어의 pteron(날개)+carpos(열매)의 합성어로 열매에 가죽질의 날개가 있어서 붙여진 이름이다. 종명 Santalinus는 목재에 홍색

색소인 Santalin이 함유되어 있기 때문이다. 한편에서는 '백단(Santlum)과 같은'이란 뜻이라고도 풀이하고 있다. 따라서 영명은 Red sanders, 혹은 Red sandal wood라 하는 것과 대비시키고 있다. 자단(紫檀)이란 심재가 빨갛기 때문에 붙여진 한국, 중국, 일본 등지에서 부르는 학술적인 이름이다.

자단은 남인도, 스리랑카가 원산지인 콩과에 속한 상록교목이다. 높이 6~17m, 줄기 지름 30~50cm로 자라는데, 인도에서 수출하는 고가의 귀중한 목재 중의 하나이다. 심재는 암자홍색(벽독색), 문지르면 물결무늬가 나타나 아름다우며, 굳고 치밀하고 무겁다. 비중은 0.75로 티-크재의 30% 정도 더 무거우며, 굳기는 그 2배이다. 주로 건축재로서 귀중하게 생각했는데, 기둥이나 난간 등을 만든다. 그리고 기구재, 액자, 상자, 조각재(根材)로 쓰며 바이올린, 만도린, 비파 등 악기의 부분품으로도 사용된다. 솔로몬왕이 성전과 왕궁의 난간과 계단 등을 만들고, 노래하는 레위인을 위해 수금과 비파를 만들었다는 것과 일치하므로 자단임이 틀림이 없다.

자단의 목재에는 Santalin과 Desoxy santalin이라는 홍색 색소가 있어서 붉은 빛이 난다. 그런데 산타린은 알콜, 에텔, 알카리 등에는 녹지만 물에는 용해되지 않는다. 목재에서 홍색 염료 Santal Red를 채취하여, 매염(媒染)하지 않은 흰양털은 연홍회색으로, 그리고 크롬매염한 것은 암홍(暗紅)색으로 물들인다. 이 '산탈래드'는 종전까지만 해도 양털, 무명, 가죽 등의 염색용으로서 인도에서 유럽으로 수출되었다. 그러나 그 벽돌색은 햇볕과 알카리 및 비누로 변색하기 쉬워서 지금은 수요가 적어졌다. 이 색소는 수렴성이 있어서 이뇨작용을 하므로 약용으로도 쓰이며, 다른 목재를 붉게 염색하는 데도 쓰인다.

인도에서는 자단 목재의 분말을 백단목의 분말과 섞어서 붉은색의 향료를 만든다. 또 이 색소는 힌두의 계급을 표시하는 이마의 붉은색을 물들이는 데에도 쓰인다.

성경에 금이나 보석을 실어오는 배에 함께 실려온 자단의 가치를 잘 설명해 주고 있다. 전에도 본 일이 없고, 오늘까지도 보지 못했다는 열대산 값비싼 귀한 나무이다.

조각목 (싯딤나무)

조각목은 모세가 이스라엘 백성을 애굽의 노예생활에서 해방시켜 출애굽한 후, 홍해를 건너 시내광야에 이르러서 여호와 하나님께로부터 예물로 드리라고 한 품목에 들어 있는 나무이다(출애굽기 25 : 5, 35 : 7). 아울러 이 나무는 성막(증거막)과 성막에 쓰는 기물을 만드는 재목으로 지목된 중요한 나무다.

'언약궤'(법궤)(출애굽기 25 : 10)와 언약궤를 메는 '채'(출 25 : 13), 진설병을 차리는 상(출 25 : 23)과 상을 멜 채(출 25 : 28), 성막(지성소)을 지을 재목들(널판, 각목 등)(출 26 : 15, 26, 32, 37)과 번제단(출 27 : 1)과 번제단의 채(출 27 : 6)와 분향단(출 30 : 1)과 분향단의 채(출 30 : 5) 등을 만드는 데 쓰인 귀중한 나무다. 따라서 이스라엘 백성들은 이 나무를 신성한 나무라 하여, 일반 백성은 이것으로 가옥이나 기물들을 절대로 만들지 않았다고 한다.

개역성경에 조각목으로 번역된 이 나무의 히브리명은 싯딤(Shittim)인데 단수형(單數形)일 때는 Shittah라 한다. 애굽어 Sndit에서 유래되었다고 하며 아랍어 Sunt와 동일하다. 이것은 애굽, 아라비야, 이스라엘 남부에서 아카시아의 한 종(種)을 가리킨 이름으로부터 비롯되었다. 이 지역에서는 자주 볼 수 있는 흔한 식물이기 때문이다.

싯딤의 학명은 Acacia raddiana Savi이다. 조각목이 아니라 '아카시아나무'인데, 중국에 아카시아나무와 흡사한(가시와 콩꼬투리 등) 조각자나무(Gleditsia Sinensis L.)가 있어서, 중국어 성경에 조협목으로 번역한 것을 우리도 그대로 옮겨 조각목으로 오역한 것이다.

조각자(皁角, 皁莢)는 우리나라에 자생하는 주엽나무(Gleditsia Japonica L.)와 비슷해서 조각자를 주엽나무로 지칭하는 경우도 있다.

탕자의 비유에 나오는 돼지먹이로 쓰인 쥐엄나무(Ceratonis siliqua L)는, 주엽나무의 열매 꼬투리와 생김새가 흡사하여서 주엽나무와 동일하게 생각하기 쉬우나, 전혀 별개의 식물이므로 혼돈하지 말아야 한다. 쥐엄나무는 지중해 연안이 원산지이다.

싯딤을 공동번역 성경과 새번역 성경에서는 아카시아나무로 바르게 번역하고 있으며, 영어 성경이나 일본어 성경도 모두 아카시아로 번역하고 있다.

그러나 지역명일 때는 싯딤으로 그대로 옮기고 있어서 흥미가 있다. 이것은 아카시아나무가 생육하고 있는 것에 연관된 이름들이다.(여호수아 2 : 1, 3 : 1, 민수기 25 : 1, 33 : 49, 요엘 3 : 18, 미가 6 : 5) 그런가 하면 신명기 10 : 3과 이사야 41 : 9에서는 히브리명인 싯딤나무로 번역하고 있어, 아카시아나무와 별개의 나무로 오해하기 쉬우나, 모두가 아카시아 나무를 지칭한 것이다.

학명의 속명(屬名) Acacia는, 그리스어의 Akis에서 유래된 것이다. 돌기(突起) 화살촉, 낚시 바늘의 걸고리 등을 뜻하는 말로서 아카시아나무의 가시를 의미하여 붙인 이름이라 한다.

아카시아나무류는 세계에 500여 종이 있다. 이스라엘과 시나이반도, 애굽 등지에는 4종이 분포하고 있다. 그 중에는 건축재로 쓰일 만큼 큰나무인 A. Raddiana와 A. Tortilis와 A. Seyal 등이 있다.

아카시아나무는 콩과에 속한 낙엽교목이다. 높이 5～8m로 자라며, 잎은 잘다란 작은잎으로 된 2회우상복엽으로 잎꼭지 밑은 작은잎이 변하여 된 길고 날카로운 가시가 있다. 꽃은 황금색이다. 긴 꽃자루에 동그란 실을 뭉친 듯한 작은 꽃이 달린다. 개화기는 봄과 늦여름, 두 번 꽃핀다. (관상용 미모사아카시아의 꽃과 같다) 열매꼬투리는 납작하고 꼬이며 많은 씨가 들어 있는데, 익으면 자연적으로 열매가 떨어진다.

아카시아나무는 수분이 적은 황야에서 자란다. 그래서 재목은 나뭇결이

치밀하고 단단하며(굳고) 아름다운 오렌지브라운색이다. 이 재목은 경고함 때문에 Shittim wood라 하여 절대로 썩지 않는 나무라고 생각하고 있다.

이스라엘 백성은 성막을 짓고, 성막 기물을 만드는 신성한 나무로 여기는 것처럼, 바벨론에서는 이슈탈의 신목으로서 이 나무를 생명력의 상징으로 삼았다. 고대 이집트에서는 어머니신(母神) 비이트에게 바친 나무였는데, 신 자신도 이 나무에 깃들어 있다고 했다 한다. 이집트에서는 영생의 상징으로 개무화과나무로 만든 미이라의 관을, 아카시아나무로 다시 덧씌워서 썼다는 것이다.(썩지 않는다고 믿어서)

우리는 아카시아라 하면, 봄에 나비 같은 하얀 꽃이 피며 매우 향기롭고 꿀이 많은, 밀원식물인 개아카시아(Robinia pseudo Acacia L.)를 생각하게 된다. 이것은 진짜 아카시아나무가 아니라는 뜻에서 개아카시아라고 한다. 일반적으로 진짜 아카시아는 우리나라로 근래에 도입되었으므로, 개아카시아를 아카시아로 부르며 통용하고 있다. 이 나무는 북미원산으로 1900년 초에 도입하여, 황폐지의 복구용 및 연료림으로 식재했다. 그러나 지금은 밀원식물의 대표적인 나무가 되었으며, 공해에 강하여 사방녹화용에 쓰이고 있다. 개아카시아의 재목도 강도가 뛰어나고 보존성이 높아서 널판재, 차량재, 목공예 등에 쓰인다.

에셀나무 (위성류)

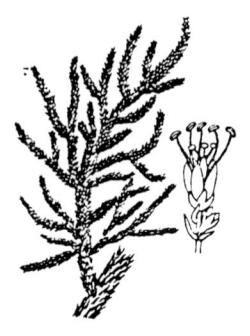

위성류는 성경에 히브리어 에셀(eshel)을 그대로 인용하고 있어서 에셀나무가 무슨 나무인가 살펴볼 필요가 있다.

창세기 21 : 33에, 아브라함이 아비멜렉에게 암양새끼 일곱을 주고 우물을 사서 증거로 삼았다. 그 때에 서로 맹세한 브엘세바(맹세의 우물)에 에셀나무(위성류)를 심고, 거기서 영생하시는 하나님 여호와의 이름을 불렀으며, 사무엘상 22 : 6에는 "사울이 다윗과 전투하기 전에 기브아 높은 곳에서 손에 단창을 들고 에셀나무 아래 앉았고 모든 신하들은 그 곁에 섰더라."라고 했다.

사무엘상 31 : 13에는, 사울이 블레셋 군대에게 패하여 자결해 죽었는데, 블레셋 군대가 그 시체를 벧산성벽에 못 박아 달아 놓은 것을, 길르앗 야베스 사람들이 듣고 시체를 성벽에서 내렸다. 그 후에 야베스로 가져가서 화장하여 그 뼈를 야베스 에셀나무 아래에 장사하고 7일간 금식했다고 나와 있다.

에셀나무는 성경에 보면 기념수나 녹음수였을지라도 성스러운 나무로 여겨졌던 것 같다. 사울의 장사사건인 역대상 10 : 12에는 에셀나무가 elah 즉 상수리나무(테레핀나무)로 바뀌어져 있다.

위성류(에셀나무)는 지중해 연안에서 아시아에 걸쳐, 건조지대에 약 75종이 분포하고 있으며, 지중해 연안에 10여 종이 자생하고 있다.

히브리명은 eshel이라 하고, 학명은 Tamarix. ssp이며, 영명은 Tamarisk, 중국명은 渭城柳라 하는데, 우리도 중국명을 따라 위성류라 부른다.

위성류는 이스라엘에 자생하는 흔한 나무 12종류 중의 하나인 상록수이다. 대개는 3~4미터의 관목(灌木)이나, 9미터씩 자라는 것도 있다고 한다. 이 나무는 건조한 기후에 매우 강하며 수습지(水濕地)를 좋아하고 염분(鹽分)에도 잘 견디며 가뭄에도 강하여 지중해 연안, 요단강 유역, 네게브 사막, 아라바 계곡의 강바닥 등 다른 식물들이 살 수 없는 곳에 자생하고 있다.

다른 식물이 모두 말라죽어도 까딱없이 그 푸르름을 잃지 않는 귀한 녹음수인데, 이것은 뿌리를 땅속 30미터까지도 뻗어서 지하수를 흡수하는 능력이 있기 때문이다. 특히 이 나무는 수관(樹冠)이 둥글고 울창하다. 가지는 가늘지만 능수버들처럼 늘어지는 성질이 있고, 잎은 잘다란 것이 비늘처럼 겹쳐져서 빽빽하게 나는 것이 특징이다. 따라서 잎이 증산작용(蒸散作用)을 하지 않기 때문에 수분증발이 억제되어서 사막 같은 건조지대에서도 수세(樹勢)를 잃지 않고 푸르게 견디어 내는 것이다.

사막에서 위성류의 큰 나무는 표지가 되기도 했고, 유목민에게는 귀중한 쉬임을 주는 녹음수였으며, 연한 가지는 양떼의 먹이가 되어 주기도 했다. 녹색의 잔 가지가 광합성과 호흡을 한다. 봄에 흰색~연분홍색의 잔꽃이 수상화서(穗狀花序)로 피며, 잘다란 열매가 맺힌다. 이 나무는 잎 속에 특수한 선(腺)이 있어서 염분을 분비한다.

우리나라에는 중국 원산인 위성류(T. Chinensis Lour)가 들어와서 관상용으로 재배되고 있다. 중국 위성류는 1년에 두 번, 봄과 늦여름에 꽃이 핀다. 봄에 핀 꽃이 더 아름다우나 결실되지 않고, 그해 자란 가지에서 꽃이 피는 늦여름의 꽃에서 열매가 맺힌다.

지중해 연안에 자생하는 위성류에는, 시리아위성류(Tamarix Syriaca BOISS), 잎없는(민둥)위성류(T. aphylla KARST), 나일위성류(T. nilotica BUNGE), 아티큐라타위성류(T. articulata VAHL), 요르단위성류(T. jordanicus BOISS), 테트란드라위성류(T. tetrandra PALL), 만나위성류(T. mannifera BUNGE), 가리카위성류(T. gallica L) 등이 있다. 그중에서 만나위성류와 가리카위성류, 나일위성류는 만나충이 위성류만나(Tamarix Manna)를 분비하는 나무로 알려져 있다.

만나

만나(manna)는 출애굽기(16 : 21~31)와 민수기(11 : 6~9), 신명기(8 : 3), 느헤미야(9 : 20~21), 시편(78 : 23~24), 요한복음(6 : 31), 히브리서(9 : 2~4) 등에 나오는 하늘에서 주신 기적의 양식이다. 200만 명이 40년간 주식으로 삼은 만나는, 아직도 신비스러운 기적의 영역에 속해 있다.

시나이반도에서 아라바 저지대에 걸쳐서 흔히 자라는, 만나위성류(Tamarix mannifera Boiss)나 나일위성류(T, nilotica Bunge), 가리카위성류(T. galliea L)는 만나충이 위성류만나를 분비하는 나무지만 아무리 많다손 치더라도, 200만 명이 먹을 양식을 공급할수는 없기 때문에 하늘이 내린 기적의 양식일 수밖에 없다.

다만, 여기서 만나가 다른 많은 나무 중에서 위성류를 먹고 사는 작은 곤충(鱗翅類)인 만나충(Trabutina mannifera) 혹은 Na-jococcus serpen-tinus에 의해 만들어진다는 것이 과학적으로 인정되고 있어 살펴보기로 한다.

만나충은 모양이 개각충을 닮았으며, 위성류의 줄기나 잎에 붙어서 수액을 흡수하여, 분비하는 액체를 만나라 한다. 만나충은 필요로 하는 질소를 취하기 위하여, 다량의 수액을 빨아서 그 불필요한 사탕액(단맛의 분비액체)을 몸의 일부에서 배출한다.

이것이 급속히 증발하여 액체가 흰색입자로 굳어져서 가지에 묻기도 하고 땅에 떨어지기도 한다. 시나이반도의 유목민은 아침 일찍 이 만나를 주워 모아서 설탕 혹은 꿀로 대신 사용한다. 지금도 이란, 요르단, 아라비아 각지에서는 여행자들에게 '만나'라고 하여 팔고 있다.

이 만나는, 오전 8시 경에 땅의 온도가 21℃가 되면, 개미가 활동하기 시작하여 만나를 날라가 버리기 때문에, 아침 일찍 수집하는 것이다. 출애굽기 16 : 21에 해가 뜨거워지면 만나는 녹아 버린다고 한 것은, 이것을 가리킨 것이 아닐는지 모른다. 지금도 6월 성하기에는 한 사람이 하루 1kg의 만나를 모을 수 있다고 한다.

만나충의 습성은 뜨거운 한낮보다 비교적 저온인 밤에 활동하여 꿀을 내는데, 이것이 굳어져서 이른 아침에 꿀의 비가 쏟아지듯 떨어지는 것이다.

위성류 만나의 화학적 분석결과는 당(糖)이 주성분으로 환원당(還元糖)이 9.1%, 서당(庶糖)이 29.5%, 수분 14%, 수불용물(水不溶物) 25.4%라고 한다. 맛은 달고 성경의 말씀대로 과자 같다.

중국 사람들은 이것을 감로(甘露)라고 한다. 모양은 이슬 같고 맛은 달기 때문에 감로라 하며, 감로가 내리면 서징(瑞徵)이라 하여서 좋아했다.

만나의 어원은 "이것이 무엇인가."라는 뜻이라는데, 과학적으로 위성류 만나를 규명했다 하여도, 역시 신비에 싸인 기적의 양식이다. 히브리서 9 :2~4에 지성소의 언약궤 속 금항아리에 담아 둔 만나 한 오멜은, 이스라엘 자손 대대로 40년간 광야에서 여호와가 먹이신 양식인 것을 보이기 위한 것이었는데, 썩지도 변하지도 않았다.

그러나 모세의 명령을 어기고서 욕심을 내어 많이 거둔 만나는, 아침이 되자 벌레가 생기고 냄새가 났다. 그런가 하면, 안식일 전날에는 이틀치를 거두어 간직해도 썩지 않았으며 벌레도 생기지 않았다.

이것은 과학이 입증할 수 없는 영역이다. 여호수아 5 : 12에는, 여리고 평지에서 그 땅의 소산을 먹은 다음날부터 하늘에서 내리던 만나가 그쳤으며, 이스라엘 사람들이 다시는 만나를 얻지 못했다고 기록되어 있다.

요한계시록 2 : 17에는, 이기는 자에게는 감추었던 만나를 주어라 라고 하여, 하나님께 속한 영적 양식이기도 하다는 것을 말해주고 있다.

참나무·상수리나무 (테레빈나무)

구약성경에 수없이 등장하는 상수리나무는 참나무의 일종으로, 도토리가 열린다 하여 도토리나무라는 별명도 주어져 있다.

참나무나 상수리나무나 같은 나무를 지칭한 것인데, 뜻을 알았으면 되었지 문제될 게 무엇이냐고 생각하기 쉽다.

그러나 성서식물학자들은, 상수리나무라고 번역된 이 나무의 히브리명 allon과 elon은 참나무(oak : 학명 Querus)로 번역되어야 하고 elah allah는 테레빈나무(Terebinth tree : 학명 pistacia)로 번역되어야 한다고 주장하고 있다. 그런데 중국어 성경은 이 나무들을 상수(橡樹 : 참나무라는 뜻)로만 번역하고 있어서, 우리도 이것을 상수리나무라고 국역하게 된 것 같다.

여기에서 참나무와 상수리나무가 중복으로 애매하게 혼돈되어 번역된 대목을 찾아 보면, 호세아 4 : 13에 "저희가 산 꼭대기에서 제사를 드리며 작은 산에서 분향하되 '참나무'와 '버드나무'와 '상수리나무' 아래서 하니, 이는 그 나무의 그늘이 아름다움이라."고 하여 참나무와 상수리나무가 분명히 다른 나무 이름으로 기술되어 있다. 여기에서 식물을 조금만 아는 사람이면 혼돈이 오게 된다.

이 대목은 '참나무'와 '버드나무'와 '테레빈나무' 아래 라고 번역해야 옳다. 이 대목을 중국어 성경은 橡樹(참나무) 柳樹(버드나무) 栗樹(밤나무)라 하여, 테레빈나무를 밤나무로 번역하고 있다. 중국이나 한국, 일본 등 동부아시아에는 테레빈나무가 없으므로 올리브나무를 감람나무로 오역한 것과 같다고 할 수 있다.

또 이사야 6 : 13에 "주민의 십분의 일이 그 곳에 남는다 해도 그들도 다 불에 타 죽을 것이다. 그러나 '밤나무'나 '상수리나무'가 자랄 때에 그루터기는 남듯이 거룩한 씨는 남아서 그 땅에서 그루터기가 될 것이다."라는 대목의 밤나무는 테레빈나무를 지칭한 것인데, 중국어 성경은 像栗樹(밤나무 같은 나무)로 번역하고 있어서 우리는 밤나무로 오역하게 된 것 같다.

이밖에도 상수리나무로 번역된 것 중에 테레빈나무가 여럿이 있다고 학자들은 주장한다. 그래서 새로이 개역되는 성경(외국의 경우)에서는 이를 채택하여 시정하고 있다. 창세기 35 : 4, 18 : 1, 12 : 6, 사사기 6 : 11, 19, 이사야 1 : 30, 6 : 13 등의 상수리나무는 테레빈나무라고 고쳐야 한다는 것이다.

그렇다면 왜 참나무(상수리나무)와 테레빈나무가 혼돈되게 쓰였을까?

그 원인은 참나무의 히브리명 elon(allon)과 테레빈나무의 히브리명 elah는 모두 하나님, 즉 el(god)에서 유래한 것에 있다. 그 나무의 위용이 건장하고 장수하며 그늘이 수려한 점 등이 위대하게 여겨져서 힘, 성실, 보호, 장수, 영광, 거짓 가르침에 대한 저항 등의 상징으로 인용된다. 그리고 그 듬직한(굵음) 줄기는 능력, 용기, 영예 등의 표시로 쓰이기에 가장 적합한 나무라 하여 숭앙받게 되었다. 아울러 이 나무들은 예배와 제물, 종교의식 등에 관련되어 있어서 신성하게 생각했다.

그러나 참나무와 테레빈나무는, 식물학적으로 전혀 다른 식물이다. 다만 겨울에 잎이 떨어진 모습은, 큰 나무로서 서로 흡사하게 닮았다.

참나무는 참나무속(屬)의 너도밤나무과(科)에 속해 있고, 열매는 견과(堅果)인 도토리가 결실된다. 하지만 테레빈나무는 옻나무 과에 속해 있고, 열매는 포도송이처럼 결실하는 장과(漿果)로 매우 향기롭다.

참나무류는 세계에 약 600종이나 있다. 상록교목인 가시나무나 북가시나무류와 낙엽교목인 참나무류, 떡갈나무류 등 많은 종류가 있다. 식물학적으로 상수리나무(Q. acutissima car.) 종은 지중해연안에는 자생하지 않으므로 상수리나무라는 기록은 잘못이다. 지중해 연안지역에는 24종이 있으며, 성경에 기록된 참나무(상수리나무)는 우리나라의 참나무와 유럽의 참나무(oak)와도 많은 차이점이 있다. 다만 도토리가 결실되는 점이 같을 뿐인데, 그 도토리도 모양이나 크기가 다르고 깍지(殼斗)의 모양도 다양하다.

참나무류는 성서시대에서 수목식생의 9할을 차지하리만치 가장 많은 나무였다.

그 중에서 대표적인 것을 살펴보면, 가장 아름다운 참나무는 켈메스참나무(Kermes oak)이다. 학명은 Quercus coccifera라 하며 가장 많다. 높이 2~20m나 자라고 시리아, 레바논, 하란, 팔레스틴의 산지에 생육하며, 팔레스틴의 바위가 많은 구릉지를 2~3m 높이의 관목으로 뒤덮는다. 드문드문 있을 때는 크게 자란다. 대체적으로 가지는 뿌리 쪽에서 많이 나오고, 가지를 잘 쳐서 잎이 무성하게 달리며, 옆으로 퍼져서 아름다운 나무 모양을 만든다. 잎은 잘다란 혁질의 매끄러운 계란형으로, 잎가장자리가 깊이 찢어지고, 톱니 끝이 가시로 되어 있다. 도토리 깍지(殼斗)의 포편(苞片)도 마치 가시같다.

켈메스참나무에는 진딧물이 붙는데, 이 벌레를 켈메스(Kermes)라고 하며, 진홍색의 색소를 추출하여 염료로 이용한다. 또 이 염료를 Karmil이라 하며 울(wool)이나 리넨의 염료로 쓰인다. 이 나무는 몇 안 되는 늘푸른 참나무다.

바로니아참나무(Valonian oak)는 학명을 Q, aegilops라고 하며, 시리아와 팔레스틴 북부의 산 중턱에 많은 낙엽수다. 높이 5~15m로 자라서 울창한 숲을 이룬다. 어떤 것은 25m나 되는 것도 있다. 수관의 둘레가 20m나 되고 수령은 300~500년 가량을 살 수 있다고 믿어진다.

이사야 2 : 13, 에스겔 27 : 6, 스가랴 11 : 2, 아모스 2 : 9, 창세기 35 : 8에 나오는 바산의 상수리나무가 바로 이것으로서, 바산에서는 특히 큰 나무로 자란다. 이 나무의 도토리는 매우 커서, 그 곳 사람들의 양식이 되기도 했다. 가시가 달린 깍지는 가죽을 이기는 데 쓰였다. 지금은 가죽을 이기는 외에 탄닌이 염료와 잉크제조 등의 널리 쓰이는 중요한 상품이 되어 있다.

'키프로스참나무'(Cyprus oak) 학명은 Q, lusitanica이고, '다볼참나무'(Tabor oak) 학명은 Q, ithaburensis이며, 몰식자참나무(galloak) 학명은 Q, boissieri이다. 이들은 5m 안팎으로 자라는 낙엽수다. 잎이나 가지 등이 작은 곤충에 찔려 혹이 생기는데, 이것을 몰식자(沒食子 : gall)라 하며, 일명 '참나무의 사과'(oak apple)라고도 부른다. 그 속에 탄닌이 들어 있어서 옛날에는 가죽을 이기는 데 쓰였으며, 지금은 이밖에도 염료와 잉크제조용으로 중요한 상품이 되어 있다. 커다란 도토리는 역시 현지인들이 식용하고 있다. 이 나무들은 목식자(gall) 때문에 유명하다.

그런데 공동번역 성경에는 호세아 4:13과 창세기 35:4의 상수리나무로 번역된 테레빈나무를, 느티나무로 번역하고 있어서 더욱 혼돈을 야기시키고 있다.

테레빈나무(palestine terebinth)는 학명을 pistacia terebinthus var. palaestina Boiss라고 한다. 시리아, 레바논, 팔레스틴, 아라비아 등 지중해 연안에 널리 분포하는 비교적 많은 큰 낙엽수로서 대개는 독립수로 구릉지대에서 볼 수 있다. 참나무가 생육하기에는 너무 덥든가 지나치게 건조한 곳에, 참나무를 대신하듯 자란다.

고대 히브리인이나 아랍인들은 이 장엄한 나무를 신성하게 여겼다. 높이가 10~13m로 자라서 여름에 좋은 그늘을 만들어주며, 수명도 길어서 예배와 성소로 숭앙 받았다. 붉은빛을 띤 녹색의 잔잎은 5~7쌍의 기수우상복엽을 이룬다. 엽액에서 원추화서로 꽃이 피어, 5mm 크기의 향기롭고 동그란 장과가 빨갛게 포도송이처럼 결실한다. 열매에서 탄닌을 추출하여 가죽을 이기는 데에 쓴다.

이 나무는 각 부위에 향기로운 정유를 함유하고 있다. 주로 수피에 상처를 내면 방향성정유를 함유한 즙액이 분비되는데 이 수액은 고무성질이 있어 이것을 입안에 넣고 씹었던 것이 추잉껌의 기원이 되었다. 이 수액은 '치오'(chio) 또는 '찬'(chian) 테레빈이라 하는 상품이다.

테레빈유(Terpentine oil)는 그 이름 때문에 테레빈나무에서 추출된다고 억측하기 쉬운데, 실은 소나무 줄기에 상처를 내어 얻는 수지(樹脂)로서, 페인트나 봐니스 같은 도료의 용제(溶劑)로 쓰이는 별개의 것이다.

테레빈나무에서 테레빈유는 추출되지 않는다. 잎, 가지 등에 혹이 생기는데, 참나무처럼 몰식자(gall)를 얻어서 가죽을 이기는 데에 사용한다.

창세기 18:1의 '아브라함의 참나무'(상수리나무)는, 여호와께서 마므레 참나무 수풀 근처에 나타나셨는데, 3인의 천사가 사라에게 아들을 낳을 것이라고 예고해 주었던, 유명한 나무이다. 유태 사가(史家) 요셉(A.D 37 ~95)이 이 성목(聖木)에 대하여 기록하기를, 헤브론 근처에 큰 테레빈나무가 있었다는데 그 나무는 창세기 때(천지창조 때)부터 있었던 나무라고 전해져 왔다고 했다. 이 나무 밑에서 싸움에 패한 유태인 포로들이 A.D 69 년에 노예로 팔려간 적도 있었다고 한다. 이 나무가 A.D 330년 경에 말라 죽어, 그 자리에 지금 서 있는 참나무(상수리나무)를 심었다. 그 것이 노목이 되어, 밑둥이 큰 바위같이 보인다. 수피는 검게 되고 가지는 밑으로 크게 뻗어서 끝이 땅에 닿을 정도가 되었지만, 그 전설에 의거하여 이 참나무를 테레빈나무, 즉 아브라함의 테레빈나무라고 번역하게 된 것이라고 한다.

　사무엘하 18 : 6~14의, 다윗에게 반역한 아들 압살롬이 부자상극의 전쟁에서 패하자 노새를 타고 도망치다가 큰 상수리나무 무성한 가지에 긴 머리가 걸려서 공중에 매달리게 되었다. 노새가 달아나버려서 압살롬이 당황하고 있을 때, 다윗의 부장 요압이 그를 창으로 찔러 죽였다는 그 나무는, 상수리나무가 아니라 elah, 즉 테레빈나무이다. 여호수아 24 : 26, 창세기 35 : 8에 등장하는 나무도 테레빈나무이다. 소년 다윗이 골리앗을 돌로 쳐죽인 곳도, 테레빈나무(elah)의 골짜기이다(사무엘 17 : 19).

　참나무는 그리스나 로마신화에서도, 신성하게 생각하여 많은 전설이 전해져 오며, 여러 종교에서 힘과 장엄함의 심볼로 삼고 있다.

로뎀나무(양골담초), 신풍나무(플라타너스)

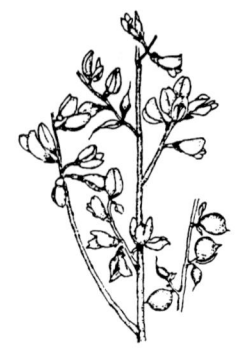

열왕기상 19 : 4~5에, 엘리야가 바알의 선지자 450인과 아세라 선지자 400명을 홀로 대적하여 갈멜산에서 여호와의 불로 겨루어 이겨서 저들을 죽인고로 이세벨이 엘리야를 죽이겠다고 하자, 이를 피하여 광야로 들어가 하룻길쯤 가서 로뎀나무 아래 앉아서 죽기를 구하여 '지금 내 생명을 취하옵소서.'하고 로뎀나무 아래 누워 자더니 천사가 깨우며 머리맡에 숯불에 구운 떡과 물 한 병을 권하며 기운을 차리라고 하는 대목에 나오는, 로뎀나무는 무슨 나무일까?

로뎀나무 : 양골담초의 일종으로, 이 식물의 히브리명인 로뎀(rothem)을, 국역개역 성경에도 그대로 로뎀나무라고 기록한 것이다. 이는 히브리 식물명이 그대로 기록된, 극히 드문 예에 속한다.

로뎀나무는 학명을 Retama roetam wedd라고 하며, 아랍어의 ratam에서 비롯되었다고 한다. 영명은 white broom인데 broom은 골담초를 지칭한 것이다. 보통은 이 꽃이 노랑색인데 비해, 로뎀나무는 꽃이 흰 색이어서, 흰골담초라는 뜻의 영명이 붙여져 있다.

그런데 일어성경에는 학명인 레다마(Retama)로 번역되고, 중국어 성경에는 羅騰樹라 하여 로뎀나무로 번역되었는데, 공동번역 성경에는 '싸리나무덤불'로 번역되어 있다. 이것은 식물학상으로는 잘못이며 오히려 '흰골담초'라 했던 편이 로뎀에 가까운 번역이었을 것이다.

로뎀나무는 아라비아사막, 사하라사막, 시리아, 팔레스틴의 도처에 흔히 난다. 주로 황야의 구능지(사구) 및 암석지대, 특히 사해 부근에 무성하게 자라는 콩과에 속한 비교적 큰 관목이다. 따라서 황야에 있어서 얼마 안 되는, 그늘을 만들어 주는 좋은 나무 중의 하나이다.

높이 2~3미터로 자라며 가늘고, 긴 줄기가 곧게 많이 나와서 늘어진다. 잎은 퇴화하여 없다시피하고, 가는 털이 나왔다가 곧 없어지며, 암록색의 줄기가 잎의 역할을 하여 광합성(光合成)을 한다. 이른 봄, 1~1.5 센티미터 크기의 나비처럼 생긴 하얀 꽃이 줄기에 붙어서 많이 피며, 자주색의 악편이 1개 있어서 흡사 포(苞) 모양으로 되어 있다. 뿌리는 길고 크며 땅속 깊이 뻗어, 지하수까지 도달해 있어서 사막에서도 잘 견딘다. 꽃이 지면 살이 많은 장타원형의 콩꼬투리가 맺히는데, 1～2개의 씨가 들어 있으며, 콩깍지는 익어도 벌어지지 않고 땅에 떨어진다.

　로뎀나무 뿌리는 숯을 만드는 데 널리 쓰였다. 시편 120：4에 '로뎀나무 숯불'이라고 했는데 로뎀의 숯불, 즉 타고 남은 불씨는 12개월 동안 지속된다고 과장될 만큼 오래 간다. 따라서 로뎀숯은 최상의 숯으로 여겼으며, 베드윈족과 이집트인 사이의 중요한 무역상품이 되었다. 로뎀나무는 숯으로 굽지 않아도 매우 잘 타며, 탈 때는 매우 요란한 소리를 낸다.

　로뎀에 얽힌 기독교의 전설이 있다. 로뎀나무는 바람이 불면 서로 마찰하여 요란한 소리를 낸다. 예수님이 겟세마네 동산에서 닥쳐올 십자가의 고난을 위해 "아바 아버지여 아버지께는 모든 것이 가능하오니 이 잔을 내게서 옮기시옵소서. 그러나 내 원대로 마옵시고 아버지의 원대로 하옵소서."하며 세 번씩이나 간절한 기도를 드려서 땀이 땅에 떨어지는 핏방울같이 되던 그 엄숙한 순간에도, (마태복음 26：39) 로뎀나무는 계속 소리내어

로뎀나무

기도를 방해했으므로, 예수님은 기도를 마치시고 그 자리를 뜨시면서 로뎀나무더러 "너는 같은 소리를 내면서 불태워질 것이다."라고 말씀 하셨다. 그 뒤부터 로뎀나무는 소리를 내면서 불타게 되었다는 이야기이다.

신풍나무(플라타너스) : 창세기 30 : 37에 야곱이 외삼촌 라반에게서 품삯으로 양이나 염소 중에서 점 있는 것이나 아롱진 것을 제몫으로 받기로 하고는, 야곱이 버드나무와 살구나무(아몬드)와 신풍나무(플라타너스)의 푸른 가지를 취하여 그것들의 껍질을 벗겨 흰 무늬를 내고 그 껍질 벗긴 가지를 양떼가 와서 물 먹는 개천 물구유에 세워서 물 먹으러 와서 교미하여 새끼를 배는데, 그 때 이 얼룩진 가지를 보고 교미하여 아롱진 것을 배도록 꾀를 냈던 그들 나무 중의 하나이다.

신풍나무는 학명을 Platanus Orientalis L.이라 하며, 영명은 Oriental plane tree이다. 우리나라에서는 일반적으로 플라타너스로 통용되며, 일명 버즘나무라고도 한다. 중국어 성경에 楓樹라고 번역되어 있어서 신풍나무로 오역한 것 같다.

신풍나무

공동번역 성경에는 플라타너스로 바로 번역되어 있다. 히브리명은 Armon인데 '벌거벗다'의 히브리어 erom에서 비롯된 것으로 추측된다. 이 어원은, 이 나무는 해마다 수피가 벗겨지므로 그 모양이 흡사 벌거벗은 것 같다는 데에 있다.

플라타너스는 레바논, 시리아, 팔레스틴에서는 흔히 볼 수 있으며 아고 산지대까지 퍼져 있고 주로 평지나 저지대 물가나 호수 주위에 무성하다. 요단강 상류의 기슭에는 특히 많다.(소아시아가 원산)

성경에는 버드나무나 포플라와, 함께 플라타너스도 나오는 것이 보통 이다. 이 식물들은 통상적으로 습기가 많은 저지대에서 자란다.

버즘나무과에 속한 낙엽교목이다. 높이 15~30미터에 줄기밑둥 둘레가 10미터, 지름이 1미터에 이르는 것도 있을 정도로 크다. 수관(樹冠)의 길이가 17미터에 달하는 큰 녹음수이다.

잎은 호생하며 잎맥이 뚜렷한 장상잎(掌狀葉)이다. 5~7갈래로 끝이 갈라지며 처음에는 연한 털이 덮여 있으나 커지면서 없어진다. 꽃은 녹색의 단성화(單性花)로 수꽃과 암꽃이 같은 나무에 피며 줄기 끝에 길게 늘어진 꽃대에 방울 모양의 둥근 두상화로 매달려 있다.

플라타너스에는 몇 가지가 있는데, 잎이 깊게 갈라지고 열매(둥근 모양)가 3~4개씩 여러 개 달리는 것은 플라타너스(Platanus orientalis L) 일명 버즘나무라 하고, 열매가 2개 달리는 것을 단풍버즘나무(P, acerifolia willd)라고 한다. 미국 플라타너스(P. Occidentalis L.)는 일명 양버즘나무라고도 하며, 영명을 American plane tree라 하는데, 우리가 흔히 가로수로 심고 있다. 열매가 1개씩 달리며 10월부터 봄까지 나무에 매달려 있어서, 흡사 방울이 매달려 있는 것 같다고 하여 '방울나무'라는 애칭도 얻고 있다. 영명의 plane tree는 잎이 크다는 데서 비롯된 이름이다.

플라타너스의 특징은, 줄기의 껍질이 불규칙하고 넓직하게 비늘처럼 벗겨져서 떨어지는 것으로서 탈피된 후에는 흰색~연노란색의 속살 같고 매끄러운 새 껍질이 나타나므로, 회청록색의 수피에 얼룩이 져서 흡사 버즘을 먹은 듯하여 '버즘나무'라고 부른다.

이 나무의 장점은 녹음(綠陰)이 좋아서 시원한 그늘을 만들어 주므로 옛부터 페르샤 사람. 그리스 사람. 로마 사람들이 즐겨 녹음수로 심어서 높이 평가했다. 지금은 세계적으로 사랑받는 가로수 중의 하나이다.

특히 공해에 강한 장점은, 이 나무를 한결 돋보이게 한다. 또한 나무 모양이 아름다워서 넓은 공원의 조경수로도 환영받고 있다.

야곱은 잇속을 위해 플라타너스를 이용했고, 현대인은 살아남기 위해 플라타너스(공기정화를 위해)를 사랑한다.

에스겔 31 : 8에, 단풍나무로 번역된 것도 플라타너스를 지칭한 것이다.

버드나무 (포플라, 은백양)

구약성경에는 버드나무가 여러 곳에 등장한다.

레위기 23 : 40에서 초막절에 여호와께 드리는 4가지 식물(아름다운 나무 실과, 종려 가지, 무성한 가지, 시내 버들) 중의 하나로 나타나며, 에스겔 17 : 5~6에 '그 땅의 종자를 취하여 옥토에 심되 수양버들 가지처럼 큰 물가에 심더니 그것이 자라며 퍼져서 높지 아니한 포도나무가 되어.'라고 언급하고 있다.

그리고 이사야 44 : 3~4에, "야곱아 두려워 말라. 대저 내가 갈한 자에게 물을 주며 마른 땅에 시내가 흐르게 하며 나의 신을 네 자손에게 나의 복을 네 후손에게 내리리니 그들이 풀 가운데서 솟아나기를 시냇가의 버들같이 할 것이라."라 하였다. 또 욥기 40 : 22에, "하마가 연줄기 아래나 갈밭 가운데나 못속에 엎드리니 연 그늘이 덮으며 시내 버들이 둘렀구나."라 하였으며, 이사야 15 : 7의 모압에 관한 경고에 "그들이 얻은 재물과 쌓았던 것을 가지고 버드나무 시내를 건너리니."라고 하였다.

위에 열거한 성경 구절은 버드나무를 확실히 나타내고 있다.

보통 나무는, 뿌리가 물속이나 진펄 같이 공기가 부족한 곳에서는 견디지 못하는데, 버드나무만은 예외다. 버드나무는 강기슭에서 뿌리의 일부가 물에 씻기면서도 끄떡없이 오히려 더 잘 살고 있다.

따라서 줄기만 손상되지 않으면, 가지를 아무리 잘라 내어도 또다시 돋아나서 결코 말라 죽는

일이 없으므로, 버드나무는 기독교 복음의 상징이 되기도 한다. 즉, 이교도의 땅에서, 아무리 박해를 받아도 일단 뿌리만 내리면, 소멸되지 않고 계속 번성해 가기 때문이다. 그래서 주로 버드나무는 여호와의 돌보심을 힘입어서 이스라엘이 융성해지는 데 관해 인용되는 식물이다. (번식이 쉽고 잘 자라기 때문)

버드나무류는 세계에 약 300종이 있으며 주로 북반구의 온대와 아한대에 분포한다. 해안평야, 산지계곡, 강유역, 하천, 뚝, 샘터 등의 담수(淡水)가 흐르는 곳에 흔히 자라는 낙엽교목이다. 키가 10여 미터씩 자라며 암수 나무가 따로 있다. 잎이 갸름하고 뾰족하며 이른 봄에 꽃이 핀다.

성경에서는 요단강의 본류나 지류를 따라 무성하여, 모압에 대하여 말할 때, 버들의 시내(강)라고 이름 붙일 정도로 많다. 팔레스틴에는 21종의 버들이 있는데, 그 곳의 대표적인 버드나무는 salix alba L, salix acomphylla Boiss.이다. 버드나무의 영명은 willow라고 하며 한자는 柳라고 한다.

버드나무는 가지가 가늘고 유연해서 유럽에서는 옛부터 바스켓(바구니)을 만드는데 흔히 쓰였으며, 우리나라에서도 키버들로 키도 만들고 상자(바구니)도 만들었다. 수피는 유백피(柳百皮)라 하여 수렴제(收斂劑)로 약용한다.

수양버들은 한방에서 유지(柳枝)라고 부른다. 가지가 이뇨, 진통의 효과가 있다고 하며 뿌리와 잎, 씨도 약용한다.

포플라(미루나무) : 그런데 시편 137 : 1~3에 "우리가 바벨론의 여러 강변에서 시온을 기억하며 울었도다. 그 중의 버드나무에 우리가 우리의 수금을 걸었나니 이는 우리를 사로잡은 자가 거기서 우리에게 노래를 청하며 우리를 황폐케 한 자가 기쁨을 청하고 자기들을 위하여 시온 노래 중 하나를 노래하라 함이로다."고 한, 그 버드나무는 수양버들(salix babylonica)이라는 설과 유프라테스 강변에 자라는 같은 버드나무과의 미루나무(populus euphrates oliv)라는 두 가지 해석이 있다.

버드나무는 주로 북쪽의 담수가 흐르는 곳에서 잘 자라고, 미루나무는 남쪽으로 내려가면서 염분이 있는 강유역에 우세하게 자란다. 그뿐만 아니라, 땅 속의 염분농도가 높은 곳에서도 잘 견디므로, 바벨론 강변의 그 버드나무는 미루나무라고 주장하게 된다.

미루나무는 흔히 포플라로 통칭되며 백양나무, 은백양, 사시나무 등이 이에 포함된다. 흔히 포플라라고 하면 가로수에 심겨진 피라밋 모양의 포플라(populus nigra L)를 연상하기 쉽다. 그러나 이것은 근래에 개량된 것이고, 성경에 나오는 미루나무(포플라)는 키가 10~15미터씩 자라며 가지를 넓게 펴서 그늘을 만든다. 잎은 계란꼴~마름모꼴로 둥글다. 잎의 표면은 녹색으로 광택이 있고 뒷면은 흰가루가 씌워져 있으며 흰 빛을 띤다. 즉, 유프라테스 포플라를 말한다.

포플라는 항상 살랑살랑 소리를 내므로 populi, 즉 라틴어의 민중(public)을 뜻한 populus로 이름 붙였다고 한다. 포플라의 나무 그늘에서 민중들이 집회를 가지기 때문에, 말이 많아 항상 시끄러워서 그런 이름이 붙여졌다고, 학명의 어원을 밝히고 있다. 호세아 4 : 13에, 이방인들은 버드나무 그늘(포플라)이 아름다워서 그 곳에서 제사를 드렸다고 했는데, 우상에게 제사 드리는 장소로 이용했으므로 민중이란 뜻이 주어졌다고도 한다.

고대 로마나 그리스의 신화에는 하큐레스의 전설 때문에 '용기'의 상징으로 등장한다. 그러나 기독교의 전설에서는, 예수님이 처형된 십자가를 만든 나무가 이 포플라 나무라고 한다. 못이 나무에 박힐 때, 신성한 피가 십자가 위에 흐르자, 포플라는 몸을 떨면서 황송함을 표시했다. 그 뒤부터 포플라는 바람이 없어도 잎을 떨고 있다는 것이다.

다른 전설이 있다. 아기예수를 안고 해롯을 피해가는 성가족이 어떤 숲을 지날 때였다. 모든 나무들이 고개를 숙여 경배하는데, 포플라만이 거만하게 고개를 치켜들고 있다가, 성가족을 모욕한 죄값으로 최후의 심판날까지 떨고 있으라는 벌을 받았다는 얘기가 그것이다. 한편에서는, 이 때 포플라가 홀로 교만했던 것을 깨닫고 부끄러워서 몸을 떨었는데, 그 것이 멎지 않고 지금까지 계속 떨고 있다는 것이다. 벌을 받아서라기보다는 후자의 회개한 쪽이 훨씬 설득력이 있다.

포플라

우리 속담에서도 몹시 떠는 모양을 '사시나무 떨듯 한다.'고 비유하고 있다. 포플라는 우리나라의 사시나무와 비슷하며, 한자로는 楊이라 한다. 유럽의 몇몇 나라에서는 포플라를 신성하게 생각하여, 옛날엔 나무를 벌목하는 초부(樵夫)마저 포플라 나무의 벌목은 거부하는 현상까지도 있을 정도였다 한다.

수양버들(weeping willow)의 기원에 얽힌 유대 전설에는, 사무엘하 12장에 나오는 다윗왕의 얘기가 있다. 그가 우리야의 아내 밧세바를 범하고 우리야를 죽게 하여 그 처를 뺏은 것을, 나단 선지자가 그 범죄를 비유로 책망하자 다윗왕이 회개하는 대목이다. 이 때 다윗왕이 참회의 눈물로 40일 40밤을 지새웠다. 그 쏟아 흘린 눈물이 두 물줄기가 되어 방에서부터 뜰로 흘러나갔고, 그 곳에서 땅에 스며 그 자리에 두 그루의 나무가 홀연히 돋아났다. 한 그루는 수양버들이고 또 한 그루는 유향목(frankincense tree)이었다. 수양버들은 쉬지 않고 슬피 울고 있고, 유향목은 다윗왕이 진심으로 한 회개의 표시로 항상 큰 눈물방울을 흘린다는 이야기이다.

은백양 : 창세기 30 : 37~39에, 야곱이 버드나무와 살구나무(아몬드), 그리고 신풍나무(푸라타나스)의 푸른 가지를 취하였다. 그것들의 껍질을 벗겨서 흰 무늬를 내고, 양떼가 와서 먹는 개천의 어귀에 세워서 양들이 물마시고 교미할 때, 얼룩진 나무들을 보고 수태하여 자기몫이 될 아롱진 새끼를 배게 했다. 그 때 그 버드나무는 salix(柳)가 아니고 populus alba L이라는 은백양을 가르킨 것으로 해석되고 있다. 은백양이나 푸라타나스는, 모두 줄기가 희끗희끗하고 얼룩지기 때문이다.

은백양은 포플라의 일종이다. 강둑이나 습지에서 잘 자라고, 잎은 앞뒤의 빛깔이 다르다. 뒷면은 흰 빛이 은빛 같아서 은백양(銀白楊)이라 하며, 10~20미터씩 자란다. 잎의 생김새는 포플라(미루나무)와 같다.

포플라는 어떤 미풍에도 항상 떨고 있으므로, 영명을 Aspen이라고 했다. 이 잎이 항상 흔들리는 것은, 잎자루가 길고 연해서 넓은 잎을 곧바로 지탱할 힘이 없으므로, 가만히 있지 못하고 떨게(흔들리게) 되는 것이다.

포플라의 잎은 기상을 미리 점치는 데에도 쓰인다. 흔히 바람이 없는데도 그 잎이 흔들리면, 폭풍우나 비가 가까이 온 징조라고 예견했다.

포플라는 가볍기 때문에 상자나 나막신의 소재로 즐겨 쓰였으나, 헨리5세 시대에는 이 나무로는 화살 외에는 쓰지 못하도록 법령으로 엄금했고, 이 나무로 나막신을 만든 사람은 100실링의 벌금을 물게 했다. 이 법령이 제임스1세 때까지 이어졌을 정도로, 영국에서는 꽤 존중된 나무였다.

옛날에는 방패를 만들었다고 하는데, 성냥이 등장하면서 성냥 개비로 일약 세계적인 각광을 받게 되자, 남벌로 고갈을 빚게 되었다. 2차 세계대전 중, 목재의 부족으로 곤란을 겪은 이태리에서 포플라를 개량하게 되어, 튼튼하고 빨리 자라는 속성수인 이태리 포플라를 만들었다. 그것이 전세계에 보급되었다. 지금은 성냥 개비나 나무 젓가락뿐만 아니라, 포장제 펄

프용제로서 더 중요하게 생각되고 있다. 아울러 훌륭한 가로수와 방풍수로 사랑을 받고 있다.

은백양은 껍질에 salicid와 배당체인 populin이 함유되어 있어서 강장제와 음료제(飲料劑)로 쓰이며 목재는 상자용제로 쓰인다.

그리스 신화에 하큐레스가 독사에게 물렸을 때, 은백양 앞에서 해독제를 찾아냈다고도 하는 등의 많은 전설에 얽힌 나무다. 포플라를 태운 숯은 연해서 뎃상에 쓰이는 목탄봉(木炭捧)으로 이용되어, 화가에게도 고마운 나무다.

성경에 버드나무로 단순하게 번역되었으나, 버드나무와 미루나무(포플라), 은백양 등의 세 가지로 구분해야 옳다고 본다.

가시나무 (가시대추나무, 가시오이꽃)

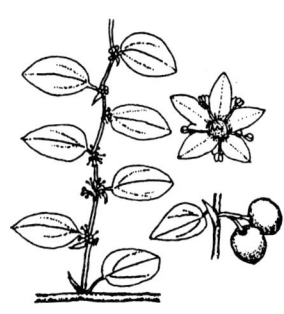

고난주간을 맞으면서 예수님의 고난의 시작인 가시 면류관을 생각하지 않을 수 없다. 조롱과 모욕의 대명사라고도 할 수 있는 '유태인의 왕'이라고 하면서 씌웠던 가시관을 살펴보고자 한다.

마태복음 27 : 27~30에, 총독의 군병들이 예수를 데리고 광장 안으로 들어가서 온 군대를 그에게로 모으고 그의 옷을 벗기고 홍포를 입히며 가시 면류관을 엮어 그 머리에 씌우고 갈대를 그 오른손에 들리고 그 앞에서 무릎을 꿇고 희롱하여 가로되 "유태인의 왕이여 평안할지어다." 하며 그에게 침뱉고 갈대를 빼앗아 그 머리를 치더라.

마가복음 15 : 16~19에는, 군병들이 예수를 끌고 브라이도리온이라는 뜰 안으로 들어가서 온 군대를 모으고 예수에게 자색 옷을 입히고 가시 면류관을 엮어 씌우고 예하여 가로되 "유태인의 왕이여 평안할지어다." 하고 갈대로 그 머리를 치고 침을 뱉으며 꿇어 절하더라.

요한복음 19 : 1~5에, 이에 빌라도가 예수를 데려다가 채찍질하더라. 군병들이 가시로 면류관을 엮어 그의 머리에 씌우고 자색 옷을 입히고 앞에 와서 가로되 "유태인의 왕이여 평안할지어다." 하며 손바닥으로 때리더라. 빌라도가 다시 밖에 나가 말하되 "보라, 이 사람을 데리고 너희에게 나오나니, 이는 내가 그에게서 아무 죄도 찾지 못한 것을 너희로 알게 하려 함이로다." 하더라. 이에 예수께서 가시 면류관을 쓰고 자색 옷을 입고 나오시니 빌라도가 저희에게 말하되 "보라, 이 사람이로다." 하였다.

우리는 가시라 하면 일반적으로 장미과 식물의 날카로운 가시를 연상하기 쉽다.

그러나 여기에 언급된 가시는 갈매나무과로, 가시가 있는 대추나무의 일종을 말한다. 이 나무는 묏대추나무와 닮았다. 히브리명은 Atad 또 Naatsuts라 하며, 학명은 Ziziphus Spinachristi L.이라 하고, 영명은 christ thorn, 즉 '그리스도 가시'라는 뜻이다. 이것은 식물 분류학자인 린네우스가 예수의 가시 면류관을 만든 식물이라고 믿고 이름붙인 것이다.

이 식물은 지중해 연안, 즉 레바논, 팔레스틴, 시나이 등에 널리 분포하고 있으며, 예루살렘 모리아산의 동쪽 경사진 면과 골고다 요단계곡 등에 흔히 자라고 있다. 키는 중키 정도의 상록교목(常綠喬木)으로서 가지가 길게 자라면 늘어지는 성질이 있다. 잎은 대추나무 잎과 흡사하며, 탁엽(托葉)이 변하여 된 가시는 단단하여 바늘처럼 날카롭고 예리하나 길이는 짧은 편이다. 이 가시는 다치면 사정없이 찔러 상처를 낸다.

꽃은 엽액(葉腋)에 황록색의 잘다란 꽃이 뭉쳐서 피며, 이 꽃은 1년 내내 핀다. 열매는 새끼손가락만한 크기의 둥글고 누런 핵과로 맺히는데 나중에는 검게 익는다. 현지에서는 먹을 수 있으므로 시장에서 팔고 있다.

이 나무 열매는 대추야자나 무화과처럼 훌륭하고 귀한 과일은 못 되어도, 먹을 수 있는 과수였으므로 광장 도처에 심어서 가꾸었음을 짐작할 수 있다. 이 나무는 가시가 있어도 둥글게 엮는데는 크게 힘들이지 않아도 되므로, 로마병사들이 칼로 쉽게 잘라서 가시관을 틀어 엮을 수 있었던 것 같다.

그런데 그 곳에는 가시 면류관을 만들었던 식물이라고 여기는 것이 몇 가지 더 있다. 히브리명을 Shamir라 하고, 학명을 Paliurus spina-christi Mill. ziziphus Paliurus willd라 하며, 영명 역시 Christ thorn(그리스도 가시)이라 하는 대추나무의 일종이 있다.

이 식물은 키가 1.5m 정도로 자라는 낙엽관목(落葉灌木)으로서 가시가 지그재그로 난다. 꽃과 잎은 다른 대추나무와 같다. 탁엽(托葉)이 변하여 된 가시는 두 개씩인데, 한 개는 길고 곧게 서며, 또 한 개는 짧고 밑으로 향하여 구부러져 있어서 매우 사납고 험상궂다. 열매는 붉게 익는다.

가시오이풀 : 다른 하나는 '가시오이풀'이라고 번역되는 장미과의 관목이다. 히브리명은 sir(sirim), 학명은 Poterium Spinosum L (Sarcopoterium Spinosum), 영명은 thorny burnet이라 한다. 키는 50cm∼1m의 낮은 나무로, 군락을 이루어 지면을 덮는다. 가지가 많고, 잎은 오이풀처럼 톱니가 많으며, 빨간색의 작은 꽃이 핀다.

잎은 여름에 떨어진다. 가시는 몹시 날카로운데, 동물도 접근을 못할 정도이며, 꺾으려 하면 심하게 상처를 입는다. 이 가지는 처음에는 연하지만 여름에는 목질화하여 굳어져서 쉽게 자르거나 꺾을 수 없다. 팔레스틴, 예루살렘 부근에 많다. 하지만 일부 학자들은 로마 병사가 쉽게 잘라지지도 않는 나무를 손을 상하게 하면서까지 잘라서 가시관을 만들었을 리는 만무하다며, 그리스도 가시관의 재료설을 부인하고 있다.

다만 아랍 여인들이 지금도 이 나무를 베어다가 가시관을 만들어 선물용으로 사용하고 있는데, 그 가시의 사나운 형상이 가시 면류관을 쓰면 곧 피가 나올 것 같은 이미지를 잘 나타내고 있다.

가시오이풀은 팔레스틴에서 빵을 굽는 연료로 쓰이고, 소리를 내면서 잘 탄다. 이 식물은 호세아 2 : 6에 "그러므로 내가 가시로 그 길을 막으며, 담을 쌓아 그 길을 찾지 못하게 하리니."라고 한 것이나, 전도서 7 : 6에 "우매자의 웃음 소리는 솥 밑에서 가시나무의 타는 소리 같으니 이것도 헛되니라."고 한, 바로 그 가시나무에 해당된다.

또 나훔 1 : 10에 '가시덤불같이 엉클어졌고'라고 한 것이 이 식물이다.

현재 미국이나 영국에서 '가시관'의 식물이라 하여 즐겨 재배되고 있는 것은, 성서에 나오는 가시관, 즉 그리스도 가시와는 전혀 상관없는 식물이다. 그 가지(줄기)의 가시가 사납고 인상적이므로 예수님의 가시 면류관의 이미지를 갖고 있다 하여 사랑받는다. 영명을 Crown Of Thorn 또는 Christmas Thorn이라 하며 학명은 Euphorbia milii Desmoul이라 하는 '꽃기린'(관상용 다육식물)을 두고 일컫는 이름이다. 이 식물은 마타카스칼이 원산지로서, 예수님 당시에는 전혀 알려져 있지 않던 식물이다.(묵질화하므로 낙엽 관목으로 다룬다)

가시 면류관에 얽힌 에피소드 하나를 소개한다. 겟세마네 성당에는 북미원산의 콩과 식물인 '미국주엽나무'가 있다. 그 성당의 수도승은 이 나무가 예수님의 가시관을 만든 나무라고 주장한다는 것이다. 슈베린이라는 식물학자가 그 설명을 듣고, 예수님 당시에는 이 나무가 이 지역에 있을 수 없다고 항의했다. 그러자 그 수도승은, 북미의 노귀부인 두 사람이 두 나무가 심겨진 화분을 가지고 찾아와서 "이것은 '그리스도 가시'(Christ Thorn)의 나무이다. 우리들은 이것을 당신에게 전하려고 그 먼 여행길을 찾아 왔노라."라고 하여 그것을 심어 가꾸고 있다고 답하면서, 그 신실한 신앙인인 귀부인들의 말은 믿고 식물학자의 말에는 귀를 기울이지 않더라는 것이다.

미국주엽나무는 줄기와 가지에 사납고 큰 가시가 많이 있다. 이와 같이 기독교인은 사나운 가시가 있는 식물이면 모두 예수님의 고난당한 가시 면류관의 식물로 생각하고 싶어한다. 그 아픔을 자기 몸에서 느껴 보려고 하는 모습에서 거짓 식물이 진짜 그리스도 가시로 둔갑하는 것을 이해하게 된다.

찔레 · 성지산딸기

누가복음 6 : 44에, '나무는 각각 그 열매로 아나니, 가시나무에서 무화과를 또는 찔레(산딸기)에서 포도를 따지 못하느니라.'라고 하였다. 여기에서 언급된 찔레는, 공동번역 성경과 표준 새번역 성경에서는 가시덤불로 번역했고, 영어 성경은 산딸기(bramble)로 번역하고 있다.

산딸기의 히브리명은 sinnim(tzinim)인데, 학명은 Rubus Sanguineus Friv이다. 성지에서 흔히 볼 수 있는, 가시가 많고 덤불을 이루므로, 산딸기라는 번역이 옳다고 성서학자들은 주장하고 있다.

성지의 산딸기는 높이 2m로 자라는 상록관목이다. 줄기와 가지에 구부러진 가시(tzinim)가 많다. 타원형의 잘다란 잎이 3장으로 된 장상복엽(掌狀複葉)이며, 가지 끝에 총상화서로 흰색~핑크색의 꽃이 핀다. 열매는 둥글며 많이 모여 달리는 집합과로서(딸기), 처음에는 붉은 색이다가 나중에 흑자색으로 익는다. 열매가 완전히 익기 전의 붉은 빛일 때, 석양에 비치면 빨간 열매가 반짝이는 것이 흡사 불이 타는 것 같다. 그래서 모세가 호렙산에서 주의 사자가 불꽃 가운데 나타나셨다고 한, 떨기나무가 이 산딸기나무라고 후보에 올린 학자도 있을 정도이다. (출애굽기 3 : 2). 그러나 이 떨기나무는 센나나무(cassia senna L.)라고 한다.

성지 산딸기는 이스라엘의 중부와 북부에 흔하며, 냇가의 강둑이나 습지를 따라 너무 무성하여, 사람들의 출입이 어려울 만큼 덤불을 이룬다. 따라서 가시(바늘 같은), 가시덤불로 번역된 것도 무리는 아니다.

민수기 33 : 55에, "너희가 만일 그 땅 주민을 너희 앞에서 쫓아내지 아니하면, 너희의 남겨둔 자가 너희의 눈에 가시와 너희의 옆구리에 찌르는 것이 되어, 너희 거하는 땅에서 너희를 괴롭게 할 것이요." 또 여호수와 23 : 13에, "정녕히 알라. 너희 하나님 여호와께서 이 민족들을 너희 목전에서 다시는 쫓아내지 아니하시리니, 그들이 너희에게 올무가 되며 덫이 되며 너희 옆구리에 채찍이 되며 너희 눈에 가시가 되어서, 너희가 필경은 너희 하나님 여호와께서 너희에게 주신 이 아름다운 땅에서 멸절하리라."라고 하였다.

위의 민수기와 여호수아에 쓰인 가시는, 재난의 형용사로 쓰였다. 그런데 그 고난을 성경을 통해 볼 때, '가시'라는 뜻이 얼마나 흉폭하고 참혹한가를 짐작할 수 있다. 잠언 22 : 5에 "패역한 자의 길에는 가시(가시덤불)와 올무가 있거니와, 영혼을 지키는 자는 이를 멀리 하느니라." 그리고 아가 2 : 2에 "여자들 중에 내 사랑은 가시나무 가운데 백합화 같구나."라고 하였다.

성지 산딸기는 열매를 먹을 수 있는데도 그 열매를 거론한 곳은 없고, 모두가 험상 굳은 가시만을 들고 있어, 가시의 사나움을 말해 주고 있다. 이것은 이스라엘의 적을 말하며, 악행하는 자의 대명사이기도 하다.

왕골 (파피루스)

파피루스가 개역성경에는 욥기 8 : 11에 '왕골'로 번역되어 있다. 출애굽기 2 : 3과 이사야 18 : 2, 35 : 7, 19 : 6의 '갈대'(Phragmites communis TRIM)와 혼돈되기 쉬운데, 국어사전에 보면 '갈'은 갈대의 준말이라고 되어 있다. 다행히 공동번역 성경에는 왕골로 통일되게 번역되어 있어서 '갈'이 왕골임을 알게 된다.

왕골이라 하면 돗자리를 만드는 완초(Cyperus exaltatus REIZ)를 연상하게 된다. 완초는 온대성의 1년초로서 90~150센티까지 자란다. 같은 시페라스(Cyperus)지만, 파피루스(Cyperus papyrus L)는 열대산이고 다년초로서 키가 2~6미터까지 자라는 튼튼하고 큰 수생식물이다.

파피루스는 종이라는 말의 어원으로서, 이집트를 대표하는 유서 깊은 식물이다. 델타(삼각주) 지대의 심볼이기도 한데, 그 곳 주민들의 귀중한 자원이었다.

이 식물은 히브리어로는 gomer라 하며, 라틴어의 이름 파피루스는 나일강 가에 나는 풀을 의미하는 고대 이집트 말이라 한다.

성경, 즉 Bible의 어원이 peper, 프랑스어의 papier 등은 모두가 파피루스에서 비롯된 말이며 종이를 의미한다.

파피루스는 이집트, 팔레스틴, 아프리카 북부, 시리아 등에 분포하고, 옛날부터 여러 가지로 이용되었다. 그 중에서도 가장 중요한 것이 제지(製紙)였다.

이집트 문화가 번성했던 기원 전 5000~2000년 경에 종이 만드는 법이 성했다 한다. 오늘날 전해지는 세계에서 가장 오래된 문서는 파피루스의 두루마리 문서로서, 기원 전 3000년 경의 것이라고 한다.

그 제지법이 그리스와 로마로 전승되어서 11세기 경까지 파피루스로 만든 종이를 사용했었다.

욥기 8 : 11에 "왕골이 진펄이 아닌 곳에 나겠으며 갈대가 물 없는 곳에서 무성하겠는가."라고 했듯이, 파피루스는 물이 서서히 흐르는 진펄 늪

속에 굵은 근경이 옆으로 뻗어 자란다. 거기에서 튼튼하고 세모진 줄기가 물 위로 올라와서 2~6미터씩 키가 큰다. 옛날에는 정글을 이루어서 도저히 빠져나갈 수가 없었다고 한다.

줄기의 밑둥은 5~8센티미터로 팔뚝굵기만하다. 줄기 속에 질긴 섬유질이 있는 심(髓)이 꽉 차 있어서, 속이 비어 있는 갈대와는 다른 것을 알 수 있다.

또 줄기 끝에 30센티미터 길이의 잔가지가 갈라져서 원추화서(圓錐花序)를 보인다. 그렇지만 꽃이 피면 늘어져 우산을 편 듯한 산형화서(傘形花序)가 된다. 흡사 막대걸레(mop)를 거꾸로 세워 놓은 듯하다.

이 줄기를 베어서 껍질을 벗기고 하얀 속심을 얇고 길게 끈처럼 잘라서 납작하게 틈없이 잇대어 펴고는 다시 직각으로 편 후(어긋지게), 나일강 물을 부어 위에서 망치로 두둘겨 접착시킨 뒤, 힘껏 강하게 눌러서 말린다. 이어서 표면을 상아나 조개껍질로 문질러서 매끄럽게 한 뒤에, 삼나무 기름을 발라서 문서용지로 이용했다. 이것은 썩지 않는 문서지였다. 여기에다 갈대뿌리를 깎아 내어 펜으로 삼아서, 글씨를 새겼다(印字). 구약성경의 문서조각이 파피루스에 새겨진 것이 많다.

파피루스로 갈대배(왕골배, 이사야 18 : 2)도 만들었다. 출애굽기 2 : 3에 보면, 히브리인의 남자아이들이 출생하면 모두 죽이라고 바로왕이 명했다. 모세의 어머니는 그가 준수하므로 석달을 숨겨 길렀다. 마침내 더 숨길 수 없게 되자, 갈상자(왕골상자)를 가져다가 역청(아스팔트)과 나무 진(樹脂)을 칠하고, 모세를 거기에 담아서 나일강가의 갈대 숲에 두었다. 왕골상자는 결국 바로의 딸에게 발견되어서 히브리민족을 가나안땅 문턱까지 인도한 위대한 지도자, 하나님의 큰 종, 모새를 살릴 수 있

었다. 그러므로 왕골은 히브리인에게 더 큰 의미가 담겨진 귀한 식물이다.

파피루스의 근경은 대나무 뿌리 같아서 가구의 재료로 이용하기도 하고, 연료가 되기도 했다. 그리고 어린 파피루스의 근경이나 뿌리쪽 밑둥은, 전분이 많이 함유되어 있어서 식량이 되기도 했다. 또 껍질을 벗긴 것은 자리로 만들었다. 속심은 종이 외에도 사제들의 샌달을 만들기도 했고 노끈이나 밧줄로도 꼬아서 이용했다.

이밖에 가난한 사람들은 항아리, 오두막, 의복(직물) 등도 파피루스로 만들었다.

지금도 이디오피아에서는 파피루스로 작은 배를 만들고 있다고 하며, 배고플 때에 줄기를 씹어서 단즙을 빨기도 하는, 용도가 많은 식물이다.

파피루스를 연못 가에 심어두면 물의 신선함을 유지시켜 주기에, 지금은 세계 각국의 온실이나 연못 가에 많이 심겨지고 있다. 옛날에는 나일강 가에 사는 새들의 숨어 사는 서식지였다.

옛 이집트의 무덤에서 발굴되는 그림에는 납작한 배(왕골배)를 타고 왕골이나 갈대숲 사이에서 새를 사냥하는 그림이 발견되기도 하고, 각종 조각의 무늬나 도안으로도 나타나며, 건축이나 그림에도 남아 있는 중요한 식물이었다.

'베수비우스'화산의 폭발로 매몰되었던 '폼페이'의 도시가 발굴되면서, 파피루스에 쓰여진 귀중한 기록들이 많이 나타나고 있으므로, 고대 종이의 원료였던 파피루스의 중요성을 재인식하게 되었다.

쑥

쑥이라고 하면 우리에게는 우선 쑥떡을 떠올린다. 그리고 봄에 돋아나는, 새싹을 뜯어다가 '애탕국'(艾湯)을 끓여먹고 기운을 돋우는, 향기롭고 맛있는 봄나물로 인식되어져 있다. 또 약성분이 가장 왕성한 단오날에 베어다가 말려 두고 약으로 쓰는 약초로 알고 있다.

중년층 이상이면, 코피가 날 때에 말려 둔 약쑥을 비벼서 콧구멍을 막으면 곧 피가 멎던 것을, 기억하고 있을 것이다. 또 뜸을 뜰 때에 뜸쑥을 비벼 올려 놓고 불을 당겨서 뜸을 뜨는 쑥이라던가, 한여름밤에 모깃불로 생쑥을 태우고 연기를 피워서 모기를 쫓던 정서 어린 시골 여름밤의 정겨움을 연상하게 된다.

그런가 하면, 단군신화에서 곰이 쑥과 마늘을 먹으며 햇볕을 보지 않고 굴속에서 100일을 견디면 사람이 된다는 말을 믿고, 그대로 하여 사람(웅녀)이 되어 환웅과 결혼하여 단군을 낳았다는, 그 건국신화에 나오는 식물이다. 그러므로 우리에게는 5,000년이 넘는, 오랜 역사를 지닌 영초(靈草)이기도 하다.

그런데 성경에 쑥은 저주받은 식물로서, 고난과 징벌의 쓴 잔을 상징하고 있어서, 성경을 읽을 때에 어리둥절하게 된다. 즉, 쑥과 독을 동일선상에 올려놓고 있기 때문이다. 이것은 이스라엘 사람들이 쓴 맛이 나는 식물은 모두 독이 있다고 생각하고 있었기 때문에, 이러한 비유가 생겨나게 되었다.

쑥은 북반구(北半球)의 건조지대에 약 250종이나 분포되어 있다. 그 중에는 우리가 즐겨먹는 단쑥(식용)도 있고, 성경에 나오는 맛이 소태처럼 쓴 쑥도 있다. 우리나라에는 성경에 나오는 쓴 쑥은 없다. 개역성경에는 '인진'(茵蔯 : Artemisia(capillaris))이라고, 아모스 5 : 7, 6 : 12에 번역된 곳이 있다. 인진은 우리말로 '애탕쑥' 또는 '사철쑥', '더위지기'라고 하며, 단 쑥에 속하는 약쑥이다. 한국·중국·일본·필리핀·말레이시아·네팔 등지에 분포하고 있으므로, 중국성경에서 잘못 번역된 것을 우리도 인진으로 옮긴 것 같다. 인진은 중동지역에는 없는 쑥이다.

또 공동번역 성경에는 맛이 가장 쓰다는 소태로 번역되어 있는데 '소태나무'(picrasma ailanthoides)는 중동지역에는 나지 않는 나무다. 그렇다면 성경의 쑥은 중동지역, 즉 시나이나 네게브 등지에 널리 분포하고 있는 쓴 쑥(Arthemisia monosperma)이라고 하는 것이 옳다. 이 쑥은 맛이 어찌나 쓴지, 아무리 풀이 모자라 먹을 것이 없어도, 양이나 염소가 절대로 이 쑥만은 뜯어먹지 않는다는 것이다.

히브리어로 laanah라고 하는 것은 쑥의 총칭이며, 이것은 라틴명 Artemisia와 그리스어 Apsinthos 등과 동일한 것으로서, 쓴 쑥을 성지에 야생하는 A. herba-alba라고 하는 학자도 있고, A. monosperma라고 하는 학자도 있으며, 또는 A. judaica라는 설도 있다. 그런데 유럽에서는 그리스어를 들어서 A. absinthium이 쓴 쑥이라고 여겼다. 그리스어는 '먹지 말라.'는 뜻이라는데, 그리스인은 이 쑥의 쓴 맛에 질려서 손을 든 것을 의미하며 경고의 말이 되기도 한다.

쓴 쑥은 뱀이 아담과 하와를 속이며 꼬였던 죄로 에덴동산에서 쫓겨날 때, 뱀이 지나간 자리에서 돋아난 풀이라고 하여 저주받은 식물로 여겼다 한다. 그래서 영명으로 쑥은 mugwort라 하지만, 쓴 쑥은 wormwood라 하여 '풀뱀' 또는 '벌레'라는 말인 worm이 붙여져 있다. 그 쓴 맛은 구충제(驅蟲劑)가 되기도 한다.

성경에서는 쑥을 어떻게 표현했나 살펴보자. 예레미야 9 : 15에는 하나님의 법을 버리고 우상숭배로 바알을 쫓은 이스라엘 백성에게, 하나님은 "쑥을 먹이고 독한 물을 마시우고… 알지 못하던 열국 중에 그들을 해치고 진멸되기까지 그 뒤로 칼을 보내리라."고, '징벌의 도구'로 사용하여 '죽음이나 멸망'을 뜻하고 있다. 에레미야 23 : 15에는 바알을 의탁하게 하고 소돔과 고모라처럼 간음하고 행악한 자에게 돌이킬(회개) 수 없게 한 예루살렘 선지자에게 내린 벌로, 그들에게 "쑥을 먹이며 독한 물을 마시우리라."고 하여, '재앙'의 의미가 되고 있다.

창부와 정을 통한, 쓴 결과를 잠언 5 : 3-5에 "음녀의 입술은 꿀 같이 달고 그 입은 기름보다 미끄러우나 나중은 쑥같이 쓰고 두 날 가진 칼날이 날카로우며"라고 하면서 '사지나 음부'와 동등 선상에 놓고 있다.

　그런가 하면, 신명기 29 : 18에서 우상숭배의 결과는 '독초와 쑥의 뿌리가 생긴다.'고, '저주의 대상'으로 비유하고 있다. 아모스 5 : 7과 6 : 12에서는 학대받는 정의를 나타내고 있는데, '공법을 '인진'으로 변하며 정의를 땅에 던지는 자들' 또는 '공법을 쓸개로 변하며 정의의 열매를 '인진'으로 변하며 허무한 것을 기뻐한다.'고 개탄하고 있다. 또 에레미야 애가 3 : 15에는 "나를 쓴 것으로 배불리시고 쑥으로 취하게 하셨으며"라고 했고, 3 : 19에는 "내 고초와 재난, 곧 쑥과 담즙을 기억하소서."라 하여 '견딜 수 없는 고난'을 쓴 쑥으로 표현하고 있다.

　그런데 쓴 쑥의 결정적인 의미는, 요한계시록 8 : 10-11에서 찾을 수 있다. 최후 심판예고의 "셋째 천사가 나팔을 부니 횃불같이 타는 큰 별이 하늘에서 떨어져 강들의 삼분의 일과 여러 물샘에 떨어지니 이 별 이름은 '쑥'이라 물들의 삼분의 일이 '쑥'이 되매 그 물들이 쓰게 됨을 인하여 많은 사람이 죽더라."에서, '쑥'은 '쓴 쑥'으로서 러시아어로 '체르노빌'이라 한다고 하니, 1986년 5월에 소련의 체르노빌 핵발전소에서 발생한 사고를 예언한 것 같아서 믿는 자로 하여금 정신이 번쩍 들게 한다.

소련 식물학자의 말에 의하면, 체르노빌이라는 쑥은 쓴 쑥 종류인데, '더 큰것'이라는 뜻이라고 한다. 그 발전소 사고로 발생한 방사능에 오염된 강과 물, 식물들을 먹지 못한 것을 상기한다. 종말에 일어날 재난을 조금 맛보이고, 교만하고 타락한 인간들에게 언제 닥칠지 모르는 징벌을 알려서, 두렵고 떨리는 마음으로 하나님의 말씀을 지키며 깨어 있으라고 경고한 듯하다.

'압산'(Absinthe)이라는 이 쓴쑥은 죽음을 의미하여 '드가'나 '피카소'가 그림으로 표현하고 있다. 프랑스에는 세계에서 가장 알콜 도수가 높은 (70도) 녹색의 '압산'이라는 술이 있었다. 그 주원료가 쓴 쑥 A, absintium이라 한다. 여기에 '안제리카' 등 10여 종의 향미식물을 섞어서 만든 '압산릭큘'은 19세기 말부터 20세기 초에 프랑스에서 대유행을 했었는데, 이 술이 세상에서 알려지게 된 것은 1836~47년의 알제리아 전쟁 때에 프랑스군의 해열제로 처방되면서부터였다.

그 생산량이 1873년에 671㎘이던 것이 1911년에는 36,000㎘로 증가하여 각계각층에 침투해 갔다. 그 술은 처음에는 활동을 왕성하게 하고, 기분이 유쾌해지게 하고, 담대한 마음을 가지게 한다. 그러나 이것이 습관성이 되면 감각을 마비시켜 지적능력이 쇠퇴해져서 바보천치가 되며 환각, 환시, 착란, 혼수상태에 빠지고 나중에는 경련상태에서 죽음에 이르게 된다. 이 술이 세기말적인 음료라는 것을 깨달은 프랑스는, 1915년에 법으로 제조를 금지시키기에 이르렀다.

압산주(쓴 쑥술)에서도 성경의 암시를 보게 된다. 죄악의 유혹은 처음은 달콤하나 나중에는 죽음이라는 멸망으로 끝나는 것이, 어쩌면 그렇게도 같은 궤도를 달리고 있는지, 쑥이 시사하는 바에 숙연해진다. 쓴 쑥은 그 양이 적을 때에 강장해열제(强壯解熱劑)가 된다.

합환채 (맨드레이크)

창세기 30 : 14~16에, "맥추 때에 르우벤이 나가 들에서 합환채를 얻어 어미 레아에게 드렸더니, 라헬이 레아에게 이르되 형의 아들의 합환채를 청구하노라. 레아가 그에게 이르되 네가 내 남편을 빼앗은 것이 작은 일이냐, 그런데 네가 내 아들의 합환채도 빼앗고자 하느냐? 라헬이 가로되 그러면 형의 아들의 합환채 대신에, 오늘 밤에 내 남편이 형과 동침하리라. 저물 때에 야곱이 들에서 돌아오매, 레아가 나와서 그를 영접하며 이르되 내게로 들어오라, 내가 내 아들의 합환채로 당신을 샀노라."

그날밤 야곱이 첫째부인인 레아와 동침하여(아들 낳기를 소원하여 수단과 방법을 가리지 않는 라헬이 아니라) 다섯째 아들 잇사갈을 낳았다는 내용이다. 이 이야기에서 라헬은 저를 극진히 사랑해 주는 남편(야곱)을 하룻밤 양보하는 대가를 지불하면서까지, 자식 얻기를 소망하여 불임증 여인에게 회임하게 하는, 수태력 증진의 신통력이 있다고 믿어져 온 합환채를 산 것임을 알 수 있다.

합환채란 무엇이며 어떤 식물인가?

합환채(合歡菜)로 번역된 이 식물은, 지중해 연안을 원산지로 한 다년생초본이다. 학명은 Mandragora autumnalis L이라 한다. 히브리명은 dudaim, 그리스명은 Mandragora라 하는데, 그 어원의 해설에 따르면 man(사람)+drake(용 : dragon)의 사투리라 한다. 뿌리가 인삼처럼 가닥져서 흡사 사람의 하반신을 연상시키므로 man(사람)이라 했고, 그 약효가 옛날부터 신비한 마술적인 위력이 있다고 믿어져서 drake를 짝지어 붙였다 한다.

그런데 이 식물은 미약적(媚藥的), 즉 반하게 하는 성질이 있다고 생각했으므로, 영어 성경에서는 '사랑의 사과'(Love Apple)라 했다. 그리고 아랍인들은 정욕을 불러 일으키는 힘이 있다고 믿어서 '악마의 사과'(Devil's Apple)라 했다. 이것은 이 식물에 얽힌 미신적인 설화가 그 원인으로서 모두가 연애와 연관된 이름이 주어져 있다.

일본어 성경에서도 연애가지라 했는데, 중국어 성경에서는 '풍가'(風茄)로 번역되어 있다. 그런데 왜 우리는 '합환채'라는 이름으로 번역했을까? 국어사전에 합환(合歡)의 뜻을 '남녀가 합금(合衾)하여 즐기는 것을 합환이라 한다.'라고 되어 있다.

이로 미루어 볼 때, 다분히 야곱과 레아와 라헬의 사건에서 '합환'(合歡)이란 말을 유추하여 골랐던 것 같다. 그 '합환의 채소'라는 뜻으로 '합환채'라 번역된 것 같은데, 이것이 공통번역 성경이나 새 번역 성경에서는 '자귀나무'로 번역되어 있다. 이것은 오역에 속한다.

자귀나무를 일명 '합환수'(合歡樹)라고도 한다. 학명을 Albizzia gulibrissin Durez라 하며 한국, 중국, 일본 등 동북아시아가 원산지인 콩과에 속한 낙엽교목이다. 연지솔 같은 아름다운 꽃이 피는 관상용 화목녹음수이다. 아카시아 같은 잔 잎이 저녁 때만 되면 서로 맞접어 붙어서 아침해가 돋을 때까지 잠을 자는 듯하다. 밤에 붙어서 자면(合) 즐거움(歡)이 있을 것이라고 연상하여, 이 나무에 합환수(合歡樹)라고 한다는 중국이름이다.

이렇게 볼 때, 합환채를 개역성경의 어휘만을 쫓아서, 합환(合歡)이라는 식물명이 붙은 합환수의 우리 이름인, 자귀나무로 번역한 것은 크게 잘못된 것이라 할 수 있다.

합환채는 풀이지 나무가 아니며, 자귀나무는 지중해 연안에는 없는 식물일 뿐더러, 가장 중요한 마약적(痲藥的) 약효성분이 없기 때문이다.

합환채를 일반적으로는(식물학적) '맨드레이크'(Mandrake)로 통용하며 가지, 감자, 토마토, 꽈리 등과 같은 무리로서 가지과에 속해 있는 다년초다.

맨드레이크에는 3종류가 있다. 가장 약효 성분이 강한 Mandragora officinarum L.이 있고, 이보다 다소 약성분이 약한 히말라야와 중국 서부가 원산지인 M. caulescens clarke이 있다. 그리고 지중해 연안이 원산지인 성경의 합환채다. 그러나 이 모두가 유독성 약용식물로 다루어지고 있다.

뿌리는 굵고 깊게 땅 속에 뻗어 있으며, 가닥으로 갈라져 있어서 뽑을 때에 중간에서 잘 부러진다. 그 즙액이 잘못 눈에 들어가던가 손에 묻은 것을 입에 넣었을 경우, 중독증상을 일으켜서 미치게 된다. 이것을 악마의 장난이라고 믿어서, 그 마력(魔力)에 연유시킨 황당무계한 전설이나 민속 등이 뿌리 깊게 정착되었다. 그래서 서구사회에서는 가장 미신적인, 공포의 식물 중의 하나였다.

곧은뿌리의 윗쪽에 주름이 많다. 이른 봄, 길이 30cm, 폭 10cm의 정타원형 또는 피침형의 잎이 로켓트형으로 땅에 퍼져서 난다. 중심부에 10여개의 꽃대가 나와서 꽃대 끝에 한 송이씩, 크기와 생김이 흡사 감자꽃을 닮은 청자색의 꽃이 핀다. 꽃이 진 뒤(맥추 때쯤), 살구 크기만한 노랗고 향긋하고 달콤한 열매가 맺힌다. 이 열매는 다육질의 액과로서 '황금 사과'라고도 한다.

아가서 7 : 13에는, 합환채의 과일이 향기로움을 말해 주고 있으나, 이 열매 속에는 약하기는 해도 유독성분이 함유되어 있어서, 구토와 설사의 원인이 된다. 그러나 중동지역에서는, 유독성의 위험을 무릅쓰고도 신비로운 수태력 증진과 미약(媚藥)적인 마력 때문에 먹었던 것을, 레아와 라헬 사건에서 이해하게 된다.

맨드레이크(합환채)의 유독성분은 알카로이드인 '히요스지아민'(hyoscyamine)과 '스코포라민'(Scopolamin)이다. 열매에는 약하게 들어 있으나, 뿌리에는 독성이 강하게 들어 있다. 신경성 독성분으로, 대량일 때는 뇌신경을 손상시켜서 사람을 미치게 만든다.

그러나 고대에서는 극소량을 술에 담그어서 외과수술의 마취약(최면효과)으로 사용했다. 이것은 마취, 최면, 진정, 최음제의 효과도 있으며 적당량을 사용하면 치통, 두통 등을 경감시켜 주고 사람의 마음을 상쾌하게 해 주는 역할한다는 것을 의미한다.

유독성분이 규명되지 못했던 옛날에는, 아랍인이나 그리스인 등은, 흥분이 지나쳐서 미쳐 버리는 것을, 악마의 장난이라고 믿었던 것이다.

중국의 맨드레이크는, 그 뿌리 1파운드의 값이 은(銀) 1파운드의 값의 3배나 되는, 고가로 거래된 적도 있다고 한다. 이것은 빈사상태 환자의 꺼져 가는 의식(意識)을 신통하게 회복시켜서, 다른 약으로 환자를 소생시킬 수 있는 시간적 여유를 얻을 수 있기 때문이라는 것이다.

고대 로마에서는 맨드레이크의 마취 및 최면효과를 중시하였다. 근피의 즙을 술이나 물에 넣어서 달여 마시면, 통증을 잊고 편히 잠들 수 있기 때문인데, 이 술을 morion이라 했다. 즉, 죽음을 앞둔 사형수에게 무섭고 괴로운 순간을 잊게 해 주려는, 자비를 베풀기 위해서 주었던 죽음의 술(death wine, 死酒)이었다.

십자가상의 예수님께, 스폰지에 적셔서 주었던 술이, 이 morion이었다고도 한다.

이처럼 합환채는 서양사회에서 옛부터 영적, 또는 의학적, 미신적(악마)으로 크게 영향을 끼친 흔하지 않은 식물이다.

가라지 (독보리)

가라지는 성경에 단 한 번, 마태복음 13 : 24 ~40에 나오는 식물이지만, 우리에게는 큰 의미를 부여하는 것이므로, 가라지가 무슨 식물인지 살펴보고자 한다.

우리말 성경에는 가라지로 번역되어 있으나, 중국 성서에는 '패자'(稗子)라고 번역되어 돌피로 인식되고 있으며, 영어 성경에는 Weed's 라 번역되어 잡초라는 것을 말해주고 있다. 가라지는 팔레스틴, 레바논, 시리아, 지중해 연안 등이 원산지로 보리나 밀밭에 흔히 섞여 나는 잡초이다. 아랍어로 Zuwan이라 불리우는, 셈어에서 온 이름인데 '밀 속에 나는 잡초'라는 뜻이라고 한다.

학명은 Lolium temulentum L.이라 하고, 영명은 darnel 또는 tare라고도 하며 독보리로 해석되는 화본과식물이다. 목초에 섞이면 가축이 먹고 중독을 일으키는 일이 있으므로, 독보리(毒麥)라고 한다. 화본과식물 중에서 유일하게 유독식물로 다루어진다. 독보리라고 하는 것은, 이삭이 패어 익기 이전의 생김새가, 밀이나 보리와 분간이 되지 않을 정도로 흡사하기 때문이다. 그렇다면 가라지인 이 독보리의 독은 어떤 것일까?

독보리 자체에는 실제로 독소가 없고, '테므렌(temulen)'이라는 유독 알카로이드를 내는 균(곰팡이) Endoconidium temulentum prill, et Delacr의 기생이 문제가 되는 것이다. 이 균에 침입당한 독보리(가라지)를 먹으면 구토와 설사, 현기증을 일으키는 중독 증상이 나타난다. 독보리는 맛이 쓰기 때문에, 밀에 섞였을 경우에는 밀가루의 맛을 손상시킨다. 그러나 이 곰팡이에게 침범당하지 않은 것은 독이 없다.

성경으로 돌아가 살펴보면, '천국은 좋은 씨를 제 밭에 뿌린 사람과 같으니, 사람들이 잘 때에 그 원수가 와서 곡식 가운데 가라지를 덧뿌리고 갔더니, 싹이 나고 결실할 때에 가라지가 보이므로 종들이 주인에게 좋은 씨를 뿌렸는데 가라지가 어디서 생겼느냐, 뽑아 버리느냐'를 묻는다. '그 때 주인이 원수가 덧뿌렸다고 일러주고 가라지를 뽑다가 곡식까지 뽑을까 염려되니 그대로 두라고 이르면서, 추수 때에 가서 일꾼들에게 가라지를 먼저 거두어서 단으로 묶어 불태우게 하고 곡식만 모아 곡간에 간수하겠다'고 말하고 있다.

이 비유에서 예수님이 가라지의 생리를 너무나도 명확하게 말씀해 주고 계신다.

가라지(독보리)는 자람이 왕성한 1년초이다. 키는 60cm~1m로 자라며 생육기간에는 밀과 생김이 흡사하여 분간하기 어렵고, 또 밀과 동일한 계절에 열매가 익기 때문에, 추수 때 곡식에 섞이기 쉽다. 가라지의 이삭이 나오면 성경에서 지적했듯이 생김이 판이하여 얼른 눈에 띄게 된다. 밀은 줄기 끝에 열매가 네 줄씩 또는 두 줄씩 빽빽히 결실하고, 보리는 여섯 줄씩 빽빽이 결실한다. 그에 비하여, 가라지는 6~12cm 길이로 몇 알씩 지그재그로 납작하게 결실한다. 그래서 일명 '지네보리'라고도 부른다.

가라지는 다른 잡초와는 달리, 결실해도 열매가 떨어지지 않고 그대로 붙어 있으므로, 추수 때에 식별하기 쉽다. 그러나 일단 밀과 함께 추수하면, 밀알보다는 잘지만 키질로도 가려내기가 어렵게 된다. 그래서 중동지역에서는 지금도 아녀자들이 일일이 이삭을 뽑아서 제거하고 있다. 가라지 씨는 애굽의 4,000년된 무덤에서 발견되었다는 보고가 있을 만큼, 오래된 식물이다. 우리나라에도 귀화하여 밭이나 길의 풀숲에서 볼 수 있다.

종들이 이삭이 패어서 식별할 수 있게 되자, 가라지를 뽑겠다고 했다. 그 당시에 추수 때까지 그냥 내버려 두게 한 것은, 가난한 사람들의 곡식이 함께 뽑혀서 감수(減收)를 염려한 때문만은 아니다. 해로운 것임에도 뽑아버리지 않고 추수 때까지 그대로 두게 한 것은, 숨은 큰 뜻이 있다. 그것은 가라지가 익어도 다른 곡식처럼 열매가 떨어지지 않기 때문에, 추수 때 밀과 생김이 판이하여 쉽게 구별해 낼 수 있을 때까지 두었다가 곡식에 피해를 주지 않고 가려내려는 생각에서였다.

팔레스틴의 농민들 사이에서는, 밀의 종자가 비가 많이 오는 해에는 가라지(독보리)로 변한다는, 속신(俗信)이 전해져 오고 있다. 이 것은 비가 많은 해에는 밀이 해(害)를 받아 생육이 나빠지는 반면, 생육이 왕성한 가라지가 눈에 많이 띄게 되므로, 밀이 가라지로 변했다는 믿음이 생기고 그 오해가 속신으로 남게 된 것이다.

마태복음 13 : 36~40에서 가라지 비유의 해설을 보면, "씨를 뿌리는 이는 인자요, 밭은 세상이요, 좋은 씨는 천국의 아들들이요, 가라지는 악한 자의 아들들이요, 가라지를 심는 원수는 마귀요, 추수 때는 세상 끝이요, 추수꾼은 천사들이니, 그런즉 가라지를 거두어 불에 사르는 것같이 세상 끝에도 그러하리라."고 경고하고 있다.

지구의 종말이 가까워 오고 있는 이 때, 깨어 있어서 하나님의 종말적 심판 때에 불에 던지우는 가라지가 되지 않기를 바라시는 예수님의 사랑과 은혜를 생각하게 된다.

갈대

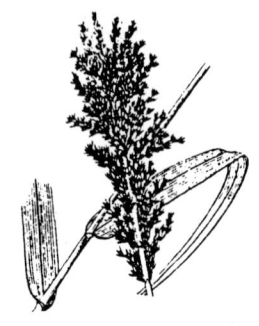

　　우리는 갈대라고 하면 갈대로 엮은 해가리개용 '갈발'이나, 갈꽃이 핀 꽃이삭을 잘라서 '갈목비'라고 하는 부드러운 방 빗자루를 만드는 식물 정도로 인식되어 있다. 옛날에는 약방임을 알리기 위해 약방에 치는 갈발로서 '약포수위렴'(藥舖垂葦簾)이란 것이 있었을 정도였다. 그것도 지금은 화학제품에 밀려서 자취를 감추어 가고, 다만 철새 도래지의 풍경을 수놓는 아름다운 식물 정도로 남게 되었다.

　　그러나 성경에는 갈대가 여러 곳에 등장하며, 고귀한 식물이 아니면서도 많은 것을 시사해 주고 있으므로, 갈대의 다른 면모를 살펴보고자 한다.

　　갈대는 온대와 난대에 널리 분포하고 있는 포아풀과의 다년초이다. 질척거리는 강기슭이나 늪 같은 습지 진펄에서 자라며, 키가 크지만 줄기의 속이 비어 있어서 부러지기 쉽다. 또 마르기 전에는 줄기가 유연해서 바람 부는 대로 흔들리고 나부끼며, 땅에 닿을 만큼 휘어졌다가도 바람이 멎으면 언제 그랬더냔 듯이 곧바로 원래 모양으로 되돌아가는 속성이 있다. 줄기는 마디가 있고, 그 마디마디에 좁고 긴 잎이 나 있으며, 줄기 끝에 망(芒)이 달린 꽃이 이삭져서 핀다.

　　성경에 나오는 갈대는 우리나라 갈대와는 다른 '페루샤갈대'(Arundo Donax)로서, 영명은 Reed 또는 Rush라고 번역되어 있다. 팔레스틴, 시리아, 시나이반도 일대에 흔히 자라며 나일강 상류 및 요단강 유역, 사해 주변에 울창한 숲을 이루어 무성하게 자라고 있는 갈대를 일컫는다.

　　우리나라 갈대는 키가 2m 남짓, 줄기의 굵기는 지름이 0.5cm 정도이다. 성경에 갈대지팡이(열왕기화 18:21, 이사야 36:6, 에스겔 29:6, 마태복음 27:29~30, 마가복음 15:19)가 등장할 때, 갈대로 어떻게 지팡이를 만들 수 있을까 의아하게 생각할 수 있다. 그러나 페루샤 갈대는 장대하고 지하경이 길게 물 속이나 진흙 속에 뻗어 있다. 줄기가 곧게 물 위로 높이 자라는데, 키가 3~6m나 된다. 줄기의 굵기는 밑둥의 지름이 5~8cm나 되는 것도 있을 정도로 굵고, 끝으로 가면서 가늘어지는데, 그 끝에 흰 깃털 같은 망이 있는 아름다운 꽃이 큰 이삭으로 핀다. 마디마다 30cm～1m 길이의 긴 잎이 붙어 있다. 줄기는 대나무처럼 굳고 단단해서 지팡이로 흔히 이용한다. 그러나 이 줄기는 부러지면 잘게 갈라지면서 날카로운 가시가 되므로 매우 위험하다.

열왕기하 18：21과 이사야 36：6, 에스겔 29：6에, 애굽은 이스라엘에게 갈대 지팡이로서 그것을 의뢰하면 부러지기 쉽고, 그 상한 갈대지팡이가 손을 찔러 상하게 한다고 하여, 그처럼 애굽왕 바로는 저를 의지하는 이스라엘을 해치므로 믿을 자가 못 된다고 경고하고 있다.

갈대 가시가 어느 정도로 날카롭고 위험한가 하면, 갈대를 아랍어로 Ganeh라고 하는데, 이것은 창(槍)을 의미하는 말이라 한다. 이 갈대로 유태인이나 호메로스가 기록한 영웅들이 화살을 만들었다고 한다. 초기의 기독교도에게 가해진 종교재판에서는 고문 도구의 하나로도 쓰였는데, 갈대 줄기의 가시를 손톱과 발톱 밑에 찔러 넣어서 고통을 주어 고문했다고 하니, 그 아픔이 어느 정도였을까 짐작하게 한다.

마태복음 27：29～30과 마가복음 15：19의 로마병사들이 예수님을 때린 갈대 지팡이나, 손에 들려주고 조롱할 때 쓴 갈대 지팡이 등이 모두 좋은 역할에 쓰이지 못한 갈대의 일면이 있다.

그러나 일반적으로 갈대는 연약한 것으로서 약자에 대한 하나님의 자비를 나타내는 아름다운 표상이 되고 있다. 이사야 42：3과 마태복음 12：20의 상한 갈대도 꺾지 아니하시며, 꺼져가는 등불(심지)도 끄지 아니하시며, 진리로 공의를 베푸시는 주님의 사랑을 보게 된다.

중국에서는 갈대가 처음 나올 때를 '가'(葭)라 하고, 조금 자라면 '노'(蘆)라 하며, 장성하면 '위'(葦)라 한다. 그리고 일반적으로는 '노위'(蘆葦)라고 총칭한다.

창세기 41：2에, 바로왕의 꿈에 아름답고 살진 암소 7마리가 갈밭에서 갈대를 뜯어먹고 여읜 암소 7마리가 나와서 살진 암소 7마리를 잡아먹었다는, 요셉의 꿈 해몽에 나오는 7년 풍년 뒤 7년 흉년이 들겠다고 한 대목의 갈밭(蘆)은 풍요를 의미하는 목초의 갈대를 말해 주고 있다. 그러나 이사야 9 : 14과 이사야 19 : 5에는 종려 나뭇가지와 갈대를 대비시켜서 존귀(종려나무)와 비천(갈대)으로, 머리와 꼬리로 표현하고 있어서 성경에서 갈대는 고귀한 식물 대접은 받지 못했음을 알 수 있다.

갈대가 생육하는 곳을, 여러 곳에서 인용하고 있다. 출애굽기 2 : 3에 모세를 파피루스 상자에 담아 강가 갈대 사이(부들)에 두었다는 것과, 욥기 8 : 11에, 왕골(파피루스)이 진펄이 아니고 나겠으며 갈대가 물 없이 자라겠느냐 이런 것들은 푸르러도 일찍이 마르나니 하나님을 잊어버리는 자의 길은 다 이와 같다고 했다. 그리고 열왕기상 14 : 15에는, 목상(우상)을 만들어 하나님을 진노케 한 이스라엘을 물에서 흔들리는 갈대같이 되게 하시고, 이스라엘을 뽑아 하수 밖으로 흩으시겠다고 하셨다. 이사야 19 : 6에는, 애굽에 관한 경고인데 하나님이 애굽을 쳐서 바닷물이 없어지게 하고 강이 마르겠으며, 시냇물이 마르므로 갈대와 부들이 시들겠고, 나일강 유역의 곡식밭이 다 말라 없어진다고 하셨다.

또 이사야 35 : 7에는 하나님이 축복하시면 광야에서 물이 솟겠고 사막에서 시내가 흐르며 뜨거운 사막이 변하여 못이 되고 시랑이 눕던 곳에 풀과 갈대와 부들이 날 것이라고 하였으며, 욥기 40 : 21에는 애굽을 강물 속에 사는 악어(시편 68 : 30)로 상징하여 갈밭 가운데 못 속에 있는 연꽃 그늘에 숨는다고 했고, 욥기 41 : 19~20에는 그 악어가 입에서는 횃불이 나오고 불똥이 뛰어나와 그 콧구멍에서 연기가 나오는데 마치 솥이 끓는 것과 갈대가 타는 것과도 같다고 말하고 있다. 그리고 아사야 58 : 5에는 잘못된 금식을 지적하는데 '그 머리를 갈대같이 숙이고'라고 하여 갈대는 머리(꽃)가 하늘을 향하고 있지, 밑으로 숙이고 있지 않음을 말해 주고 있다.

마태복음 11 : 7과 누가복음 7 : 24에는 예수께서 세례 요한에 대하여 말씀하시되, "너희가 무엇을 보려고 광야에 나갔더냐 바람에 흔들리는 갈대냐 부드러운 옷을 입은 사람이냐"라고 묻고 있다. 비단옷을 입은 사람은 궁중에 있다고 하여, 세례 요한이 시대 풍조에 거슬리면서도 권력에 굴복하지 않고 의연하게 오실 이(예수님)를 증거함으로써, 갈대의 꿋꿋함을 말해 주고 있다.

갈대 줄기는 때로는 측량하는 '자'로도 쓰였다.(요한계시록 11 : 1, 21 : 15~16) Reed라는 말은 용도와 깊은 관계가 있는 역사가 오래된 말이다. 수메르어가 기원으로서 갈대, 또는 줄기, 그 후에는 재는 막대란 뜻의 셈어에 동화되어서 희랍어로 변한 것이라고 한다. 또 줄기를 깎아서 펜으로 이용했는데 양피지(羊皮紙)나 파피루스로 만든 종이에 글을 쓰는데 이용했으며, 지붕을 이는 건축재료도 쓰이는 등으로 주변에서 유용하게 사용된 식물이었다.

갈대라 하면, 어릴 적에 누구나 한 번쯤은 들었을, 그리스 신화에 나오는 '임금님의 귀는 당나귀 귀'라는 갈대에 얽힌 이야기를 기억할 것이다. 마티스왕의 귀는 커서 흡사 당나귀의 귀와 같았다. 임금님의 이발사는 그 비밀을 누설하면 사형에 처한다는 엄명에도 불구하고, 그 비밀을 말하지 않고는 견딜 수가 없었다. 그래서 강 가에 나가서 구멍을 파고 거기에다 대고 "임금님의 귀는 당나귀 귀"라고 외친 후에 구멍을 덮고 돌아갔다. 그 후 그 구멍에서 갈대가 돋아나, 바람이 불 때마다 "임금님의 귀는 당나귀 귀."라고 그 비밀을 말함으로써, 임금님의 비밀이 세상에 알려지게 되었다. 결국 그 이발사는 죽임을 당했다. 비밀(약속)을 지키라는 교훈의 이야기이다. 그런데 이 이야기가 우리 나라에서는 대나무로 바뀌어졌다.

삼국유사(三國遺事)에는 신라 47대 헌안왕조(憲安王條)에, 의관을 만드는 복두장이가 임금님의 귀가 당나귀 귀 같다는 비밀을 홀로 알고 있다가 죽을 때, 도림사의 대나무밭에 들어가 대나무에 대고 "임금님의 귀는 당나귀 같다."라고 소리를 질렀다. 그 후 바람이 불면, 대나무는 소리내어 "임금님의 귀는 당나귀 같다."라고 하였다. 소문이 퍼지자, 노한 임금은 그 대나무 숲을 베어 내고 산수유를 심게 했다. 그런 다음부터는 바람이 불면 "임금님의 귀는 길다." 하는 소리가 났다는 고사가 있어서 흥미롭다.

박넝쿨(피마자) · 질려(쐐기풀)

피마자 : 이 식물은 성경의 요나서 단 한 군데밖에 나오지 않지만, 개역 성경에는 박넝쿨로 번역되어 있고, 공동번역 성경에는 피마자로 번역되어 있다.

오늘날 일반 성서 식물학자들은 피마자라고 번역한 것이 가장 적합하다는 의견의 일치를 보았다고 한다. 중국어 성경이나 일본어 성경도 피마자로 번역되어 있고, 영어 성경은 식물 (Plant)이라고 번역하고 주(註)에 피마자라고 풀이하고 있다.

요나가 하나님께 붙들림 받아, 니느웨로 가라는 것을 어기고 다시스로 도망가다 풍랑을 만나서 바다에 던져졌다. 그리고 물고기에게 잡아먹혀 그 뱃속에서 3일을 지난 뒤, 육지로 토해져서 나오게 되었다. 그 후, 그는 죄악의 도시 니느웨로 가서, 하나님이 40일이 지나면 니느웨를 멸망시킨다고, 큰 목소리로 경고하게 된다.

니느웨 백성들과 왕은 회개하고 베옷을 입고 금식하며, 심지어 짐승까지도 금식시키며 하나님께 기도했으므로, 하나님은 뜻을 바꾸어 단죄할 것을 중지했다.

요나는 이 처리에 대해 불복했다. 그는 성 밖에서 초막을 짓고 니느웨성이 어떻게 되나 보려고 했다. 그런데 너무 햇살이 뜨거워서 고통스러워하자, 하나님이 피마자 1포기를 초막 앞에 돋아나게 하여 그늘을 만들어 주어, 요나를 괴로움에서 벗어나게 해 주었으므로 그는 매우 기뻐했다. 그러나 하나님이 벌레가 생기게 하여 피마자를 쏠아서 말라 죽게 하셨을 때, 햇볕은 더 뜨거워지고 요나는 견딜 수 없게 되었다. 그는 화를 내면서 하나님께 죽기를 구한다.

이 때에 하나님은 "네가 수고도 아니하고 배양도 아니한 피마자 때문에 화를 내느냐."고 물으시고, "하룻밤 사이에 났다가 하룻밤 사이에 죽은 피마자를 네가 아끼면서, 회개한 12만 명이나 되는 니느웨 사람과 많은 가축을 내가 아끼는 것은 당연하지 않느냐."고 하시며 요나를 깨우치는 데 쓰인 식물이다(요나 4 : 6, 7, 8, 9, 10).

히브리어 Kikayon은 피마자를 지칭한 것이라고 한다. 원형(円形)이란 뜻의 Kikar에서 비롯된 것으로 열매의 모양이 둥글기 때문에 붙여진 것이라고도 하고, 한편으로는 Kikinos라고 하는 진드기(피를 빨아 먹는)에서 비롯된 것이라고도 하는데, 씨가 흡사 진드기 모양 같아서 붙여졌다고 식물명 해설서에서는 풀이하고 있다.

옛날 유태교 법전에는 의약으로 알려진 피마자 기름을 내는 식물로 Kikayon에 대하여 언급하고 있다고 하니, 요나서의 피마자라는 번역이 옳을 것 같다.

피마자를 애굽어로는 Kiki라고 하며, 애급의 옛 의서(醫書)에는 Kaka라는 식물로 기록되어 있다. 이 식물은 불을 켜는 데 쓰이는 Kiki기름을 얻기 위해서, 애급에서 많이 재배한다고 헤로도토스(Herodotus)는 말하고 있다.

이것을 뒷받침하듯, 고대 애급의 파라오의 유적에서 파마자의 씨가 발굴되어서, B.C. 4000년 경에 이미 재배 이용하고 있었음을 말해 주고 있다.

학명은 Ricinus communis L.이라 하고, 영명은 Castor Bean 또는 Castor oil plant라 하며, 중국명은 毘麻, 우리 이름은 '피마자' 또는 '아주까리'라고 한다.

피마자는 열대 동아프리카가 원산지인, 매우 빨리 자라는 목질초본이다. 우리나라에서는 1년초이지만, 열대에서는 다년생이 된다. 키는 4m로 자라고, 곧은 줄기에 손바닥 모양의 큰 잎이 호생한다. 큰 양산 같은 잎이 많이 피어나서 넉넉한 그늘을 만들어 준다. 잎은 30~40cm 정도가 되며, 7~9갈래로 갈라진다. 어린잎은 자주색이지만, 늙으면 밝은 녹색이 된다.

꽃은 단성화(單性花)로, 암·수가 한 포기에 있으며 엽액(葉腋)에 총상화서로 핀다.

열매는 둥근 삭과(蒴果)로 연한 가시가 있다. 열매 속에 타원형의 딱딱한 껍질 속에 갈색무늬가 있는 굵은 씨가 3개 들어 있다. 이 씨에는 34~58%의 불건성(不乾性) 지방유가 함유되어 있어서, 이것을 채유한 것이

피마자유(Oleun Ricini)이다. 주로 의약의 완하제(緩下制)로 쓰며, 또 응고점이 낮아서 저온권을 비행하는 항공기의 윤활유로 중요시 되고 있다.

이밖에 화장품(비누, 머릿기름, 인주, 인조피혁용) 등에도 쓰인다. 또한 최근에는 피마자유를 탈수소하여 건성유를 만든 후에 에나멜, 페인트, 봐니스 등의 제조에도 쓰고, 플라스틱이나 합성섬유의 제조원료로도 이용하고 있다.

그러나 히브리인들은 이 피마자 기름을 의식(儀式)에 널리 사용했는데, 랍비의 전통이 이 용도를 시인하고 있다. 5종의 기름 중의 하나가 되어 있는 중요한 식물이다.

주의할 것은, 피마자 씨의 껍질에는 독성이 있는 Ricin이라는 단백질과, Ricinin이라는 맹독성의 알칼로이드가 함유되어 있다는 것이다. 이 독성이, 채유하면 기름 속에는 들어가지 않아서 무방하나, 깨묵에는 남아 있으므로 사료로는 쓸 수 없고, 비료로 이용할 수 있다. 씨의 유독성분들은 가열하면 분해되어서 없어진다.

피마자의 어린 잎은 아주까리 나물이라 하고, 삶아서 우려 먹는다.

피마자는 특히 레바논, 팔레스틴, 이스라엘 등지의 황폐된 곳이나 사막의 개울바닥에서 자란다. 무성한 피마자 숲이, 지금도 요단에 있는 아론강 삼각주에 산재해 있으므로 피마자가 어떤 곳에서도 잘 자란다는 것을 이해하게 된다.

질려(쐐기풀) : 쐐기풀을 호세아 9 : 6에는 찔레로, 이사야 34 : 13에는 엉겅퀴로, 스바냐 2 : 9에는 찔레로, 이사야 55 : 13에는 질려로, 개역 성경에 번역되어 있다. 하지만, 공동번역 성경에는 모두 쐐기풀로 번역되어 있다. 중국어 성경에는 질려(납가세풀)로, 일본어 성경에는 쐐기풀로 번역되어 있고, 영어 성경에는 찔레나무(briers), 가시덤불(thorns bushes), 딸기나무(bramble) 등으로 번역된 매우 고증이 어려운 식물이다.

그러나 성경에는 쏘는 능력을 비유하는 데 사용되었으며, 주로 황폐화된 곳에 나는 쓸모없는 식물로 등장하므로, 성서식물 학자들은 쐐기풀이 맞다고 주장하고 있다. (주로 황폐화된 곳에 난다.)

쐐기풀은 북반구 온대, 아열대 남반구에 약 50종이 분포한다. 중동지역에 4종이 나는데, 모두 ruderal이라 한다. 이것은 버려진 땅(황무지)에 자라며, 많은 유기물을 필요로 한다는 뜻이다. 히브리명은 Kimmosh이다. 그 중의 1종은 horreig(harul)이라 하고, 애굽에서는 sorbei라고 부르고 있다. 이 말들은 모두가 불에 태운다는 뜻이다. 쐐기풀이 피부에 닿으면 흡사 타는 것 같은 통증을 느끼기 때문이다.

학명은 Urtica pilulifora L.이다. 라틴어의 Uro, 즉 탄다라는 뜻으로서, 잎에 난 가시 같은 털에 닿으면 새빨갛게 달군 불로 태우는 것 같은 통증을 느낀다는 뜻에서 비롯된 이름이다. 영명은 Stinging nettle, 쏘는 쐐기풀이라는 이름이다. 바늘(Needle)이 변하여 Nettle이 된 이름으로서, 바늘 같은 가시(털)를 비유해서 찔리면 쏘듯이 아프기 때문에 붙인 이름이다.

중국명은 질려가 아니라, 담마이다. 피부에 두드러기 같은 심한 자극반응을 일으킨다 하여 붙인 이름이다. 우리도 쐐기에 쏘인 것처럼 아프다 하여 쐐기풀이라 한다.

쏘는 능력에 의미를 부여해서, 북유럽의 신화에서는 쐐기풀의 가시 같은 털을 번개로 비유하여, Thor 뇌신(雷神)의 풀이라 했다. 그런데 번개가 치면 벼락이 떨어지는 것을 막아준다 하여, 화덕불에 태워서 벼락이 칠 때에 낙뢰(落雷)를 막는 주술로 이용했다.

쐐기풀은 다년생 잡초로 열대에서는 목본이 된다. 키는 90~180cm로 자라고, 줄기에는 강한 섬유가 있다. 잎은 5~8cm 크기의 심장꼴로 톱니가 있으며, 가시 같은 털이 식물 전체에 덮여 있다.

이 식물에는 개미산, 히스타민, 아세틸산, 구르코카논, 클로로핀 같은 성분이 있어서 피부에 닿으면 따갑고 아프며 물집이 생길 정도로 자극이 심하다. 그래서 의약 식물학의 조상이라고 일컬어지는 지오스 콜리테스는, 신경통의 치료에 쐐기풀의 털로 자극을 주는 방법을 권장했다.

저주의 대상이 되고 질시받던 쐐기풀은, 그 섬유가 물에 매우 강하다. 그러므로 옛날에 삼, 아마, 목화가 등장하기 전까지는 중요한 섬유식물이었다. 특히 어망이나 선박로프를 만드는 데 쓰였다. 섬유로 천을 짜는 의류뿐만 아니라 16세기까지는 테이블보, 침대 시트, 돛대 등을 만들었다.

그래서 한때는 서구사회에서 재배식물로서 십일조까지 부과되던 시절도 있었을 정도로, 중요하게 여기던 섬유식물이었다.

1차 세계대전 때는 독일과 오스트리아에서 목화가 부족하게 되자, 포로의 의복에 넷틀섬유를 15％나 섞어서 짰던 것이, 실험 결과에 따라 밝혀지고 있다. 지금은 삼, 아마, 목화 등 우수 섬유식물에게 밀려났다. 그렇지만 사정이 어렵게 되면, 다시 기용될 수 있는 섬유 예비역이라고 말할 수 있다.

쐐기풀에는 V-C, A, 규소, 철, 칼륨 같은 미네랄이 풍부하게 함유되어 있어서, 천대받던 식물이 지금은 훌륭한 채소로 또는 건강식품으로 각광을 받고 있다.

또 강장제, 불면증, 빈혈증, 관절염, 류마티스의 치료제인데다가 모유의 분비를 촉진하고 혈당치를 내리는 작용도 한다. 그리고 수렴·이뇨·지혈작용도 있다. 쐐기풀로 만든 샴푸는 발모제로 가치가 있고, 린스는 비듬을 없애주는 효과가 크다.

아네모네 · 백합화

아네모네: 마태복음 6 : 28~30과 누가복음 12 : 27에, "또 너희가 어찌 의복을 위하여 염려하느냐 들의 백합화가 어떻게 자라는가 생각하여 보라. 수고도 아니하고 길쌈도 아니하느니라. 그러나 내가 너희에게 말하노니 솔로몬의 모든 영광으로도 입은 것이 이 꽃 하나만 같지 못하였느니라. 오늘 있다가 내일 아궁이에 던지우는 들풀도 하나님이 이렇게 입히시거든 하물며 너희일까보냐? 믿음이 적은 자들아."라고 하였다.

갈릴리 언덕에서 예수님이 하신 산상수훈의 유명한 구절이다.

현재에 권위 있는 학자들은 솔로몬의 모든 영광으로 입은 옷을 능가한 들의 백합화는, 팔레스틴에 가장 흔하고 또 화려한 색깔의 꽃인 '아네모네'일 것이라고 단정짓고 있다. 그 이유는, 예수님이 소박한 군중들 앞에서 설교하시는데, 바로 발 앞에 핀 그들의 일상 생활에 낯익은 꽃을 지적한 것일 테니까, 아네모네라고 우기게 된다는 것이다.

이 꽃은 수천 송이씩 무리를 이루면서 이 땅의 모든 지중해 지역의 들과 덤불, 황무지, 모래언덕, 사막 등에서 아름답게 군락을 이루며 핀다. 이스라엘의 봄을 뒤덮는 꽃이라 해도 과언이 아니다. 더욱이 꽃빛이 빨강, 자주, 노랑 등 화려하지만 특히 붉은 계통이 두드러지게 많다.

따라서 예수님이 솔로몬의 옷을 비유한 것은, 가장 영화를 누린 왕이며 그 제왕의 옷은 자주색인 것이 상식이기 때문에, 이 꽃을 지적한 것이라는 이론이 생긴 것이다.

그래서 선상수훈의 백합화를 공동번역 성경에서는 '들꽃'이라고 번역하고 있으며, 영역이나 일어성경에서도 '들의 꽃'으로 번역하고 있다.

또 한 가지 중요한 이유는, 팔레스틴에는 마돈나 릴리(madonna lily)라고 하는 흰 백합화가 있기는있다. 하지만, 그리 흔한 식물이 아니기 때문에, 오히려 어느 곳에서도 쉽게 발견되는 가장 흔한 식물이면서도 아름다운 아네모네가 산상수훈에서 말한 백합화의 후보식물이라는 논리이다.

아네모네는 어떤 식물인가 살펴보자. 학명은 Anemone coronaria L, 이라 하고, 영명은 palestine Anemone, Windflower, Crown Anemone, poppy Anemone 등의 이름이 많다. 지중해 연안이 원산지인 미나리아제비과에 속한 다년생 초본으로서, 뿌리에 괴근(塊根) 같은 지하경(地下莖)이 있다. 20~30센티미터로 자라며, 잎은 가늘게 찢어지는 장상엽(掌狀葉)이다.

원산지에서는 1~4월, 우리나라에서는 4~5월 경에 줄기 끝에 한 송이씩 지름이 7센티쯤 되는 아름다운 꽃이 핀다. 이 꽃은 꽃잎이 없으며 꽃잎처럼 보이는 화려한 색깔의 악편(萼片)이 있다. 5~7장으로 넓고 광택이 있어, 흡사 개양귀비꽃을 닮았으므로 poppy Anemone라고도 부른다.

이 꽃은 아침에 피었다가 저녁에는 오므러진다. 꽃빛은 홍색이 가장 많고 자주색, 청색, 노랑색, 흰색 등 다양하다. 꽃에 꿀은 없으나 화분(花粉)이 풍부하므로, 곤충을 유인하여 다른 꽃 가루받이를 한다. 열매가 맺히면 작은 씨가 바람에 날려서 멀리 떠난다.

아네모네

아네모네의 어원은 '바람의 신'을 의미하며, 그리스의 전설에서 유래했다. 이 꽃은 바람이 불 때가 아니면 결코 꽃을 피우기 시작하지 않기 때문이라는 것인데, 바람의 신인 아네모스(Anemos)가 봄의 사자로 보낸 꽃이라고 한다.

로마 신화에는 비너스에게 사랑받던 미소년 아토니스가 멧돼지에게 받혀 죽자, 이를 슬퍼하여 흘린 비너스의 눈물과 아토니스의 피가 섞여서 아네모네로 피어났다고 한다. 그래서 아토니스의 화신(化身)이라는 이야기이다.

팔레스틴의 아네모네는 홑꽃이었지만 지금은 원예종으로 개량되어서 겹꽃도 있다. 전 세계적으로 사랑받는 봄의 꽃이다.

백합화 : 성서에 나오는 식물들 중에서 아마 제일 유명한 식물일 것이다. 그것은 성서에 나오는 백합화가 "백합을 가리킨 것이다." '아니다.' 라는 논쟁의 대상이 되어, 가장 의견의 대립이 심했던 식물이기 때문이다.

일반적으로 백합화는, 기독교의 꽃으로 인식되어 있으며, 순결을 표상한다. 이것은 성서시대 이후에 중세에 들어와서 화가들이 성화를 그리는데, 남유럽에서 북유럽까지에 걸치어 흔히 볼 수 있는 흰 백합을 선택하게 되면서 어필하게 되었다. 즉, 흰 백합은 순결, 신성, 우아, 부활의 상징이 되었다. 그 꽃이 마돈나 릴리(Lilium Candidum)이다.

백합화를 히브리어로는 수산(Shushan, Shoshan, Shoshanim)이라 하고, 그리스어로는 Krinon이라 하며, 영명은 Lily이다. 히브리어 수산은 이집트어 sssn(큰꽃)에서 비롯된 말로, 아랍어도 동일하게 susan이다. 이집트어의 흰 수련(Nymphaealotus)을 지칭하는 것이라고 하지만, 히브리어나 아랍어 수산은 백합과나 붓꽃과 등의 많은 식물에 대한 일반적인 명칭이라고 보고 있다.

열왕기상 7 : 19, 22, 26 : 역대하 4 : 5에서, 솔로몬 궁전의 낭실 기둥머리의 무늬장식 모티브가 된 백합화를 '수련이다', '백합이다'라고 논쟁한 근거가 있다. 또, 시편 45편, 60편, 69편, 80편의 제목, 소산님(susanmim)은 백합화 곡조라고 한 것은, 육각형의 악기를 의미한다고도 한다. 그리고 아가 2 : 1~2, 2 : 16, 4 : 5, 6 : 2~3, 7 : 2, 호세아 4 : 5 등에 등장하는 백합화는 백합, 히야신스 등의 여러가지로 성서 식물학자들은 해석하고 있다.

성모백합이라고 하는 마돈나 릴리는, 르네상스의 화가들이 수태고지(受胎告知)의 그림에 도입하면서, 성모 마리아의 순결한 처녀성을 강조하는 꽃으로 굳어졌다.

누가복음 1 : 28~30의 천사 가브리엘이 흰 백합화를 손에 들고 마리아를 찾아와서 "하나님의 은혜를 입어(성령으로) 잉태하여 아들을 낳을 것이며 그 이름을 예수라 하라."고 수태를 알리는 장면을 묘사하는 그림 장면에서, 마리아의 순결을 강조하기 위하여 르네상스의 유명한 화가들이 그린 것이, 수태고지화의 정석처럼 되었다.

초기에는 가브리엘 천사가 손에 지팡이를 들고 하나님의 뜻을 전한 그림이었던 것이, 나중에 흰 백합으로 바뀌었다. 1618년 신성한 테마를 미술에서 다루는 경우의 바른 취급법 및 무원죄(無原罪)의 잉태를 주제로 하는

◀ 백합화(히야신스)

▼ 성모백합(마돈나릴리)

회화에, 흰 백합(마돈나 릴리)을 그려 넣을 필요성에 대하여 엄한 교황 포고령이 발포되어, 그것이 엄중히 지켜져 와서 흰 백합은 성모 마리아와는 뗄 수 없는 꽃이 되었다.(순결의 대명사로)

마돈나 릴리는 지중해 연안의 프랑스, 이태리, 그리스 등에서 옛날부터 가꾸었다. 마돈나 릴리의 자생지를 찾아서 히브리대학 성서식물 채집팀이 전 이스라엘을 뒤진 결과, 1925년에야 겨우 레바논의 국경부근인 이스라엘의 북쪽 끝 숲 속에서 발견할 수 있었다 한다. 그리고 1945년에는 갈멜산 북쪽에서 몇 포기를 발견했다 한다. 따라서 갈멜산 부근이 남쪽 한계라고 보고 있다. 그러므로 예수님이 설교하시던(산상수훈) 갈릴리 호반이나 수태고지를 받은 나사렛 지방은, 모두 마돈나 릴리가 자생하는 곳은 아니라는 것이다.

마돈나 릴리(흰 백합)는 구근식물이다. 구근은 많은 다육질의 비늘로 되어 있는 원추형의 줄기인데 무게가 40~50그램이다. 이 구근에서 한 대의 줄기가 나와서 높이 1~1.5미터로 자라며, 그 줄기 끝에 순백색의 매우 향기로운 꽃이 5~6송이씩 핀다. 이 꽃은 지름이 7~9센티 크기로, 꽃잎은 중앙에서부터 벌어지며 4~5일간을 낮에는 벌어지고 밤에는 오므리는데 밤에 더 향기롭다. 잎은 피침형으로 꼬여지며, 인경(구근)의 인편은 끝이 지상으로 자라서, 가을에 버들잎 모양의 잎이 되어 월동하는 것이 특이하다.

기독교 국가에서는 흰 백합을 종교 의식에 쓴다. 결혼식에는 신부의 손에 순결, 처녀의 심볼로 흰 백합화와 다산(번창)을 기원하여 밀 이삭을 함께 꽃다발로 묶어서 들게 하는 습관이 있었다. 그런데 오늘날에는 흰 백합 꽃다발, 흰 벨, 흰 드레스를 입어 순결을 표시하는 것으로 발전했다.

아가 5 : 13에 '그 입술은 백합화 같고'라고 한 것은 아네모네를 지칭한 것이라고도 하고, 그리스에 자생하는 그리스어로 Krinon이라 하는 붉은 색의 백합인 말타고 백합(Lilium Chalcedonicum L)으로 영명은 Scarlet or Martagon lily를 지칭한 것이라고도 하는데, 이 꽃은 레바논의 산에서는 발견되지만 팔레스틴에는 없다.

우리나라의 참나리를 닮았으나, 주아(珠芽)가 생기지 않는다. 1미터씩 자라는 줄기 끝에, 주홍색의 꽃잎이 중간에서 뒤로 말리듯 뒤집어져서 피는, 아름다운 꽃이 1~5송이씩 달린다.

그러나 이 꽃은 그리스에서만 들에서 핀다. 소아시아 시리아 팔레스틴에서 볼 수 있는 것은, 모두 도래종이거나 재배종들이다. 성서시대에는 아직 그 곳에 도래이식되지 못했었다고 보고 있다.

흰 백합이 기독교의 꽃인 만큼, 전설이 없을 수 있겠는가. 백합이 옆을 보고 피는 것에 관한 전설에는 겟세마네 동산에서 예수님이 다가올 고난을 괴로워하며 거니는데, 모든 꽃들은 예수님의 괴로움을 동정하며 슬퍼하여 고개를 숙이고 있었다. 하지만 흰 백합만이 솔로몬의 옷보다 아름답다고 칭찬을 받았으므로, 우쭐하여 자기의 미모가 예수님을 위로할 수 있다고 교만하여, 홀로 고개를 높이 처들고 있었다. 달빛이 비추이자, 모든 꽃들이 고개 숙인 것을 보고, 흰 백합은 자기의 교만함이 부끄러워져서 얼굴이 빨개졌다. 그 후부터 붉은 백합화가 생겨나게 되었으며, 그 교만함이 부끄러워서 고개를 숙인 것이, 오늘날까지 백합화는 그대로 고개를 숙이고 있다는 이야기이다.

엉겅퀴

"아담에게 이르시되 네가 네 아내의 말을 듣고 내가 너더러 먹지 말라고 한 나무열매를 먹었은즉, 땅은 너로 인하여 저주를 받고 너는 종신토록 수고하여야 그 소산을 먹으리라. 땅이 네게 가시덤불과 엉겅퀴를 낼 것이라 너의 먹을 것은 밭의 채소인즉."(창세기 3 : 17-18)

"거짓 선지자들을 삼가라. 양의 옷을 입고 너희에게 나아오나 속에는 노략질하는 이리라, 그의 열매로 그들을 알찌니 가시나무에서 포도를 또는 엉겅퀴에서 무화과를 따겠느냐."(마태복음 7 : 15-16)

"그 궁궐에는 가시나무가 나며 그 견고한 성에는 엉겅퀴와 새품이 자라서 시랑의 굴과 타조의 처소가 될 것이니."(이사야 34 : 13)

"만일 가시와 엉겅퀴를 내면 버림을 당하고 저주함에 가까와 그 마지막은 불사름이 되리라."(히브리 6 : 8)

"이제 이스라엘의 죄 된 아웬의 산당들은 무너지고 가시덤불과 엉겅퀴가 자라 올라서 그 제단들을 뒤덮을 것이다. 그 때에 백성들은 산들을 보고 우리를 덮어 다오 하고 호소할 것이다."(호세아 10 : 8)

엉겅퀴는 하나님이 인간에게 내리신 저주의 표상이요, 아울러 황폐의 상징임을 성경을 통해 알 수 있다. 우리는 엉겅퀴라 하면, 봄에 나는 어린 싹을 나물로 먹을 수도 있는, 우리나라의 엉겅퀴(잎에 가시가 있는)를 연상하여 대수롭지 않게 여기기 쉽다. 그러나 성경에 등장하는 엉겅퀴는 전혀 느낌을 달리하는 식물이다.

창세기나 마태복음, 호세아서에 나오는 엉겅퀴로 번역된 식물은, 히브리명을 dardar이라 하는 '가시수레국화'를 지칭한 것인데, 아랍인도 같은 이름으로 부른다. 이것은 겨울 동안 땅에 착 달라붙어 있는 이 식물의 잎 모양이, 로젯트를 형성하여 흡사 수레바퀴처럼 보인다는 데서 비롯된 이름이다. 학명을 Centaurea iberica Spreng. 이라 하여 수레국화속(屬)임을 말해주며, 지중해 연안이 원산지인 1년초로서, 겨울과 이른 봄에 걸쳐서 나오는 어린 순을 나물로 먹는다.

　가시수레국화가 엉겅퀴와 구별되는 점은, 잎에 가시가 있다는 것 때문이 아니다. 건조기가 되면 로젯트에서 꽃대가 50cm쯤 자라서 가지를 치고, 그 끝에 매우 예리하고 날카로운 긴 가시가 총포(總苞) 표면에 나 있는, 엉겅퀴를 닮은 가시에 둘러 싸인 3cm 크기의 노란 두상화(頭狀花)가 핀다는 것 때문이다. 이 가시는 손으로 만질 수 없을 만큼 사납다. 열매에도 가시 같은 억센 털뭉치가 있어서 가시수레국화라 한다. 영명은 Span-ish Thistle이다.

　팔레스틴에서 가장 흔히 볼 수 있는 가시 있는 풀이 가시수레국화이며, 이밖에 같은 무리인 학명 C. Calcitrapa라 하는 Star Thistle도 있다.

　그렇다면 성지에는 엉겅퀴가 없어서 가시수레국화를 엉겅퀴로 이름 불렀을까? 그렇지는 않다. 지중해 연안에는 가시가 있는 식물이 매우 많다. 그래서 이것들을 가시나무, 가시찔레, 엉겅퀴 등 여러가지로 번역하고 있다. 그 중에 잡초로서 성경에 나오는 엉겅퀴일 수도 있다고 추정되는 몇 가지를 소개해 본다. 이것들은 대개 '엉겅퀴'(Thistle)로 이름 붙여져 있으나, 엉겅퀴를 닮았을 뿐 엉겅퀴는 아니다.

가시수레국화

황금엉겅퀴

황금엉겅퀴 : 히브리명 hoah라 하며 학명은 Scolymus maculatus L.이고 영명은 Golden Thistle로 지중해 연안에 널리 분포하고 있다. 키가 1m나 자라는 1년초로, 억센 줄기에서 가지를 밑쪽에서부터 친다. 전체 줄기와 가지에 딱딱하고 매우 날카로운 가시 같은 잔잎이 줄줄이 다닥다닥 붙어 있어서, 줄기 전체가 가시로 덮여 있는 듯하다. 줄기 끝쪽의 다소 큰 잎도 딱딱하며, 잎가장자리의 깊게 팬 곳마다 날카롭고 긴 가시로 되어 있어, 험상궂기 이를 데 없다. 줄기 끝에는 엉겅퀴를 닮은 황금색의 두상화가 핀다.

황금엉겅퀴는 흔히 밀밭에 나는데, 농토를 황폐화시키는 잡초이다. 밀밭의 독초라고까지 일컬어 질 정도로, 사람들이 매우 싫어한다. 농토뿐만 아니라, 무너진 성벽이나 폐허에서도 무성하게 자란다.

욥기 31 : 39-40에 "언제 내가 값을 내지 않고 그 소산물을 먹고 그 소유주로 생명을 잃게 하였던가, 그리하였으면 밀 대신에 찔레가 나고 보리 대신에 잡초가 나는 것이 마땅하리라."라고 한, 밀밭의 찔레나 보리밭의 잡초가 황금엉겅퀴라고 한다.

이사야 34 : 13의 엉겅퀴와 새품이라고 한 것도, 황금엉겅퀴를 말한다. 잠언 24 : 31의 "게으른 자의 밭에 가시덤불이 퍼졌으며 거친 풀이 지면에 덮였고 돌담이 무너졌기로."라고 한, 게으른 자에게는 궁핍이 강도같이 온다는 교훈의 말에도 인용되고 있다. 그런데 엉겅퀴류는 메마른 땅보다 밭 가장자리나 버려진 땅, 휴작한 묵밭 같은 곳에 잘 나며 길섶에도 흔히 자란다.

아담을 에덴동산에서 쫓아내실 때, 땀흘려 수고해야 밭의 소산을 먹을 것이라고 하신 하나님의 말씀을 생각하면, 저주받은 식물인 엉겅퀴는 게으른 자의 밭에 나는 것이 너무도 당연한 것이라고 할 수 있다.

마리아엉겅퀴 : 일명 '젖엉겅퀴'라고도 하며 히브리명 barkanim, 학명은 Silybum marianum Gaerth, 영명은 Holy Thistle 또는 Milk Thistle이라 하는데, 이것은 성모자에 관한 전설에서 비롯된 이름이다.

마리아엉겅퀴는 지중해 연안이 원산지인 2년초이다. 이집트에서 남부유럽에 걸쳐 널리 분포한다. 특히 유기질이 많은 땅에 무성하게 자란다. 겨울에 깊이 찢어진 큰 잎이 로젯트로 퍼져 있다가, 봄이 되면 꽃대가 중앙에서 나와, 가지 끝에 흰색이나 또는 분홍색의 엉겅퀴를 닮은 꽃이 억센 가시에 둘러싸여 핀다. 잎은 깊이 찢어진 곳마다 날카로운 가시가 되어 있어, 다치면 상처를 입을 정도이다.

이 식물의 특징은 잎에 흰 반점이 불규칙하게 아롱져 있다는 것이다. 그런데 이 반점은 성모마리아가 아기예수를 품에 안고 애굽으로 피해 가시던 도중에, 길가에서 예수께 젖을 물렸을 때, 젖이 길섶에 있던 엉겅퀴잎에 떨어져 생겼다고 해서 젖엉겅퀴 또는 마리아엉겅퀴라 부르게 되었다.

Holy Thistle이라는 것은, 성모마리아가 예수님이 못 박혔던 십자가에서 뽑은 못을 땅에 묻었는데, 그 자리에서 돋아난 것이 이 엉겅퀴였다는 전설로 인해 '신성한 엉겅퀴'라는 뜻으로 이름이 붙여진 것이다. 이러한 전설 때문에 마리아엉겅퀴의 씨를 먹으면 젖이 많이 난다고 했으며, 또 봄

마리아엉겅퀴

아서 커피 대용으로도 쓰며, 어린 싹은 샐러드로도 이용한다. 약초로도 쓰이는데, 다려서 먹는다. 간장병, 황달, 정혈 등에 약용하면 효과가 있다고 전해지고 있다.

시리아엉겅퀴 : 학명을 Notobasis Syriaca Cass, 영명은 Syrian Thistle 이다. 이스라엘과 사마리아 등 여러 곳에서 흔히 볼 수 있다. 길섶이나 밭에 나는 2년초로서, 겨울에 큰잎이 땅에 붙어 있다. 봄에 뿌리 쪽에서 매끄럽고 큰 꽃대가 나와서, 끝 쪽에서 가지치기하여 가지마다 한 송이씩 엉겅퀴꽃을 닮은 4~5cm 크기의 분홍색 큰 꽃이 핀다. 이 꽃은 가지치기한 듯, 길고 날카로운 가시에 둘러싸여 있다. 꽃이 진 후에 날카로운 가시를 가진 작은 열매를 맺는다.

끈끈이절굿대 : Globe Thistle이라는 영명으로 불리우는 엉겅퀴로, 꽃모양이 공처럼 둥글다는 것이 특이하다. 학명은 Echinops Viscosum DC. 이다. 단단하고 큰 가시가 달린 줄기를 가진 다년초이다. 이른 봄에 줄기가 나와, 가시 있는 줄기 끝에, 가시 돋힌 공 모양의 큰 두상화가 핀다. 꽃빛은 청자색에서 옅은 보라색이다.

위에서 말한 마리아엉겅퀴나 시리아엉겅퀴, 끈끈이절굿대 등을 사사기 8 : 7과 8 : 16 등에서는 기드온이 여호와께서 자기에게 붙이신 세바와 살문나, 숙곳 사람들을 징벌하는 데에 채찍으로 사용한 식물일 것이라고 보고 있다. 이것은 기드온이 밀을 포도주틀에서 타작한(사사기 6 : 11), 오브라 지역에 있는 가시식물 중에서 가장 많고 키가 커서 살을 찢을 만한, 채찍감이기 때문이라 한다.

이렇듯 저주의 식물, 황폐의 상징, 징계의 도구로 쓰인 가시투성이 엉겅퀴는, 자라면 억세고 날카로운 가시 때문에 어느 동물도 접근할 수 없지만, 아직 가시가 굳어지기 전의 어린 싹일 때는 목초가 귀한 팔레스틴에서 양이나 염소의 먹이가 되기도 한다.

앞에서도 언급했듯이, 엉겅퀴류는 손질을 게을리한 기름진 땅이나 밭에 나기 때문에, 방치하면 다른 식물을 모두 말려 죽여 황폐화시키므로, 19세기 중반 경에 오스트리아에서는 엄한 법령을 만들어서 밭의 엉겅퀴를 방치하는 자에게 중벌을 내린 일도 있다.

일반적으로 엉겅퀴라 하면, 스콧틀랜드의 국화가 된 유래로서 기억하고 있다. 덴마크군이 침공했을 때, 한밤중에 덴마크의 척후병이 스콧틀랜드 진영의 성중을 정탐하려고 성벽 가까이 다가가다가 엉겅퀴의 가시에 찔려 비명을 지르는 바람에, 스콧틀랜드의 군사들이 잠에서 깨어서 이를 격퇴시킨 데에서 비롯되었다는 전설이다.

과학적인 근거가 없었던 시절에는 뇌성벽력이 쳐서 벼락에 맞아 죽으면 천벌을 받았다고 믿었다. 이 속신은 동서가 같았다. 북유럽에서는 엉겅퀴를 뇌신(雷神, Thor)의 꽃이라고 믿어서, 이 꽃을 몸에 지니면 벼락맞는 것을 피할 수 있다고 하는 전설도 있었다. 이러한 전설은 19세기 후반까지도 통용되어 왔다.

엉겅퀴

끈끈이 절굿대

수선화

아가2:1에, "나는 사론의 수선화요, 골짜기의 백합화로구나."라고 한 수선화는, 지중해 연안이 원산지로서 팔레스틴에도 많이 자생하고 있다. 이스라엘에서는 가장 잘 알려져 있는, 봄의 환희라 하여 사랑받는 꽃 중의 하나다.

성경의 수선화는 학명을 Narcissus tazetta L.이라 한다. 한 줄기에 여러 송이가 소담하게 꽃 피는 향기로운 수선화를 일컫는다.

가을에 연한 녹색 싹이 나와, 비를 맞으면 갑자기 자라서, 12월부터 꽃이 피기 시작하여 2월까지 핀다. 개량된 것은 4월까지 꽃이 핀다. 부활절 전, 사순절의 계절에 꽃피므로, lent lily(사순절의 백합)이라고도 부른다.

그리스의 시인 호메로스가 수선화를 찬양한 시를 지었을 정도로, 옛부터 사랑받은 꽃이다. 그리스의 산토리나섬에서 발굴된 B. C. 1,500년 경의 벽화에도, 문양화된 수선화의 그림이 있어, 이를 입증하고 있다.

솔로몬왕이 수선화를 찬양했듯이, 마호멧도 "2개의 빵을 가진 자는 1개를 수선화와 바꾸라. 빵은 육의 양식이요, 수선화는 영의 양식이니라."라고 설파하여, 수선화의 청초하고 맑은 향기를 찬양하고 있다.

수선화를 영명 daffodil 또는 narcissus라고 한다. 이 이름은 그리스 신화의 미소년 나르시스(Narkissos)의 이름에서 비롯되었다. 나르시스는 물 속에 비친 자기의 그림자를 자기인 줄 모르고 너무 사랑한 나머지, 물에 빠져죽어서 물 가의 한 송이 수선화로 피어났다는 이야기이다. 그 소년의 이름을 따서 붙인 것이다.

수선화는 높이 25~30cm로 자라는 다년초로서, 흔히 알뿌리(鱗莖) 식물로 다룬다.

잎은 칼 모양으로 좁고 길며, 5~6장이 나온다. 중심부에서 꽃대가 나와, 그 끝에 지름 2.5~3cm 크기의 아름다운 꽃이, 3~10여 송이씩 뭉쳐서 핀다. 꽃잎은 흰 빛이며 6장이고, 중앙에 1개의 노란색 컵 같은 모양의 부관화(副冠花)가 핀다. 중국에서는 이 꽃의 모양이, 은쟁반에 금잔을 올려 놓은 듯하다고 하여, '금잔은대(金盞銀台)'라는 애칭으로도 부른다. 이

수선화

꽃에는 맑고도 달콤하며 짙은 향기가 있다.

수선화는 지금은 개량되어서 등록된 것만도 1만수천 종에 이른다. 한 줄기에 큰 꽃이 한 송이씩 피는 것도 있고, 부관화가 나팔처럼 긴 것도 있으며, 부관과 꽃잎이 같은 흰색 또는 노랑색인 것, 부관만 빨강색인 것 등으로 다양하다.

우리나라 제주도에도 수선화의 자생종이 있어서 '제주수선'이라고 하는데, 성경에 나오는 타젯타 종과 같은 수선화이다. 제주도에 귀양간 추사(秋史) 김정희(金正喜)는, 그 곳 사정을 서울(한성)에 사는 친구에게 편지로 알렸다. 그 글 속에, 서울에서 귀하게 여겨 가꾸던 수선화가, 제주도에는 어느 곳에나 지천으로 나 있어서, 농부들이 김매기의 어려움으로 해서 원수처럼 여긴다고 적고 있다. 영의 양식이라고 찬양한 마호멧과, 먹을 것이 궁핍했던 제주도 사람들의 수선화에 대한 대조적인 면이, 어쩌면 복음을 아는 신도와 복음을 모르는 불신자의 대비와 같이 느껴져서 덧붙였다.

부들

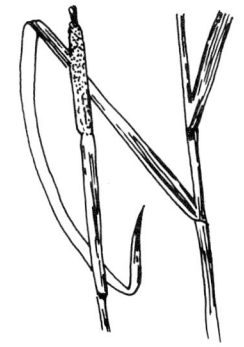

출애굽기 2 : 3~5에 나오는 갈대숲, 즉 '모세를 낳은 어머니 요게베는 아이가 너무 준수하므로 바로왕의 히브리 여인이 남자 아이를 낳으면 모두 죽이라는 명을 어기면서 3개월 동안 몰래 숨겨 기르다가 아이가 자라매 더는 숨겨둘 수 없어 파피루스 상자에 역청과 송진을 바르고 그 속에 아이를 뉘어 나일강가에 가서 물에 떠내려 가지 않게 갈대숲(부들숲)에 놓아두고 그 누이가 멀리서 지켜보는데 바로왕의 딸이 목욕하러 강가에 나왔다가 부들숲 파피루스 상자 속의 우는 아이를 발견하고 분명히 히브리인의 아니라는 것을 알면서도 히브리 여인(모새의 어머니)을 유모로 삼아 아이를 젖먹여 기르게 한 후 물에서 건져 냈다하여 모세라고 이름지어 자기의 아들로 삼아 궁중에서 길러 나중에 출애굽기의 대역사를 이루게 하는' 사건의 발단이 되는 아기가 놓였던 나일강 가의 식물을 '갈대'라고 번역하고 있다.

그런데 갈대의 히브리어는 Kanch이며, 출애굽기 2 : 3~5의 갈대라고 번역된 히브리어는 suf로서 이것은 '부들'을 지칭한 것이라고 성서식물 학자들은 지적하고 있다. suf라는 히브리어는 이집트어에서 비롯되었다고 하며, 이집트의 나일강 지류나 강기슭, 도랑 등에 무성하게 자라고 있어서, 그 곳에서는 이것을 tupa라 부른다. 부들의 학명 Typha나 히브리어 suf는 모두가 같은 어원(語源)이라 한다.

식물학적으로 볼 때도 갈대(페루샤갈대)는 물속에 나며 키가 3~6m로 크다. 그 반면에 부들은 강기슭에 나며 키는 2~3m로서 갈대보다 작으나 잎은 1~2cm 넓이로 다소 넓으며 길게 1~2m로 자라면서 중간에서 꺾어져서 늘어지므로 상자를 올려 놓기에 알맞다. 또 떠내려 갈 염려없이 안정될 뿐 아니라, 적당히 감추어지면서도 쉽게 눈에 띄어 꺼낼 수 있으므로 부들이라고 번역하는 것이 타당하다.

이사야 19 : 6의 애굽에 관한 경고에 '하나님이 애굽을 쳐서 바닷물이 없어지게 하고 강이 마르겠으며 시냇물이 마르므로 갈대와 부들이 시들겠고 나일강유역의 곡식밭이 모두 말라 없어진다'고 경고한 대목의 갈과 달은 그 곳에 혼생하는 갈대와 부들이라고 한다.

부들은 수습지에 나는 다년초로서 세계에 약 20종이 열대와 온대에 널리 분포하고 있다.

지중해 연안에 나는 것은 우리가 흔히 애기부들(Typha angustata, et CHAUF)이라 하는 것과 그곳에 가장 흔한 typha australis, 2종이 있다. 부들의 영명은 cat-tail 또는 Reedmace라 하나, 영어 성경은 이것들을 Reed(갈대) 또는 Rush(골풀)로 번역하고 있다. 중국어성경도 葦, 蘆, 蒲 등으로 번역하여 갈대 또는 부들로 번역하고 있다.

부들은 칼같은 모양의 좁고 긴 잎과 긴 꽃대가 근경에서 나와서 막대기 같은 꽃대에 원통 모양의 갈색 꽃송이가 핀다. 1꽃대 끝의 수꽃은 작고 밑쪽의 암꽃은 굵다. 꽃자루에 긴 털이 있다. 수꽃이 말라버리면 암꽃송이만 남게 된다. 부들의 꽃가루를 포황(蒲黃)이라 하여 지혈제로 약용하며, 부들의 잎과 줄기로 방석, 바구니, 자리, 부채 등을 만든다. 굵은 근경에는 전분이 함유되어 있어서 식용한다.

채소 (로켓트 샐러드)

성경에 채소라는 말이 여러 곳에 나온다. 우리는 채소라고 하면 무우, 배추, 시금치, 상치, 파 등으로 보통 널리 이용되는 재배채소를 연상하게 된다. 들이나 산에서 나며 먹을 수 있는 풀은, 나물이라 하여 구분한다. 그러나 이 모두를 통틀어서 푸성귀라고 한다. 즉, 채소는 영어의 Vegetables에 해당되고 나물은 herbs에 해당된다.

그런데 성경에는 채소, 푸성귀, 나물, 야채 등으로 번역되어 있다. 그렇다면 과연 채소라고 번역된 식물은 무엇을 가리킨 것일까?

그 당시에도 양파, 부추(리크), 마늘, 외(레몬), 수박 등이 재배되고 있었다. 이것들을 지칭한 것이라고 볼 수 있는 채소의 인용은, 다니엘 1장 12, 16절에 '다니엘'과 그의 친구 '사드락', '메삭', '아벳느고'가 신앙을 지키기 위해, 우상에게 바친 희생제물인 부정한 고기와 술을 먹지 않으려고 채소와 물만 먹고도 고기먹은 것과 같은 건강을 유지할 수 있으니, 시험해 보라고 거절을 간청하는 대목이 있다. 여기에서 말한 채소는 궁중이므로, 들의 나물(herb)이 아니라, 재배 채소일 가능성이 짙다. 공동번역 성경에는 야채(野菜)라고 번역했는데, 이것은 일본말의 표현이며 우리 표준어는 채소(菜蔬)라 한다. 여기에 쓰인 히브리어는 Zeroim으로 '뿌린다'는 뜻의 Zara에서 비롯된 이름이라 하니, 재배채소가 옳은 듯하다. 양파나 마늘은 강장 강정제이기 때문에, 고기에 비해서 손색이 없는 식품인 것이다.

잠언 15 : 17에 '채소를 먹으며 서로 사랑하는 것이 살찐 소를 먹으며 미워하는 것보다 낫다.'고 했다. 행복이 사치한 것에 있는 것이 아니라, 검소해도 믿고 사랑하는 것에 행복이 있다는 것을 일깨워 주는 이 말씀의 채소는, 히브리어 yarag인데 영어의 herb에 해당된다.

즉, 여기에서 말하는 나물은, 그 당시 1년 수확한 식량이 다음 수확시까지 채우지 못하고, 일찍 떨어져 버리는 경우가 많았다. 특히 기근이 드는 때에도 가난한 사람들은 들의 나물을 뜯어다가 국을 끓여서 끼니를 삼았는데, 그렇게 가난해도 사랑만 있으면 행복하다니, 지금처럼 물질만능시대에 살면서 불평하고 죄짓는 우리에게 들려주는 말이다.

이것을 더 실감나게 기록한 것이, 열왕기하 4 : 38∼39에 있다. 길갈에 흉년이 들어 먹을 것이 없게 되자, 엘리사가 채소국을 끓여 먹이려고 큰 솥을 걸게 하고 한 사람이 들에 나물을 뜯으러 나가, 들외(콜로신드)를 따다가 옷자락에 채워가지고 와서는 썰어서 국솥에 넣고 끓인 후에 제자들에게 나누어 주었다. 그 들외는 먹지 못하는 것으로, 독이 있어서 엘리사가 밀가루를 뿌려서 제독시키는 대목이 있다. 들에 뜯으러 간 푸성귀(나물)는 굶주릴 때나 가난한 사람들의 식량자원이 되었음을 말해 주고 있다.

그렇다면 그들의 나물은 무엇이었을까?

요단계곡의 길갈 근처에는 아랍어로 Jarjir라고 하는 식물이 특히 흔하다. 이 식물은 학명을 Eruca Sative L.이라 하며 영명은 Garden Rocket 또는 Rocket Salad라 하는 향채(香菜;herb)로서, 그 지역의 주민이나 유목민들은 그것을 뜯어다가 생채로 샐러드를 만들어 먹기도 하고 데쳐서 먹기도 한다. 유태교 법전에도 gargir로 나타나는 것이 이 식물이라 한다.

흔히는 '로켓트 샐러드'라고 하지만, 학명인 '에루카'라는 이름으로도 통용된다.

로켓트 샐러드는 겨자과에 속한 1년초이다. 높이 30∼80cm로 자라며 줄기가 가늘고 가지를 잘 친다. 밑쪽 잎은 가장자리가 깊게 패어 드는 장타원형인데 도톰하다. 무우나 유채 같은 다른 겨자과 식물과는 달리, 봄에 꽃이 피는 것이 아니라, 늦여름의 8∼9월에 가지끝에 15∼20송이 큰(2.5cm) 유백색 바탕에 자주색의 맥이 있는 십자화(꽃잎이 4장)가 피는 것이 특징이다.

로켓샐러드

잎을 씹어 보면, 참깨 같은 향기와 톡 쏘는 겨자 같은 매운 맛이 입안에 가득해지는 향미로운 채소로서, 비타민 C,E가 많이 함유된 미용채소다.

고대 이집트시대부터 이용되어 온, 역사가 오래된 향채이며 클레오파트라가 미모를 유지하기 위해서 즐겨 먹었다는 일화도 남긴 건강향초다.

열매는 2.5cm 크기로 곧게 서며 씨는 갈색으로 타원형이다. 이 씨에는 지방유가 함유되어 있어서 기름을 짜서 식용하며, 이집트에서는 지금도 '타히니'라 하여 버터처럼 빵에 발라서 먹는다. 이 기름은 겨자유를 만들기도 한다. 북인도의 Jamba Oil이 이것이며 태우면 특징 있는 향기가 나는 것으로 유명하며, 이것을 등유로 쓰고 있다.

고대 이집트, 그리스, 로마시대부터 상당히 많이 재배했던 채소 중의 하나라는 기록도 있다. 지중해 연안의 많은 나라 사람들에게 비타민C를 공급하는 채소이기도 했다. 또 올리브가 별로 생산되지 않는 페르시아(이란)에서는 참깨 기름이 식용유의 대표격이었는데, 로켓트가 참깨 같은 향기가 나기 때문에 더욱 좋아했다. 이집트에서는 지금도 많이 가꾸며 카이로, 아테네, 로마 등의 시장에서 흔히 팔고 있다. 지금은 유라시아뿐 아니라, 북미에도 널리 귀화하여 분포하고 있어서, 세계적인 샐러드용 채소로 평가되어 있다. 우리나라에서도 재배가 시도되고 있다.

로켓트의 어린 생잎이나 줄기는 약용으로도 쓰이는데, 강장제 및 이뇨작용과 약한 흥분작용도 있다. 위통을 진정시키는 효과가 있어서 건위약으로도 쓰인다. 그러나 가장 주된 용도는 역시 샐러드용인데, 상추나 양배추 등 다른 채소와 섞어서 심플한 드레싱을 쳐서 먹으면, 그 향미가 무엇과도 비길 수 없는 별미가 된다.

마태복음 13 : 32과 마가복음 4 : 32의 겨자씨 비유에, 나물보다 크게 자란다고 한 나물을 공동번역 성경은 푸성귀라고 번역했는데, 이것은 채소라기보다 일반적인 풀이라고 생각하는 것이 옳을 듯하다.

누가복음 11 : 42에, 외식하는 바리세인들의 잘못된 믿음의 자세를 꾸짖는 대목의 11조에 박하와 운향은 분명하게 이름을 거론하고, 다른 채소라고 한 11조로 드린 채소는 마태복음 23 : 23에 박하와 회향(딜)과 근채(커민)의 11조를 드린다고 한 것으로 미루어 보아서, 향신채소(herb)를 가르

킨 것으로 커민(소회향)을 지칭한 것 같다. 그 당시는(신약시대) 채소의
종류도 증가하여 조미료로서 고수풀, 박하, 시라(딜;회향), 소회향(커
민), 운향 등이 11조로 바쳐지는 채소들이었다.

  따라서 가난한 사람들의 식품이었던 채소, 즉 로켓트 샐러드는 11조로
드려지는 귀중한 채소는 못 되었어도, 일반 백성에게는 요긴한 나물이었
음을 알 수 있다.

쓴나물 (치커리, 서양민들레)

출애굽기 12 : 8과 민수기 9 : 11에, 이스라엘 백성이 하나님께서 애굽의 장자를 치시던 날 밤에 문설주에 양의 피를 바르고 그 고기를 불에 구워서 누룩없는 무교병과 쓴나물과 함께 먹어라 하여 죽음의 화를 면하게 해주신 유월절의 규례에 먹는 쓴나물은, 이스라엘 백성이 애굽에서 받은 고난(박해)의 상징으로서 유태인들에게는 유월절을 기념하는 중요한 식물이

면서도 꼭 꼬집어서 이것이다 라고는 기술되지 않고 있다. 다만 미쉬나 (Mishnah ; 유태인 율법학자의 구전 해설을 모은 탈무드의 본문)에서 유월절에 쓰는 쓴 나물을 5종류 들고 있다. 치커리(Chicory), 상추(Lettuce), 서양민들레(Dandelion), 후추풀(Peppergrass), 스넥루드(Snake-root ; 뿌리가 뱀에 물린 상처의 해독제로 쓰임) 등으로 모두가 몹시 쓰다. 이와 같은 성서시대에 먹던 나물을 Merorin이라 하며, 이것은 쓰다(苦味)는 뜻인데, 이것들의 아랍명은 Mureir라 한다.

우리말 성경 모두에는 쓴나물이라 번역되어 있고, 영어성경도 Better herbs(쓴나물)로 번역되어 있으며, 중국어 성경은 고채(苦菜)라고 번역했다. 중국에서 고채라 하면 씀바귀나 고들빼기 같은 쓴나물을 지칭한다.

일본어 성경도 역시 쓴나물(ニガナ)로 번역되어 있다.

그렇다면 얼마나 쓰기에 쓴나물일까? 유태인들이 지금까지도 지키는 유월절에 먹는 쓴나물 중의 하나가 치커리이다.

치커리류는 지중해 연안~북아프리카에 약 10종이 분포하고 있는데, 황폐한 들판이나 길 가에 흔히 자라는 국화과에 속한 다년초다.

치커리는 굵은 뿌리를 커피 대용으로 이용하며, 어린잎은 쓰지만 부드럽기에 무르기(軟白化)해서 채소로 이용하는 식물로 잘 알려져 있다. 그러나 유태인이 유월절에 썼던 치커리는 학명을 Cichorium pumilum Jacq. 라고 하여, 키가 10~40cm로 자라는 1년초로서, 줄기가 굵고 가지를 치며 4~6월 경 2~3cm크기의 청자색 두상화가 핀다. 열매는 총포(總苞)에 싸여 있다가 비를 맞으면 터져서 씨가 흩어진다.

이 식물을 난쟁이 치커리(Dwarfchicory)라 한다. 어린잎은 데쳐서 먹기도 하고 샐러드로도 이용되며, 커피대용으로도 쓰인다. 재배종 치커리는 이것의 유사종으로서, 지금은 이것을 이용하는데 학명은 Cichorium intybus L.이라 한다. 고대 이집트에서 비롯된 이름으로서, 고대 아랍의사들이 이 식물을 Chicourey라 불렀던 데서 비롯된다. 종명의 intybus는 이집트어의 1월을 뜻하는 tybi에서 연유되었는데, 야생종은 1월에도 싹이 트기 때문이라고 한다. 일설에는 치커리의 일종인 '앤다이브'(C.endive)의 동양 이름에서 어원을 함께 했다고도 한다. 그래서 앤다이브와 치커리는 혼돈이 많다. 영명이 Chicory지만 별칭으로 Succory라고도 부른다. 뿌리가 땅속 깊이 뻗으며 자라기 때문에 붙여진 것이며, 라틴어의 밑으로 자란다는 뜻의 Succeurrere에서 비롯된 이름이라 한다.

치커리를 채소로 이용한 역사는 고대 로마로 거슬러 올라가며, 고대 로마 시대에 이미 재배하여 채소로 이용했다. 고대 그리스 시대에는 학질이나 간장병을 고치는 약초였다.

치커리의 뿌리는 곧은뿌리이며, 굵고 육질인데 몹시 쓰다. 그래서 이 뿌리를 캐어서 잘게 썰어 말린 뒤에, 볶아서 가루로 만들어 커피의 대용으로 이용한다.

치커리 커피는 나폴레옹 시대부터 이용했다 한다. 카페인이 없는 건강 음료로서 강장(强壯), 소화작용이 뛰어나다. 일명 '파리쟌 커피'라는 애칭으로도 불리운다. 이밖에도 커피에 섞어, 쓴 맛과 검은 빛을 내는 데에 쓰이기도 한다.

치커리는 높이 60~100cm로 자라며 잎이 깊게 찢어져 있다. 장방형의 큰잎은 가운데 잎맥이 뚜렷하다. 맛은 쓰지만 어린순은 데쳐서 먹거나 샐러드로 이용한다.

6~8월 경, 엽액에 3~4cm 크기의 청자색(보라색)의 민들레꽃 같은 아름다운 꽃이 핀다. 이 꽃은 두상화(頭狀花)이지만, 꽃잎인 관상화(管狀花)가 없다. 치커리의 꽃은 꽃이 피는 시간에 일정하게 여닫이 운동을 하는 것이 특징이다. 우리나라에서는 아침에 피었다가 오후에는 오므린다. 그런데 꽃피는 시간이 나라마다 다르다. 스웨덴에서는 아침 5시에 피었다

치커리 ▲

서양민들레 ▶

가 10시면 오므리고, 영국에서는 6~7시에 피었다가 정오에 오므리며, 독일에서는 8시에 피었다가 4시면 오므린다고 한다. 우리나라에서는 1970년대에 도입되어, 지금은 설악산 일대에서 치커리 차를 생산하고 있다. 쌈이나 샐러드용으로 시판되는 녹색의 치커리 잎은, 앤타이브와 치커리의 개량종이다. 치커리에는 이누린 58%, 고미질(苦味質), 탄닌, 과당, 페쿠틴, 불휘발성기름 등이 들어 있어서 담즙의 분비를 증가시키므로 담석증의 특효약이며 간장질환의 치료제로 쓰인다. 또 강장제, 건위소화제, 이뇨제, 완하제, 해열제로 쓰이며 빈혈, 류마티스, 통풍 등의 치료제로 이용된다. 뿌리를 알콜에 담근 것은 항균작용, 항염작용이 있으며 혈당을 내린다고 한다.

　미쉬나에 쓴나물로 열거된 상추나 민들레 등은, 잎을 뜯으면 유백색 유액이 나오는 것도 치커리와 같고, 그 즙액이 몹시 쓴 것도 공통점이다. 상추나 민들레(서양)도 지중해 연안이 원산지인 식물들이다.

야생의 상추는 고대 그리스, 로마시대에 이미 재배하여 생식용으로 이용했으며, 페르시아어로 Chuss라고 한다. 지금은 개량되어서 담백하고 단맛이 있지만, 옛날의 야생상추는 쓴맛이 강했다.

서양민들레는 우리나라 자생종 민들레와 차이점이 많다. 우리 민들레는 흰색 또는 노랑색 꽃이 봄에만 피는 봄을 알리는 들꽃이지만, 해방과 함께 들어온 서양민들레는 1년 내내 꽃이 피며 주로 노랑색이다. 지금은 재래종 민들레를 밀어내고 서양민들레가 우리 민들레의 자리를 차지해 버렸다. 무심코 지나쳐 버리지만, 여름이나 가을에 꽃핀 민들레가 서양민들레다.

우리 민들레는 꽃피기까지 몇 해가 걸린다(제꽃정받이가 잘 되지 않음). 서양민들레는 제꽃정받이도 잘 되고, 씨가 떨어져 싹이 나면 그해에 꽃이 피므로, 번식력이 왕성해서 우리 민들레를 쫓아내고 있는 것이다.

민들레는 한방에서 포공영(浦公英)이라 하여 해열, 발한, 건위제로 약용했다. 그리고 산채(山菜)로도 즐겨 먹는 나물이다.

서양민들레도 옛부터 채소로 즐겨 이용했으며, 지금은 프랑스에서 개량종을 '단데리온'(Dandelion)이라 하여 재배채소로 다루고 있다. 영양가 높은 채소인데 단백질, 지방, 탄수화물, 철분, 회분, 칼슘, 칼륨, 인산, 비타민A·B·D, 섬유질 등이 풍부하므로 유럽에서는 샐러드용으로 많이 이용하며 상추보다 맛이 좋다.

그러나 옛날에는 식용 못지않게 중요한 약용식물이었다. 이누린, 팔미틴, 세르친 등 특수성분이 함유되어 있으므로 건위, 강장, 이뇨, 해열, 이담, 완하작용 등이 인정되고 있어서 간장병, 황달, 담석증, 변비, 류마티스, 노이로제, 야맹증, 천식, 거담, 오한, 열병, 종기, 배뇨 곤란, 유행병 등에 잘 듣는다고 한다.

꽃으로 술을 빚어서 정혈제로 쓰며, 차로 달여서 우울증과 수종 등에 쓰고, 뿌리를 볶은 것은 카페인이 없는 커피 대용으로 이용하며 간장, 신장 등에 좋다. 또 뿌리는 최유작용이 있으므로 모유가 부족한 산모에게도 즐겨 쓰였다고 한다.

단데리온의 학명이 Taraxacum officinale인데, 라틴어의 불안이란 뜻의 taraxis와 치료한다는 뜻의 aceomai의 합성어이다. 노이로제나 복통 등을 고쳤기 때문에 붙여졌다 하며, 그 약효의 영험 때문에 백수의 왕인 사자의 이름을 붙여, 라틴어의 Dens leonis라고 한데서 '단데리온'이란 이름이 생겼다고 한다. 한편으로는 잎의 톱니가 고르지 않게 깊게 패어져서 험상궂은 모양이, 흡사 사자의 이빨 같아서 불어의 dent de lion=lions tooth, 즉 '사자의 이빨'이라는 뜻의 프랑스명이 영명화되어 공통으로 쓰이고 있다.

스넥루드는 학명을 Reichardia tingitanna(L) Roth.라고 한다. 역시 국화과의 식물로 키가 5~11cm로 자라는 왜소한 1년초이다. 잎이 깊이 찢어져 있고, 흡사 양귀비잎을 닮았으며, 로젯트로 땅에 붙어서 핀다. 2~3월에 2cm크기의 노랑색 두상화가 피며 막질의 포엽(苞葉)에 싸여 있다.

주로 사막 지대에 많이 나며, 어린잎은 쓰지만 샐러드용으로 이용하고, 뿌리는 뱀에 물렸을 때에 해독제로 쓰이므로 Snake root라는 이름이 지어졌다.

굴러가는 검불 (군데리아)

시편 83 : 13에 "나의 하나님이여, 저희로 굴러가는 검불같게 하시며 바람에 날리는 초개같게 하소서." 또 이사야17 : 13에 "열방이 충돌하기를 많은 물이 몰려옴과 같이하나 주께서 그들을 꾸짖으시리니, 그들이 멀리 도망함이 산에 겨가 바람 앞에 흩어짐 같겠고 폭풍 앞에 떠도는 티끌 같을 것이라."라고 하였다.

굴러가는 검불 또는 폭풍 앞에 떠도는 티끌로 표현된 히브리어 gulgal은, 식물의 고유명사는 아니지만, 가시 있는 초원식물이 바람에 날리면서 몇 개체가 한데 엉켜서 마치 풍선처럼 넓은 초원을 굴러 다니기 때문에 이것을 지칭한 말이다.

이 지방에는 굴러다니는 식물이 여럿 있는데, 그 중에 앞의 성경에서 인용된, 굴러가는 검불의 유력한 후보식물이 '군데리아'이다. 이 지역을 여행한 사람들은 이것을 보고 '초원의 괴물'이라고 부른다.

'군데리아'는 학명을 Gundelia tournefortii L.이라 하며, 영명은 tumble thistle이다. 우리나라 공동번역 성경에는 '엉경퀴의 도가머리'(冠毛)라고 번역하고 있는데, 엉경퀴의 도가머리는 바람에 날아가기는 하지만, 굴러다니지는 않는다. 그러므로 '굴러가는 엉경퀴' 또는 '군데리아엉경퀴'로 번역하는 것이 옳다.

'군데리아'는 국화과에 속한 다년초로서 엉경퀴의 일종이다. 이스라엘 중앙~북부에 나는데 사해의 남부 아라바지방, 네게브 북부에 많다. 높이 30~50cm로 자라며 봄에 새싹이 로젯트 꼴로 돋아날 때는 연하며, 삶아 먹기도 한다. 자라면 장방형의 깃털처럼 생긴 잎은 가시가 많은 잎으로 변한다. 이 가시는 깊게 팬 잎가장자리마다 날카롭게 만든다. 잎이 가죽처럼 단단해져서 날개처럼 굴러다닐 수 있게 되는 것이다. 꽃대는 밑에서 갈라지면서 계속 가지치기한다. 그 끝에 반구형의 두상화가 피는데, 중심부의 꽃만 수정하여, 가시의 총포(總苞)에 둘러싸인 커다란 핵과(核果)가 생긴다. 이 핵과는 지방이 많아서 먹을 수 있으며 굵은 뿌리도 식용한다.

그런데 여름의 끝무렵에 가지치기한 윗부분이 잘려 나가서, 바람에 날려 돌아다니며 씨를 먼 곳에다가 뿌리게 된다. 그리고 땅 속에 남은 뿌리에서 다음해에 다시 싹이 나와서 꽃이 피게 된다.

이 딱딱한 잎을 가진 식물체가 굴러가면서, 가시가 다른 '군데리아'와 엉키게 되어 큰 풍선 모양을 이룬다. 괴물이라는 표현이 어색하지 않을 정도로 기괴한 모습의 식물이다.

군데리아

소돔의 사과

소돔의 사과(Apple of sodom)는 사해 지역과 요단계곡에 흔하며, 수단 지역부터 인도북부까지 널리 분포하는, 여느 식물과는 다른 특이한 식물이다. 이 식물이 자라는 지역은 어디에서나 아랍 이름인 osher로 불리운다.

소돔의 사과는 학명을 Calotropis procera (Ait) R, Bir라고 한다. 높이가 3~5m로 자라는 상록수이다. 8~10cm 크기의 동그란 푸른 사과 모양의 열매가 맺히는데, 겉보기에는 먹음직스러우나, 막상 따면 부서져서 연기와 재처럼 되어 날아가 버린다. 사실은, 연기처럼으로 표현된 것은 가는 털이 터지면서 날아가 버리므로, 연기나 먼지로 표현되는데, 이것이 이 식물의 씨다.

그런데 소돔의 사과라는 명명은, 죄악으로 타락했던 도시인 소돔과 고모라가 하나님의 진노의 심판으로 유황불에 타서 멸망하는 장면이 창세기 19：24~28에 나오는데, 연기만 치솟고 있다는 표현과 연관시킨 상징적인 표현이다. 즉, 저주받은 열매는 겉모습은 그럴싸해도 살이 없고 속이 빈 채로 부풀어 있고, 털이 들어 있다가 터지면 날아가 버리기 때문이다.

죠세프스(Josephus)는 이 식물을 보고는, 이것은 과일 모양을 하고 있는 재의 덩어리로서, 겉모습은 먹음직스러우나, 손으로 따면 부서져서 연기와 재가 되어 버린다고 기술하고 있다.

이 식물에게 상처를 내면 젖과 같은 진이 나오는데, 독성이 강해서, 아프리카에서는 화살촉에 바르는 독으로 쓰고 있다. 또 우물 물에 독을 넣을 때에도 이것을 썼다고 한다.

신명기32：32에 "그들의 포도나무는 소돔의 포도나무요, 고모라의 밭의 소산"이라고 한 것은, 히브리어 gepen sedom으로서 영명은 Vine of sodom이다. 이 표현은 형용적으로 쓰인 것으로서, 죄악의 도시 소돔에 의해 대표되는 타락으로 인하여, 열매와 과즙이 썩어 있다는 뜻이다. 소돔의 사과와도 같은 뜻이면서도 하나는 형태를 말하고, 다른 하나는 내용을 말하고 있어서, 소돔과 고모라의 죄악상을 생각나게 한다.

◀ 열매

▲ 소돔의 사과 꽃

서양박태기나무

유다가 목매달아 죽었다는 나무 : 성서에 나오는 식물을 다루다 보니, 전혀 근거도 없는 식물이 구전이나 전설에 의해, 또는 터무니 없는 오해에 의해, 마치 사실인 것처럼 굳어져서 인식되어 버린 것이 적지 않다는 사실을 알았다.

그 예의 하나는, 유다가 스스로 목매달아 죽었던 나무로 알려져 있는, 쥬다스 트리(Judas tree : 서양박태기나무)이다.

마태복음 27 : 3~10에, 예수의 12제자 중의 하나였던 이스카리오데의 유다는, 은 30에 예수를 팔아 넘긴 후, 예수의 십자가 처형을 보고 무죄한 이의 피를 흘리게 한 것을 후회하였다. 그래서 사례금으로 받은 돈을 제사장과 장로들에게 돌려 주려다가 거절당하자, 성전에 내동댕이 치고 물러가서 스스로 목매달아 죽었다고 되어 있다.

그런데 무슨 나무에 목을 매달아 죽었다는 말은, 성경 어디에도 없다. 그러나 유다가 목매달아 죽은 나무는, 서양 박태기나무라는 것이 정설(定說)처럼 되어 버렸다.

서양 박태기나무는 '유다의 나무'(Judas tree)라는 속칭으로 통용되고 있다. 학명은 Cercis Siliquastrum L이라 하는 콩과에 속한 낙엽소교목이다. 남부 유럽과 서아시아 팔레스틴 등의 지중해 연안이 원산지인 아름다운 화목(花木)이다. 키는 약 10m 정도까지 자라며, 잎은 하트형이고 줄기나 가지에 나비 같은 모양의 진분홍 꽃이 잎보다 앞서 핀다. 꽃이 지면 납작한 콩꼬투리가 맺히며, 낙엽진 뒤에도 떨어지지 않고 달려 있다.

이 나무를 유다가 목맨 나무로 선택된 이유를 살피기 전에, 먼저 생각해 볼 일이 있다. 그것은 이 나무가 '유다의 나무'로 불리우게 된 것은, 불과 200년 정도밖에 되지 않았다는 사실이다.

기독교가 유럽에 정착하면서, 프랑스의 유다지방에 많이 나는 서양박태기나무를, 그 지방에서는 '유다의 나무'(arbre de judee)라고 속칭(俗稱)한다. 그런데 이 유다의 나무라는 호칭이 '쥬다스 트리'(Judas tree)라는 영명으로 불리우면서, 바로 예수를 배반한 유다로 혼동(混同)되어, 무의식 중에 유다가 목을 맨 나무로 정착해 갔다.

이렇게 되자, 이것을 사실화하려는 듯이, 전설이 만들어져 덧붙여졌다.

그 경위는 분명하지 않지만 이야기인즉, 유다가 목을 매려고 이 나무를 골랐을 때, 이 나무는 선택된 데 대한 모욕을 못 견디어 몸을 태운 나머지 꽃빛이 붉어졌다고 했다. 또 잎이 하트 모양인 것은, 예수를 팔 때의 마음과 뉘우쳐 자살까지 감행하는 유다 마음의 표현으로서, 결코 나쁜 마음을 먹는 결과가 어떻다는 것을 말해주고 있다.

따라서 일반적으로 유다가 목매달아 죽은 나무로 알고 있는 쥬다스 트리(서양 박태기나무)는, 이 나무가 아닌 것만은 확실하다. 이렇게 될 때, 과연 유다는 어떤 나무에 목매달아 죽었을까 ?

일설에는 무화과나무다, 포플라다, 텔레핀나무다 라는 여러가지 가설이 있으나, 역시 무슨 나무인지는 밝혀져 있지 않다. 다만 서양 사회에서는, 유다가 목매달아 죽은 나무가 서양박태기나무라고 알려져 있고, 또 그렇게 믿고 있다.

박태기나무는 세계에 7종이 있다. 우리나라, 중국, 북미 등에 분포한다.

참고문헌

Michael Zohary ; plants of the Bible.

Moldenke H. N and A ; plants of the Bible.

Society for the protection of Nature in Israel ; 300 Wild flowers of Israel.

Alice M. coats ; Flowers and their Histories.

キリスト新聞社 ; 新聖書大辭典.

平凡社 ; 世界有用植物事典.

小學館 ; 園藝植物大事典.

別所梅之助 ; 聖書植物考

大槻虎男 ; 聖書の植物・聖書植物圖鑑.

除侯愉, 程緒河 ; 中國花經.

紫田桂太 ; 資源植物事典.

村越三千男 ; 內外植物原色大圖鑑.

牧野富太郎 ; 新日本植物圖鑑.

鄭台鉉 ; 한국동식물도감 식물편.

陳淏子 ; 秘傳花經.

加茂儀一譯 ; 栽培植物の起原.

星川淸親 ; 栽培植物の起原と傳播

福屋正修山中雅也解說 ; ハーブとスパイス

加藤憲市 ; 英米文學植物民俗誌

최영전 ; 한국민속식물

최영전 ; 향료 약미, 향신료 식물백과

■ 저자약력

- 1924년생
- 창경원 식물원장
- 주한미국대사관 Chief Gardener
- 중앙여자중고등학교 교사 및 부속농장장
- 수도여자사범대학 원예학과 주임교수
- 월간 : 현대농예지 발행인겸 편집인
- 농림신문사 편집국장
- 한국산악회 학술조사위원장
- 노동청 조경, 원예기능사자격시험검정위원장
- 현재 자연보호중앙협의회학술위원
- 한국무궁화연구회 이사

■ 주요저서

- 백화보(창조사)
- 원예12개월(동아일보사)
- 관상수원예(성문각)
- 실내원예(민서출판사)
- 꽃꽂이 재료사전(민서출판사)
- 생활의 꽃(자유문고)
- 관상수재배기술(오성출판사)
- 산나물재배와 이용법(오성출판사)
- 한국민속식물(아카데미서적)
- 향료·약미·향신료 식물백과(오성출판사)

성서의 식물 │ 1996年 8月 25日 初版 印刷
1996年 9月 5日 初版 發行

著 者　　최　영　전

編輯者　　朱　誠　弼
發行者　　朱　城　佑

發行處　　도서출판 아카데미서적

135-120 서울특별시 江南區 新沙洞 628-39
TEL : 516-3131~3　FAX : 542-9254

정가 18,000원